浙江省高等职业院校
"十四五"职业教育重点教材

工信精品**工业互联网**
系列教材

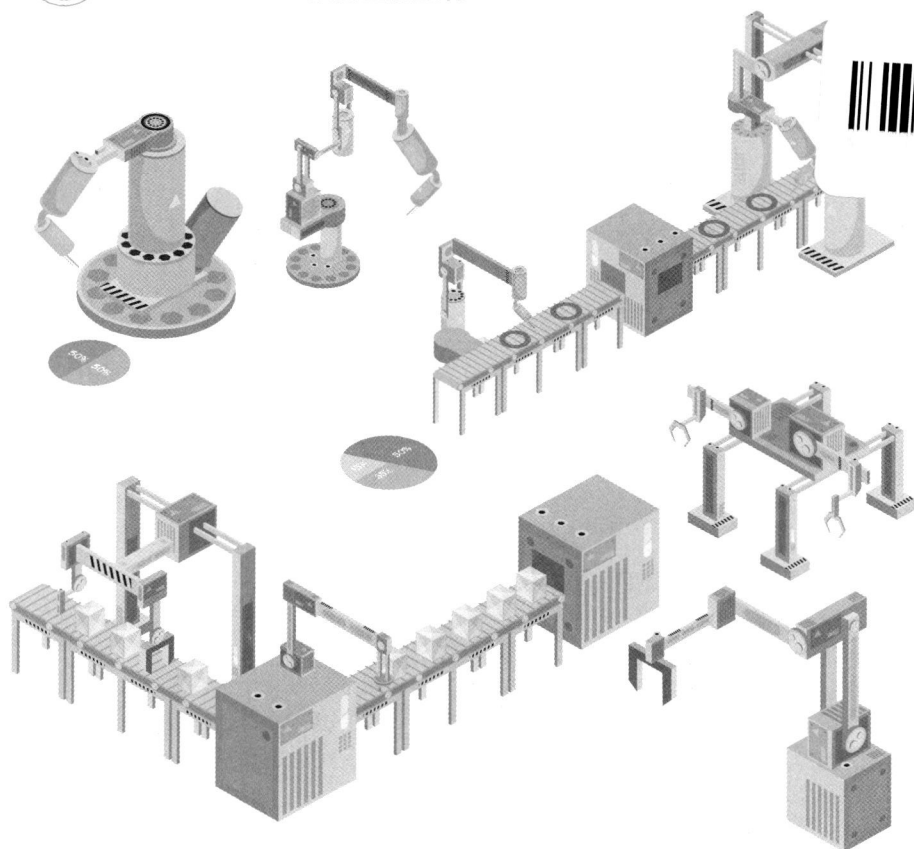

U0740722

工业网络技术

微课版

北京新大陆时代科技有限公司◎组编

万旭成 张智勇 刘加森◎主编

潘利强 姬红杰 黄岩◎副主编

人民邮电出版社
北 京

图书在版编目（CIP）数据

工业网络技术：微课版 / 万旭成，张智勇，刘加森主编. -- 北京：人民邮电出版社，2025. --（工信精品工业互联网系列教材）. -- ISBN 978-7-115-66378-8

Ⅰ. TP273

中国国家版本馆 CIP 数据核字第 20258H4P54 号

内 容 提 要

本书全面介绍工业网络技术的基本原理、关键技术及其在现代工业自动化中的应用。全书共 7 个项目，分为工业网络概述、串口通信、Modbus 报文解析与数据采集、CANOpen 总线应用、PROFINET 网络构建与数据采集、OPC UA 通信与数据采集、ThingsBoard 平台应用，内容涵盖了从基础概念到高级应用的各个方面。

本书可作为职业本科、高职高专院校工程技术类、信息类、工业互联网类等专业的教材，也适合作为工业自动化领域的工程师和技术人员的参考书。

◆ 主　　编　万旭成　张智勇　刘加森
　　副 主 编　潘利强　姬红杰　黄　岩
　　责任编辑　刘晓东
　　责任印制　王　郁　焦志炜
◆ 人民邮电出版社出版发行　　北京市丰台区成寿寺路 11 号
　　邮编　100164　电子邮件　315@ptpress.com.cn
　　网址　https://www.ptpress.com.cn
　　三河市君旺印务有限公司印刷
◆ 开本：787×1092　1/16
　　印张：15.25　　　　　　　　　2025 年 6 月第 1 版
　　字数：388 千字　　　　　　　2025 年 6 月河北第 1 次印刷

定价：59.80 元

读者服务热线：(010)81055256　印装质量热线：(010)81055316
反盗版热线：(010)81055315

前　言

党的二十大报告指出："推进新型工业化，加快建设制造强国"。本书结合企业生产实践，科学选取典型案例题材和安排学习内容，在学生学习专业知识的同时，激发爱国热情、培养爱国情怀，树立绿色发展理念，培养和传承中国工匠精神，筑基中国梦。

工业网络技术作为工业互联网相关专业的核心课程，最初是在工业控制体系的基础上发展起来的，只包括工业控制网络技术。随着工业企业网络化、信息化过程的不断推进和升级，工业网络技术也正在逐步发展，主要包括工业控制网络技术和工业信息网络技术。工业控制网络技术主要负责工业控制系统内部及系统之间的相互连接，并负责工业测量，以及控制信号和系统相关监测、诊断、管理等工作。工业信息网络技术主要负责将原始数据转换成信息，并将信息应用于业务分析系统，实现控制反馈的数据沟通。两个网络独立进化，形成具有层次和域的网络结构。随着新技术的发展，工业控制网络技术和工业信息网络技术逐渐展现出融合的趋势，这种融合正朝着集成化、智能化、安全化、数据驱动和个性化定制方向发展，旨在提高生产效率、增强网络安全、优化供应链管理，并支持远程操作与可持续发展。

本书紧跟工业通信技术发展前沿，规避冗长的协议规范介绍，注重应用实践，力求让学生在较短的时间内对工业网络技术及其实际应用有全面、深入的认识。

本书由北京新大陆时代科技有限公司组织编写，宁波城市职业技术学院万旭成、黑龙江林业职业技术学院张智勇、黑龙江交通职业技术学院刘加森担任主编，泉州轻工职业学院潘利强、潍坊工程职业学院姬红杰、天津城市建设管理职业技术学院黄岩担任副主编，参与编写的还有清远工贸职业技术学校莫淑贞、郑志亮。其中项目1、项目2、项目3由万旭成和潘利强编写，项目4、项目5由张智勇和刘加森编写，项目6由姬红杰和莫淑贞编写，项目7由黄岩和郑志亮编写。

由于编者水平有限，书中难免有不妥之处，敬请读者批评指正。

编　者

2025 年 2 月

目　录

项目 1

工业网络概述

【项目描述】

　　工业网络是一种专为工业环境设计的通信网络，它连接工业设备、机器、传感器和控制系统，以实现数据的收集、传输、处理和分析。工业网络通常需要更高的可靠性、更快的响应速度和更强的安全性，以满足工业生产的需求。常见的工业网络技术包括有线通信技术（如以太网、PROFINET、DeviceNet 等）和无线通信技术（如 Wi-Fi、蓝牙、Zigbee 等）。工业网络的应用场景非常广泛，包括制造业、物流、医疗、交通等行业，例如，在制造业中，工业网络可以用于实现设备之间的数据采集和控制，实现生产线的自动化和智能化。工业网络为工业生产提供高效、可靠和安全的通信网络，通过了解工业网络的基本原理和应用场景，我们可以更好地利用工业网络技术，实现更高效、更智能的工业应用。

【职业能力目标】

- 对现场总线及工业以太网有基本的认识。
- 了解工业网络的发展趋势。

【学习目标】

- 理解工业网络的定义、基本术语、性能指标等。
- 初步了解各类主流通信协议。
- 熟悉各种工业无线通信技术的特点及应用场景。

【素质目标】

通过介绍工业网络的概念、通信方式、发展及应用，引导学生掌握事物发展规律，树立辩证唯物的世界观。

【知识链接】

1.1 工业网络的概念

本节将介绍工业网络的基本概念以及层级。

1.1.1 工业网络的基本概念

完整的工业网络一般为跨地区、信息与控制集成的网络。工业网络的作用在于实现全范围内的信息资源共享以及与外部世界的信息沟通，因此工业网络中可能同时存在局域网（Local Area Network，LAN）、广域网（Wide Area Network，WAN）、现场总线等，并可能涉及不同网络互联的问题。

1. 工业网络的基本术语

随着工业网络的发展和新理念、新技术的引入，围绕工业网络出现了大量术语和定义。这里主要对工业网络的基本术语进行介绍，这些基本术语可用于统一业界对关键术语和定义的认识与理解，规范术语和定义的使用。

人机交互（Human-Machine Interaction，HMI）界面：最通俗易懂的定义是"看得懂的显示+直观简易的操作控制系统"，自动柜员机（Automatic Teller Machine，ATM）的操作界面是最常见的 HMI 界面之一。

数据采集与监控（Supervisory Control and Data Acquisition，SCADA）系统：实时收集 HMI 界面的数据同时进行监控。

可编程逻辑控制器（Programmable Logic Controller，PLC）：为工业控制而设计的专用控制器，依赖逻辑代码块在开销非常小的情况下操控工业控制设备。

远程终端单元（Remote Terminal Unit，RTU）：在工业控制设备与工业控制网络之间的物理距离较远时维持通信，可以理解为远程的 PLC。

智能电子设备（Intelligent Electronic Device，IED）：包括智能传感器、伺服驱动器、智能仪表、温控泵等。

2. 工业网络的性能指标

对于一个工业网络的性能，我们可以通过以下几个指标去进行评估。

速率（speed）：指连接在计算机网络上的主机在数字信道上传输数据的速率，即比特率（bit rate），单位为 bit/s（bps）。速率往往指额定速率。

带宽（bandwidth）：表示网络通信线路传输数据的能力，即单位时间内通过某个网络的最大数据量，单位为 bit/s。

吞吐量（throughput）：指单位时间内通过某个网络的数据量，单位为 bit/s。

时延（delay）：指一个报文或分组从网络的一端传送到另一端所需要的时间。发送时延、传播时延、处理时延、排队时延构成总时延。

往返时间（Round Trip Time，RTT）：也称往返时延，指从发送方发送数据开始到收到接收方的确认消息为止共经历的时间，包括传播时延、排队时延和处理时延。

利用率：分为信道利用率和网络利用率。信道利用率指传递过程中信息占用信道的百分率。网络利用率指全网络的信道利用率的加权平均值。

1.1.2　工业网络的层级

信息技术（Information Technology，IT）网络是处理工业控制系统管理与决策信息的信息网络，位于工业网络中上层；运营技术（Operation Technology，OT）网络是处理控制现场实时测控信息的控制网络，位于工业网络中下层。IT 网络和 OT 网络在实现工业互联网之前是由不同的管理者管理的，IT 网络通常由首席信息官（Chief Information Officer，CIO）管理，而 OT 网络通常由首席运营官（Chief Operating Officer，COO）管理。对于工业互联网，我国提出了"两化融合"，即信息化和工业化深度融合，并且早在 2008 年就组建了工业和信息化部。"两化融合"之后，工业网络呈现"两层三级"，如图 1-1 所示。"两层"是指以上所述的 IT 网络和 OT 网络两层技术异构的网络。"三级"则是指根据目前工厂管理层级的划分，网络被划分为"现场级""车间级""工厂级（企业级）"三级，每级之间的网络配置和管理策略相互独立。

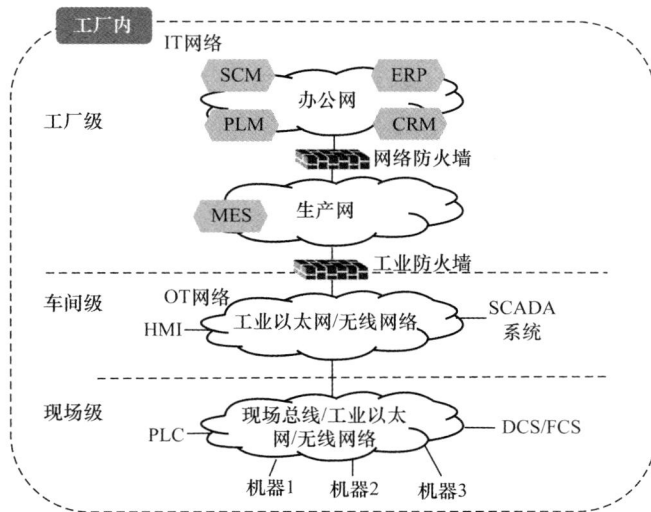

图 1-1　工业网络的层级

下面介绍工业网络的三级网络连接。

（1）现场级网络连接

大量工业现场总线被用于连接现场检测传感器、执行器与工业控制器。近年来，虽然已有部分现场设备支持工业以太网通信接口，但仍有大量的现场设备采用电气硬接线直连控制器。在现场级网络连接中，无线通信只在部分特殊场合中被使用，存量很低。这种现状导致工业系统在设计、集成和运维的各个阶段的效率都受到了极大制约，进而阻碍着精细化控制和高等级工艺流程管理的实现。

（2）车间级网络连接

车间级网络连接主要需要完成控制器之间、控制器与本地或远程监控系统之间，以及控制器与工厂级网络之间的通信连接。在车间级网络连接中，大部分厂商采用工业以太网通信方式，也有部分厂商采用自有通信协议进行本厂控制器和系统间的通信。虽然当前工业以太网已建立，但不同工业以太网协议间的互联性和兼容性限制了大规模网络互联。

（3）工厂级网络连接

工厂级网络中的 IT 网络通常采用高速以太网以及传输控制协议/互联网协议（Transmission Control Protocol/ Internet Protocol，TCP/IP）进行网络互联。

控制网络主要用于进行设备的自动控制，对生产过程状态进行检测和监控，它同信息网络的主要差异在于：第一，控制网络的数据传输与系统处理对实时性的要求远高于信息网络；第二，控制网络能在恶劣环境中保持稳定、完整的数据传输。实现控制网络与信息网络的紧密集成是构建工业网络的基础。通过控制网络与信息网络的集成，可以建立统一的分布式数据库，保证所有数据的完整性和互操作性。现场设备与信息网络实时通信，使用户通过信息网络中标准的图形界面可以随时随地地了解任意生产情况，也便于实现远程监控、诊断和维护功能。

1.2 工业控制网络

随着传统制造企业智能制造转型进程的加快，工业互联网迅速在全世界范围内兴起。在工业互联网的技术构架中，通过各类通信方式接入不同设备、系统和产品来采集海量数据是非常重要的一环。本节将介绍工业底层设备的 3 种通信方式：现场总线、工业以太网以及工业无线网络。

1.2.1 现场总线

回顾现场总线的发展史可知，现场总线大致出现在 20 世纪 80 年代末到 90 年代初。在这个时期中，随着工厂生产规模的日益扩大，工厂的设备有了互联需求［此阶段的互联需求主要定位于远程的输入输出（Input/Output，I/O）数据传输，以及生产线内部不同设备的数据交换］，人们希望通过综合掌握多点的运行参数与信息，实现多点信息的操作控制。但是这个时期的计算机系统存在系统封闭的缺陷，各个厂商的产品都自成体系，不同厂商的产品不能实现互联、互通，由于当时技术的限制，要实现更大范围信息共享的网络系统存在很多困难。

现场总线是近年来迅速发展起来的一种工业数据总线，它主要用于解决工业现场的智能仪器仪表、控制器、执行机构等设备间的数字通信以及这些现场控制设备和高级控制系统之间的信息传递问题。现场总线由于具有简单、可靠、经济实用等一系列突出的优点，受到许多标准团体和

计算机厂商的高度重视。

简单来说，现场总线替代了传统 4-20mA 模拟信号及普通开关信号的传输，实现了连接现场控制设备和自动化系统的全数字化、双向、多站的通信系统。它能够将自动化最底层的现场控制器和现场智能仪器仪表设备互连，构成实时控制通信网络，遵循国际标准化组织（International Organization for Standardization，ISO）的开放系统互连（Open System Interconnection，OSI）参考模型的全部或部分通信协议。

初学者可以从两方面来认识现场总线。一方面，根据工厂自动化信息网络分层结构（工厂级、车间级、现场级），可知现场总线位于生产控制和网络结构底层，实现的是工厂底层设备之间的通信网络。工厂在网络底层应用现场总线技术的好处在于可以实现工厂信息纵向集成的透明通信，即从管理层到自动化底层的数据存取。

另一方面，现场总线基于 ISO 的 OSI 参考模型，并且可以少于 7 层，如图 1-2 所示。需要指出的是，实际应用中，ISO 的 OSI 参考模型只是一个参考，不同种类的现场总线协议栈有较大区别，通常会将 ISO 的 OSI 参考模型简化，以实现更低的通信延迟、更快的速度，更有利于实现现场总线的实时特性。

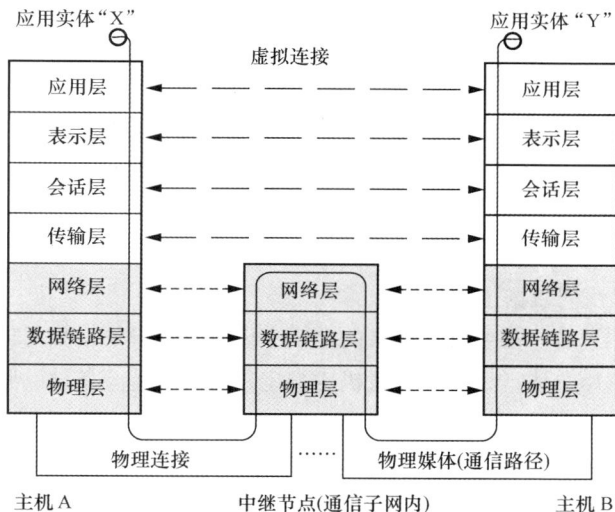

图 1-2　现场总线的模型

1. 基本术语

总线：位于上位机和现场设备之间的连接多个网段的现场总线电缆，可通过中继器连接，是传输信号或信息的公共路径。

总线段：通过总线连接在一起的一组设备，多个总线段连接在一起构成一个网络系统。

现场总线：以局域网的形式，为先进过程控制、远程 I/O 和高速工厂自动化应用提供服务。

总线主设备：具备总线控制权的设备，用于发起总线事务，如 CPU、Debug 模块、直接存储器访问（Direct Memory Access，DMA）控制器等。

总线从设备：总线段上不具备控制通信能力的任意设备，无法申请总线的使用权，只能查询、接收总线信息，也称基本设备，如存储器模块等。

总线电缆：总线通常由控制线、数据线、地址线构成，部分总线也有电源线。有的总线没有单独的地址线，数据线和地址线复用。数据线用于传输数据，其宽度反映一次能传输的数据位数；地址线用于给出原数据或目的数据所在的主存单元或 I/O 端口的地址，其宽度反映最大的寻址空间；控制线用于控制对数据线和地址线的访问和使用，以及传输定时信号和命令信息。

2. 总线传输的基本原理

依据前面对总线的定义可知总线的基本作用是传输信号。为了各子系统的信息能有效、及时地被传送，避免彼此的信号相互干扰和信道过于拥挤，总线最好采用多路复用技术，即总线传输的基本原理就是多路复用技术。所谓多路复用，就是指多个用户共享公用信道的一种机制，目前最常见的主要有时分多路复用、频分多路复用和码分多路复用等。

（1）时分多路复用（Time Division Multiplexing，TDM）

时分多路复用是将一个通信信道的可用时间划分为若干个时间片段，每个时间片段用于传输不同的信号或数据流。这种方法允许多个信号或数据流在同一通信信道上进行传输，但是它们在时间上是分开的，因此可以避免冲突。

（2）频分多路复用（Frequency Division Multiplexing，FDM）

频分多路复用是把信道的可用频带划分成若干互不交叠的频段，每路信号经过频率调制后的频谱占用可用频带中的一个频段，以此来让多路不同频率的信号在同一信道中传输。当接收端接收到信号后将采用适当的带通滤波器和频率解调器等来恢复原来的信号。

（3）码分多路复用（Code Division Multiplexing，CDM）

码分多路复用是指被传输的信号都会有各自特定的标识码或地址码，接收端将会根据不同的标识码或地址码来区分公共信道上的信号，只有在标识码或地址码完全一致的情况下信号才会被接收。

3. 总线的数据传输流程

图 1-3 所示的是总线的数据传输流程。

步骤一：申请占用总线。需要使用总线的总线主设备（主模块，如 CPU、DMA 控制器等）向总线仲裁机构申请占用总线，经总线仲裁机构判定，若满足响应条件，则发出响应信号，并把下一个总线传送周期的总线控制权授予申请者。

步骤二：总线主设备通过寻址获取总线控制权，通过地址总线发出本次要访问的存储器和 I/O 端口的地址（目标地址），经地址译码选中被访问的模块（从模块）并开始启动数据转换。

步骤三：主模块和从模块之间通过数据总线进行数据传送。

步骤四：结束主、从模块的信息，使之从总线上撤除，让出总线，以便其他主模块使用。

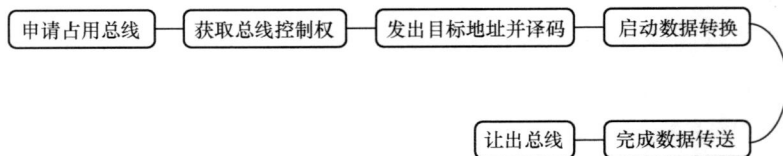

图 1-3　总线的数据传输流程

4. 典型的现场总线介绍

（1）FF

基金会现场总线（FOUNDATION Fieldbus，FF）是以美国 Fisher-Rosemount 公司为首，联合横河、ABB、西门子、英维斯等 80 家公司制定的 ISP 协议，以及以 Honeywell 公司为首，联合欧洲等地 150 余家公司制定的 WorldFIP 协议于 1994 年 9 月合并形成的。FF 在过程自动化领域得到了广泛的应用，具有良好的发展前景。FF 采用 ISO 的 OSI 参考模型的简化模型，包含第 1、2、7 层，即物理层、数据链路层、应用层，另外增加了用户层。FF 分低速 H1 和高速 H2 两种通信速率。前者的传输速率为 31.25kbit/s，通信距离可达 1900m，可支持总线供电和本质安全防爆环境。后者的传输速率为 1Mbit/s 和 2.5Mbit/s，通信距离为 750m 和 500m，支持双绞线、光缆和无线发射，协议符合 IEC1158-2 标准。FF 的物理媒介的传输信号采用曼彻斯特编码。

（2）CAN

控制器区域网络（Controller Area Network，CAN）最早由德国 Bosch 公司推出，它广泛用于离散控制领域，其总线规范已被 ISO 制定为国际标准，得到了 Intel、Motorola、NEC 等公司的支持。CAN 协议分为两层：物理层和数据链路层。CAN 的信号传输采用短帧结构，传输时间短，具有自动关闭功能和较强的抗干扰能力。CAN 支持多种工作方式，并采用了非破坏性总线仲裁技术，通过设置优先级来避免冲突，通信距离最远可达 10km（通信速率为 5kbit/s），通信速率最高可达 1Mbit/s（通信距离为 40m），网络节点实际可达 110 个。目前已有多家公司开发了符合 CAN 协议的通信芯片。

（3）DeviceNet

DeviceNet 是一种低成本的通信总线，也是一种简单的网络解决方案，有着开放的网络标准。DeviceNet 具有的直接互联性不仅改善了设备间的通信，而且提供了相当重要的设备级阵地功能。DeviceNet 基于 CAN 技术，传输速率为 125kbit/s、250kbit/s 和 500kbit/s，每个网络的最大节点为 64 个，其通信模式为生产者/消费者（producer/customer），采用多信道广播信息发送方式。位于 DeviceNet 网络上的设备可以自由连接或断开，不影响网络上的其他设备，而且其安装布线成本较低。DeviceNet 总线的通信协议由开放式设备网络供应商协会（Open DeviceNet Vendor Association，ODVA）管理。

（4）PROFIBUS

PROFIBUS 总线标准是基于德国标准（DIN19245）和欧洲标准（EN50170）的现场总线标准，由 PROFIBUS-DP、PROFIBUS-FMS、PROFIBUS-PA 系列组成。PROFIBUS-DP 用于分散外设间高速数据传输，适用于加工自动化领域。PROFIBUS-FMS 适用于纺织、楼宇自动化、可编程控制器、低压开关等。PROFIBUS-PA 是用于过程自动化的总线类型，遵守 IEC61158-2 标准。PROFIBUS 支持主从系统、纯主站系统、多主多从混合系统等几种传输方式。PROFIBUS 的传输速率为 9.6kbit/s～12Mbit/s，最远传输距离在 9.6kbit/s 下为 1200m，在 12Mbit/s 下为 200m（可采用中继器延长至 10km），传输介质为双绞线或光缆，最多可挂接 127 个站点。

（5）INTERBUS

INTERBUS 是德国 Phoenix 公司较早推出的现场总线，2000 年 2 月成为 IEC61158 标准的一部分。INTERBUS 采用 ISO 的 OSI 参考模型的简化模型，包含第 1、2、7 层，即物理层、数据链路层、应用层，具有强大的可靠性、可诊断性和易维护性。其采用集总帧型的数据环通信，具有低速度、高效率的特点，并严格保证了数据传输的同步性和周期性；该现场总线的实时性、抗干扰性和可维护性也非常出色。INTERBUS 广泛地应用到汽车、烟草、仓储、造纸、包装、食品等行业，成为国际现场总线的领先者。

此外，较有影响的现场总线还有丹麦 PROCES-DATA A/S 公司提出的 P-Net，该总线主要应用于农业、林业、水利、食品等行业；SwiftNet 现场总线主要应用于航空航天等领域。

1.2.2　工业以太网

由于 IT 飞速发展，通信已经成为实时控制领域的关键，建立一个统一、开放的通信标准迫在眉睫，但是已有的现场总线并不能满足这一需求。虽然同一种现场总线是具有互换性和互操作性的，但是不同现场总线之间的兼容性较差，通信比较困难，中间还需要使用网关来实现协议的转换。这样做的成本较高、设备复杂，带来很大的不便。在这种情况下，工业以太网应运而生。

众所周知，工业以太网源于以太网。应用到工业控制系统的普通以太网就叫作工业以太网。更专业、具体地说，工业以太网是建立在 IEEE 802.3 系列标准和 TCP/IP 上的分布式实时控制通信网络，适用于数据传输量大、传输速度要求较高的场合。它采用带冲突检测的载波监听多路访问（Carrier Sense Multiple Access With Collision Detection，CSMA/CD）协议，同时兼容 TCP/IP。与普通以太网相比，工业以太网需要解决开放性、实时性、同步性、可靠性、抗干扰性及安全性等诸多方面的问题。

目前，领域内有几种主流工业以太网，如 PROFINET、POWERLINK、EtherNET/IP、EtherCAT、SERCOSIII 等，这里着重介绍 EtherCAT、EtherNET/IP 以及 PROFINET。

1.　EtherCAT

EtherCAT 的重要特点是所有联网从机都能够从数据包中仅提取所需的相关信息，并在向下游传输时将数据插入帧中。EtherCAT 采用主从数据交换原理，需要主站和从站配合完成工作，因而，它非常适用于主从控制器之间的通信。EtherCAT 提高了系统的实时性能和拓扑结构的灵活性，同时，它的使用成本不高于现场总线的使用成本。

2.　EtherNET/IP

EtherNET/IP 采用以太网的物理层、数据链路层及 TCP/IP。EtherNET/IP 是由 Rockwell Automation 公司开发的工业以太网通信协议，用于工业控制系统中的设备之间进行数据通信。它基于标准的 TCP/IP 协议栈，允许实时控制数据和信息通过以太网传输。EtherNET/IP 支持面向对象的通信模型，使用面向连接的通信方式，具有灵活性和可扩展性，广泛应用于自动化控制、工业机器人、生产线和分布式控制系统等领域。其采用标准以太网交换，可支持无限数量的节点。其主要功能有 3 个：一是实时控制，基于控制器或智能设备内所存储的组态信息，通过网络通信中的状态变化来实现实时控制；二是实现网络组态，通过总线即可实现对同层网络的组态，也可以实现对下层网络的组态；三是数据采集，可基于既定节拍或应用需要来方便地实现数据采集。

3.　PROFINET

PROFINET 是用于 PROFIBUS 纵向集成的、开放的、统一的完整系统解决方案，它能将现有的 PROFIBUS 网络通过代理服务器连接到以太网上，从而将工厂自动化和企业信息服务管理自动化有机地融为一体。PROFINET 能够满足用户对机器和工厂更苛刻、更灵活、不断变化的新需求。PROFINET 为自动化通信领域提供了一个完整的网络解决方案，涉及实时以太网、运动控制、分布式自动化、故障安全以及网络安全等当前自动化领域的热点话题。此外，它可以完全兼容工业以太网和现有的现场总线（如 PROFIBUS 等）技术，保护现有投资。

1.2.3　工业无线网络

工业网络中的无线通信技术主要分为两类：一类是 Zigbee、Wi-Fi、蓝牙等短距离通信技术；另一类是 LoRa、Sigfox、NB-IoT 等低功耗广域网通信技术。不同的无线通信技术在组网、功耗、通信距离、安全性等方面各有差别，因此适用于不同的场景。

下面主要介绍工业网络中最常见的几种无线通信技术：LoRa 技术、NB-IoT 技术、5G 技术，以及 Wi-Fi 6 技术。

1. LoRa 技术

LoRa 是美国 Semtech 公司开发和推广的一种基于扩频调制技术的超远距离、低功耗无线传输方案，为用户提供了一种能实现远距离传输、电池寿命长、容量大的简单系统，进而扩展传感网络。目前，LoRa 主要在全球免费频段运行，其工作频率在美国是 915MHz，在欧洲是 868MHz，在亚洲部分地区是 433MHz，在中国是 470MHz。其通信距离的典型范围是 2km～5km，最长可达 15km，具体取决于所处的位置和天线特性。

LoRa 技术具有如下特点。

低功耗：LoRa 设备接收信号时电流仅 10mA，睡眠电流 200nA，延长了电池的使用寿命。

大容量：支持大规模设备连接，单个 LoRa 网关可以轻松连接成百上千个设备。

支持测距和定位：LoRa 对距离的测量基于信号的空中传输时间，定位则基于多点（网关）对一点（节点）空间传输时间差的测量，定位精度可达 5m（假设在 10km 的覆盖范围中）。

因此，LoRa 技术非常适用于要求具有低功耗、远距离传输、支持大量连接以及定位跟踪等特点的场景，如智能停车、车辆追踪、智慧工业、智慧城市、智慧社区等。但由于 LoRa 具有传输速率慢、通信频段易受干扰、芯片供应被 Semtech 垄断、从底层开发周期较长，以及自组网的网络机制较为复杂等缺点，因此一般公司不愿意研究 LoRa 技术，而是更愿意直接购买模块并使用。

2. NB-IoT 技术

窄带物联网（Narrow Band-Internet of Things，NB-IoT）技术起源于一家英国物联网公司 Neul（2014 年被华为收购），聚焦于低功耗、广覆盖物联网（Internet of Things，IoT）市场。与使用标准长期演进（Long Term Evolution，LTE）技术的全部 10MHz 或 20MHz 带宽不同，NB-IoT 使用包含 12 个 15kHz LTE 子载波的 180kHz 带宽的资源块，数据传输速率在 100kbit/s～1Mbit/s 的范围内。NB-IoT 使用授权频段，可采取带内、保护带或独立载波 3 种部署方式，与现有网络共存。作为一项应用于低速率业务的技术，NB-IoT 的主要优势如下。

低功耗：NB-IoT 牺牲了速率，得到了更低的功耗。它采用简化的协议、更合适的设计，大幅提升了终端的待机时间，部分窄带（Narrow Band，NB）终端的待机时间号称可以达到 10 年。

低成本：与 LoRa 相比，NB-IoT 无须重新建网，射频和天线基本上都可以复用。低速率、低功耗、低带宽同样给 NB-IoT 芯片以及模块带来低成本优势。

海量连接：在同一基站的情况下，NB-IoT 可提供的接入数是现有其他常见无线通信技术可提供的 50～100 倍。它的一个扇区能够支持 10 万个连接，支持低延时敏感度、超低的设备成本、低设备功耗和优化的网络架构。

广覆盖：NB-IoT 室内覆盖能力强，在同样的频段下，NB-IoT 比现有的其他常见网络增益 20dB，这相当于覆盖范围提升了 100 倍。

虽然 NB-IoT 具有很多优势，但其存在的数据传输速率低、隐私和安全存在风险、IT 系统的转换时间较长等问题，都将限制其发展。

3．5G 技术

随着数字经济逐渐成为我国经济发展的新引擎，包括 5G、云计算、工业互联网等在内的新型基础设施越发重要。在新基建之中，5G 凭借着大带宽、泛在网、低延时、低功耗等特征（见图 1-4），扮演着数字经济数据传输"高速公路"的角色。

图 1-4　5G 特征

5G 是"第五代"蜂窝移动通信系统的缩写。"G"用于描述已经或将要推出的蜂窝移动通信技术的代数。5G 可以在毫米波（24GHz～100GHz 的超高频频率）频段运行，5G 可用的频谱带宽意味着其可以实现很高的数据传输速率。

国际电信联盟（International Telecommunications Union，ITU）定义了 5G 八大关键性能指标，其中高速率、低延时、大连接（用户体验速率达 1Gbits，延时低至 1ms，用户连接能力达 100 万连接/km²）成为 5G 最突出的特征。

5G 主要特征介绍如下。

高速率：由于 5G 的基站大幅提高了带宽，因此 5G 能够实现更快的传输速率。同时 5G 使用的频率远高于以往的通信技术使用的，能够在相同时间内传送更多的信息。5G 的下载速率峰值可达 1Gbit/s。

低延时：相对于 4G，5G 可以将通信延时降低到 1ms 左右，因此许多需要低延时的应用将会从 5G 中获益，如自动驾驶等相关应用采用 5G 网络后能有效提高自动驾驶的反应速度。

泛在网：5G 能够达到泛在网的概念，覆盖网络无死角，在任何时间、任何地点都能畅通无阻地通信。

低功耗：5G 网络采用高通的增强型机器类型通信（Enhanced Machine-Type Communication，eMTC）和华为的 NB-IoT 技术，实现了低功耗，能够降低物联网设备的功耗，让物联网设备能够长时间不更换电池，有利于大规模部署物联网设备。

重构安全：5G 通信在各种新技术的加持下，有更高的安全性，在无人驾驶、智能健康等领域，能够有效地抵挡黑客的攻击，保障各方面的安全。

就像 5G 的固有优势一样，它的许多明显的缺点也源于向更高频率的转移和毫米波频段的无线电信号的特性。覆盖范围较小和更加容易受到障碍物的影响是 5G 技术最明显的缺点。除容易受到建筑物和树木等障碍物的影响外，高频信号更容易受到湿度和降雨的影响，因此原本有限的覆盖范围将进一步受到次优天气条件的挑战。虽然使用更多的天线可以显著改善覆盖范围有限的问题，但是与此相关的美学和环境问题将成为一个潜在的问题。

5G 的其他缺点与成本有关。天线阵列只是部署成本的一部分。这些阵列所需的维护、修复和故障排查工作带来的成本将与更大的硬件数量成比例。尽管用于设备的毫米波天线已经被开发出来，但是它们的复杂性可能会使规模经济在降低价格方面无效，其成本最终会通过提高通信费的方式转嫁给消费者。

4．Wi-Fi 6 技术

Wi-Fi 已成为当今世界中覆盖范围极广的技术，为数十亿设备提供无线连接，是越来越多的用户上网接入的首选方式，并且有逐步取代有线接入方式的趋势。而 Wi-Fi 6 是 Wi-Fi 技术的最新标准，它是在上一代标准 Wi-Fi 5 的基础上改善而来的，主要是为了在拥有大量设备的环境中提高网速、提高传输效率并减少网络拥堵，以此来改善用户的上网体验。Wi-Fi 6 的主要优势如下。

支持 2.4GHz 频段：Wi-Fi 6 不仅支持 5GHz 频段，还支持 2.4GHz 频段。相较于 5GHz 频段，2.4GHz 频段穿透能力更强、信号损失更少、传播距离更远，在空间较大、障碍物较多的环境中，如果对网速没有特别高的要求，使用 2.4GHz 频段或许会比使用 5GHz 频段拥有更好的体验。同时，许多家用物联网设备所需流量不大，大部分时间处于待机状态，使用 2.4GHz 频段会使成本更低。

低延时：Wi-Fi 6 将 Wi-Fi 的信道带宽从 80MHz 扩展到 160MHz，使信道宽度加倍，减少了拥堵，从而能够以低延时提供更高的性能。

高速率：相较于 Wi-Fi 5，Wi-Fi 6 的理论最大传输速率由前者的 3.5Gbit/s 提升到了 9.6Gbit/s，理论速度提升了近 3 倍。

在正交频分多址（Orthogonal Frequency Division Multiple Access，OFDMA）之前的正交频分复用（Orthogonal Frequency Division Multiplexing，OFDM）技术中，设备在传输数据时使用固定的 20MHz、40MHz、80MHz 带宽，当多个用户都要传输数据时，每个用户所传输的数据不论多大，都要单独占用一个信道，而其他用户则要等到上一个用户传输结束后依次排队传输数据。

如图 1-5 所示，这里用卡车表示信道。只要卡车上装有货物，不管卡车有多空，一次都只能为一个用户服务，卡车的空间无法被充分利用，留下许多闲置的空间，即信道被浪费。后面的用户由于需要等待，在传输数据时就会出现延迟。

而 OFDMA 可以根据客户端的需求，按每个数据的大小划分信道，一个用户只占据信道的部分资源。如图 1-6 所示，卡车可以用更高的效率同时为多个用户服务，使他们获得相同的用户体验。采用这种模式，卡车的空间得到了充分的利用，也减少了用户等待的时间，提高了效率，降低了延迟。

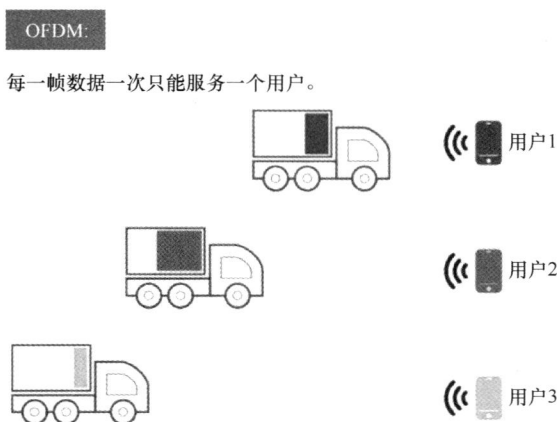

图 1-5　OFDM 传输数据模式　　　　图 1-6　OFDMA 传输数据模式

1.3 工业网络与信息技术

实现控制网络与信息网络的紧密集成是构建工业网络的基础。通过控制网络与信息网络的结

合，可以建立统一的分布式数据库，保证所有数据的完整性和互操作性。现场设备与信息网络实时通信，使用户可以通过信息网络中标准的图形界面随时随地了解任意生产情况，此外，也便于实现远程监控、诊断和维护功能。

1.3.1　工业网络集成

伴随世界范围内"工业 4.0"革命及"再工业化"战略的兴起，结合"中国制造 2025"及"两化融合"战略，新一代信息技术与制造业深度融合，正在引发影响深远的产业变革，形成新的生产方式、产业形态、商业模式和经济增长点。因此，工业互联网、边缘计算、云、机器学习及人工智能等技术在工业领域的应用将愈加广泛，但目前大多数传统工业企业仍处于"信息孤岛"的状态，工业系统仍运行于封闭的空间，系统与系统之间难以实现数据共享。另外，由于现场控制网络的封闭性，维护人员无法远程获取设备、产线的实时运行状态，因此造成了设备、产线维护难、成本高的难题。基于上述情况，需要引入消息队列遥测传输（Message Queuing Telemetry Transport，MQTT）通信协议，通过搭建基于 MQTT 的工业网络集成系统，实现云端与工业现场之间数据的稳定传输，以及不同系统之间的数据交互。

1. MQTT 概述

MQTT 是 IBM 公司开发的一个即时通信协议，有可能成为物联网的重要组成部分。该协议支持所有平台，几乎可以把所有联网物品和外部世界连接起来，常被用作传感器和制动器的通信协议。它最大的优点在于，能够用极少的代码和有限的带宽，为连接远程设备提供实时、可靠的消息服务。

2. MQTT 特征

MQTT 属于应用层协议，它有以下特点。

- 使用发布/订阅消息模式，提供了一对多的消息分发和应用之间的解耦功能。
- 消息传输不需要知道负载内容。

它提供以下 3 种等级的服务质量（Quality of Service，QoS）。

- QoS0："最多一次"，尽操作环境所能提供的最大努力分发消息，但消息可能会丢失。例如可以将这种等级用于读取环境传感器数据，因为单次的数据丢失没关系，不久之后数据会再次发送。
- QoS1："至少一次"，保证消息可以到达，但是消息可能会重复。
- QoS2："仅一次"，保证消息只到达一次。例如可以将这种等级用在一个计费系统中，以避免消息重复或丢失导致的不正确计费。这种等级具有很小的传输消耗和协议数据交换，能够最大限度减少网络流量。

1.3.2　云边端协同

随着互联网的高速发展，云计算从最初的新兴概念逐渐成为成熟应用，以锐不可当之势飞速成长。在 21 世纪 20 年代的今天，越来越多的企业将"云"作为转型的抓手。然而，当面对海量数据计算、新兴计算场景、小数据实时处理等方面的挑战时，云计算存在一些发展瓶颈，需要通过新技术来突破，于是边缘计算应运而生。

1. 边缘计算的诞生

随着计算需求出现爆发式增长，传统云计算架构无法满足这种爆发式的海量数据计算需求，因此研究人员开始着力于研究将云计算的能力下沉到边缘侧、设备侧，通过中心进行统一交付、运维、管控。经过调查研究发现，预计超过 40% 的数据将在网络边缘侧进行分析、处理与存储，这为边缘计算的发展搭建了充分的场景和想象空间。

边缘计算是指在靠近物或数据源头的一侧，通过集网络、计算、存储、应用等核心能力于一身的开放平台，就近提供最近端服务，其核心理念是将数据的存储、传输、计算和安全工作交给边缘节点来处理。其应用程序在边缘侧发起，可以产生更快的网络服务响应，满足各行业在实时业务、应用智能、安全与隐私保护等方面的需求。

按功能角色来看，边缘计算主要分为"云、边、端"3 个部分："云"是传统云计算的中心节点，是边缘计算的管控端；"边"是云计算的边缘侧，分为基础设施边缘（infrastructure edge）和设备边缘（device edge）；"端"是终端设备，如手机、智能家电、各类传感器、摄像头等。随着云计算能力从中心下沉到边缘，边缘计算将推动"云、边、端"一体化的协同计算体系形成。

可以说，边缘计算是云计算的延伸，两者各具特点：云计算能够把握全局，处理大量数据并进行深入分析，在商业决策等非实时数据处理场景中发挥着重要作用；边缘计算侧重于局部，能够更好地在小规模、实时的智能分析中发挥作用，如能够满足边缘端企业的实时需求等。因此，在智能应用中，云计算更适用于大规模数据的集中处理，而边缘计算可以用于小规模的智能分析和本地服务。边缘计算与云计算相辅相成、协调发展，将更大程度地助力各行业的数字化转型。

2. 云边端协同的应用场景

（1）能源开采

不同于传统的人工录入等方式，在云边端协同的环境下，针对能源开采，首先可以将传感器、各种开采设备等收集到的数据进行整合并发送到具有简单数据处理能力的边缘端进行数据的自动化录入、数据预处理、数据实时分析等简单数据分析与处理操作；然后将处理后的数据发送到云端进行更完全的总体数据分析以及决策；最后将分析结果与决策发送回边缘端指导能源的开采等操作，如图 1-7 所示。

（2）智慧交通

过去几年，研发人员始终将智慧交通的重点集中在车端，着重提升车的智能化，例如车的自动驾驶功能等，而这意味着车必须有高水平的感知能力和计算能力，从而导致智能汽车的成本十分高昂。

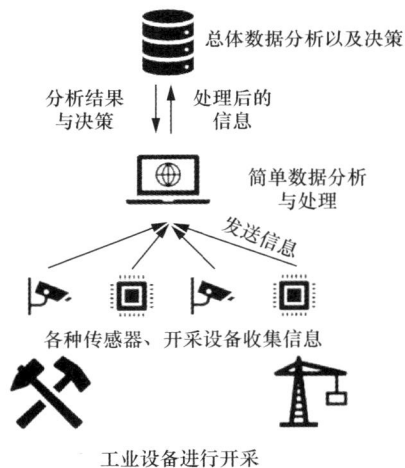

图 1-7 云边端协同的能源开采流程

尽管如此，智能汽车在传统道路环境中的表现仍然不尽如人意。于是，研发人员逐渐意识到，路侧智能对于实现智慧交通同样是不可或缺的，因此最近几年研究人员纷纷投入路侧的智能化研究中，从而实现人、车、路之间高效的互联互通和信息共享。

在实际应用中，边缘计算可以与云计算配合，将大部分的计算负载整合到道路边缘层，并利用 5G、LTE-V 等通信手段与车辆进行实时的信息交互。未来的道路边缘节点还将集成局部地图系统、交通信号信息、附近移动目标信息和多种传感器接口，为车辆提供协同决策、事故预警、辅助驾驶等多种服务。与此同时，汽车本身也将成为边缘计算节点，参与云边端协同配合，为实现智慧交通提供控制和其他增值服务。汽车将集成激光雷达、摄像头等感应装置，并将各感应装置采集到的数据与道路边缘节点和周边车辆进行交互，从而提高感知能力，实现车与车、车与路的协同。云计算中心则负责收集来自分布广泛的边缘节点的数据，感知交通系统的运行状况，并通过大数据技术和人工智能算法，向边缘节点、交通信号系统和车辆下发合理的调度指令，从而提高交通系统的运行效率，最大限度地减少道路拥堵。

1.3.3　工业网络的信息安全

工业控制系统是国家关键信息基础设施的重要组成部分，同时也是关键信息基础设施中易受网络攻击的重点目标。随着互联网在工业控制系统中的广泛应用，针对工业控制系统的各式网络攻击事件日益增多，尤其是电力、石油、铁路运输、燃气、化工、制造业、能源、核应用等相关领域的关键网络，一直都是全球攻击者首选目标。

目前的工业网络由 IT 网络与 OT 网络共同组成。尽管 IT 网络的引入带来了显著的效率提升，但同时引入了更多的安全风险。IT 网络（如 SCADA 系统、HMI 界面）在整个工业控制网络中处于相对的"上位"。如果 IT 网络被攻破，攻击者便可直接或间接地下发错误指令、篡改应用配置、传递错误信息等。一发不可牵，牵之动全身。因此我们应该尽量避免 IT 网络直接或间接接入互联网，最好做到物理隔离。若在特殊需求下，不得已将 IT 网络直接或间接接入互联网，必须使用单向隔离（数据二极管、光闸等）设备，仅允许 IT 网络侧将数据传输至互联网侧。

工业信息安全已成为国家安全的重要组成部分，是制造强国与网络强国战略实施的基础支撑，其重要性日益凸显。当前，制造强国的大势刮来了"两化融合"的风潮，在工业制造业奔腾发展的道路上，工业信息安全形势日趋严峻，安全风险持续攀升，安全事件层出不穷，亟须引起高度重视。我国工业信息安全现阶段主要存在管理机制不健全、安全防护不到位、安全技术和产业支撑能力不足、安全主体意识薄弱等诸多问题，加快提升工业信息安全保障能力的需求迫在眉睫。加强工业控制系统网络安全建设、加快构建全方位工业网络安全保障体系，是推进我国完成由制造大国向制造强国、由网络大国向网络强国的历史性转变的重要前提和基础支撑。

1.4　工业控制网络的发展及应用

工业网络在提高生产效率、优化生产环节以及确保生产安全等工业制造领域发挥着越来越显著的作用。工业网络的一个重要组成部分是工业控制网络，它是工业网络中用于实时监测和控制生产过程的子网络。工业控制网络可以总结为四大类型：传统控制网络、现场总线、工业以太网及无线网络。传统控制网络现在已经很少使用，目前广泛应用的是现场总线与工业以太网。

1.4.1　工业控制网络的发展历程

工业控制网络经历了从最初的集成控制系统（Concentrated Control System，CCS）到集散控制系统（Distributed Control System，DCS），再到现场总线控制系统（Fieldbus Control System，FCS）的发展过程。

1．DCS 的发展历程及特点

DCS 也称为分布式控制系统，在国内自控行业称为集散控制系统。DCS 是相对于 CCS 而言的一种计算机控制系统，它是在 CCS 的基础上发展、演变而来的。DCS 是一个由过程控制级和过程监控级组成的、以通信网络为纽带的多级计算机系统，综合了计算机、通信、显示和控制（4C）技术，其基本思想是分散控制、集中操作、分级管理、配置灵活以及组态方便。DCS 的发展主要经历了以下 3 个阶段。

（1）第一阶段：1975—1980 年

在这个时期，DCS 的技术特点表现如下。

- 采用以微处理器为基础的控制单元，实现分散控制，有各种各样的算法，通过组态独立完成回路控制，具有自诊断功能。
- 采用带阴极射线管（Cathode-Ray Tube，CRT）显示器的操作站，与过程单元分离，实现集中监视，集中操作。
- 采用较先进的冗余通信系统。

（2）第二阶段：1980—1985 年

在这个时期，DCS 的技术特点表现如下。

- 微处理器的位数提高，CRT 显示器的分辨率提高。
- 强化了模块化系统。
- 强化了系统信息管理，加强了通信功能。

（3）第三阶段：1985 年以后

DCS 进入第三代，其技术特点表现如下。

- 采用开放系统管理。
- 操作站采用 32 位微处理器。
- 采用实时多用户多任务的操作系统。
- 进入 20 世纪 90 年代以后，计算机技术突飞猛进，更多新的技术被应用到了 DCS 中，基于现场总线的 FCS 取代 DCS 成为控制系统的主角。

2．FCS 的发展历程及基本特征

随着工业生产规模的不断扩大，已经显示出需要智能化仪表与现场总线的苗头。恰恰就在这时，控制技术、通信技术与计算机技术的发展提供了所需的技术基础，于是 FCS 应运而生。FCS 是一种工业数据总线，也是自动化领域中的底层数据通信网络。FCS 的基本特征如下。

- 全数字化通信：用于过程自动化和制造自动化的现场设备或现场仪表互连的现场通信网络采用全数字化通信。
- 开放型的互联网络：现场总线具有开放型的互联网络，既可以与同层网络互联，也可以与不同层网络互联，还可以实现网络数据库的共享。
- 互换性：用户可以自由选择不同制造商提供的性能价格比最优的现场设备和仪表，并可将不同品牌的设备和仪表互连。即使某台设备或仪表故障，换上其他品牌的同类设备或仪表照样工作，实现"即接即用"。
- 现场设备的智能化。
- 系统结构的高度分散性：FCS 废弃了 DCS 的 I/O 单元和操作站，把 DCS 操作站的功能块分散地分配给现场仪表，从而构建了虚拟操作站，彻底地实现了分散控制。

- 对现场环境的适应性好。
- 使用通信线供电：通信线供电方式允许现场仪表直接从通信线上获取电能。

1.4.2 工业控制网络的应用

工业控制网络的应用场景非常广泛，包括但不限于制造业、能源行业、交通运输、物流仓储、水处理、钢铁冶炼、港口物流等。此外，工业控制网络还应用于个性化定制、服务化延伸、数字化管理等多种模式，推动新模式、新业态的孕育和兴起，实现提质、增效、降本、绿色、安全发展。

1. 工业以太网的应用

钢铁行业的工业以太网一般采用环网结构，为实时控制网，负责控制器、操作员站之间过程控制数据实时通信，网络上所有操作员站、数采服务站及 PLC 都使用以太网接口并设置为同一网段的 IP 地址，网络中的远距离传输介质为光缆，本地传输介质为网线（如 PLC 与操作员站之间的传输介质）。生产监控主机利用双网卡结构与管理网相连。典型钢铁厂网络拓扑如图 1-8 所示。

- 垂直划分为互联网层、办公网层、监控网层、控制层及现场层（现场仪表）。
- 水平划分为不同功能区域（烧结厂、炼铁厂、炼钢厂、轧钢厂等）。

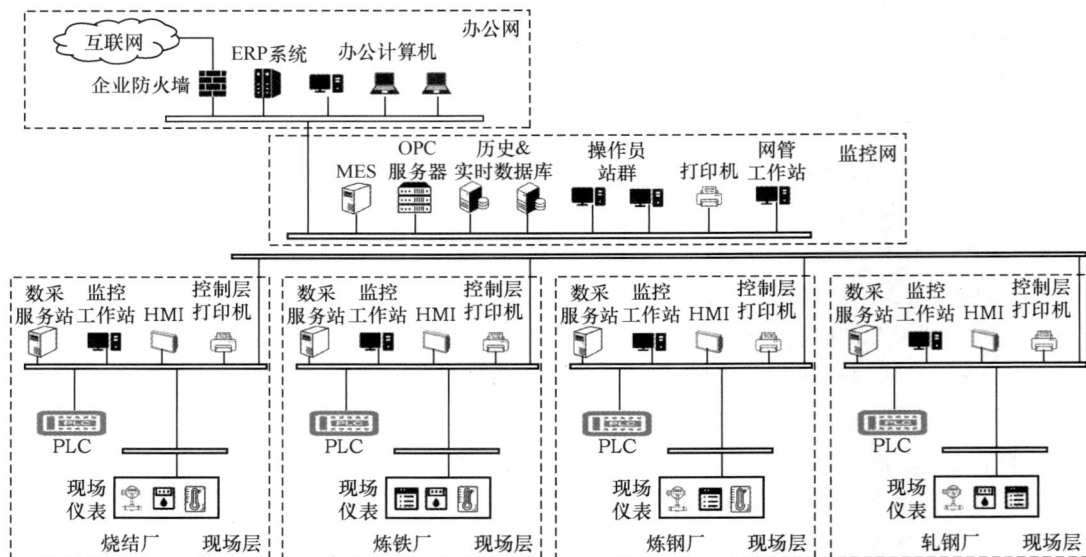

图 1-8　典型钢铁厂网络拓扑

2. 现场总线的应用

典型情形下，现有的炼化厂生产控制系统的网络拓扑如图 1-9 所示。大型石油化工产业控制系统庞大，安全要求高，现场会使用多个控制系统完成控制功能。大型石油化工工程网络架构较为复杂。现场的主要控制功能都是由 DCS 来完成的，其他系统的集中控制在某种程度上可以完全由 DCS 监控。DCS 含有大量的数据接口，是构建企业信息化的数据来源与执行机构。除 DCS 外的其他系统一般并没有对外的数据接口（无生产数据），且相对独立，网络结构简单。

主要控制系统的功能如下所示。

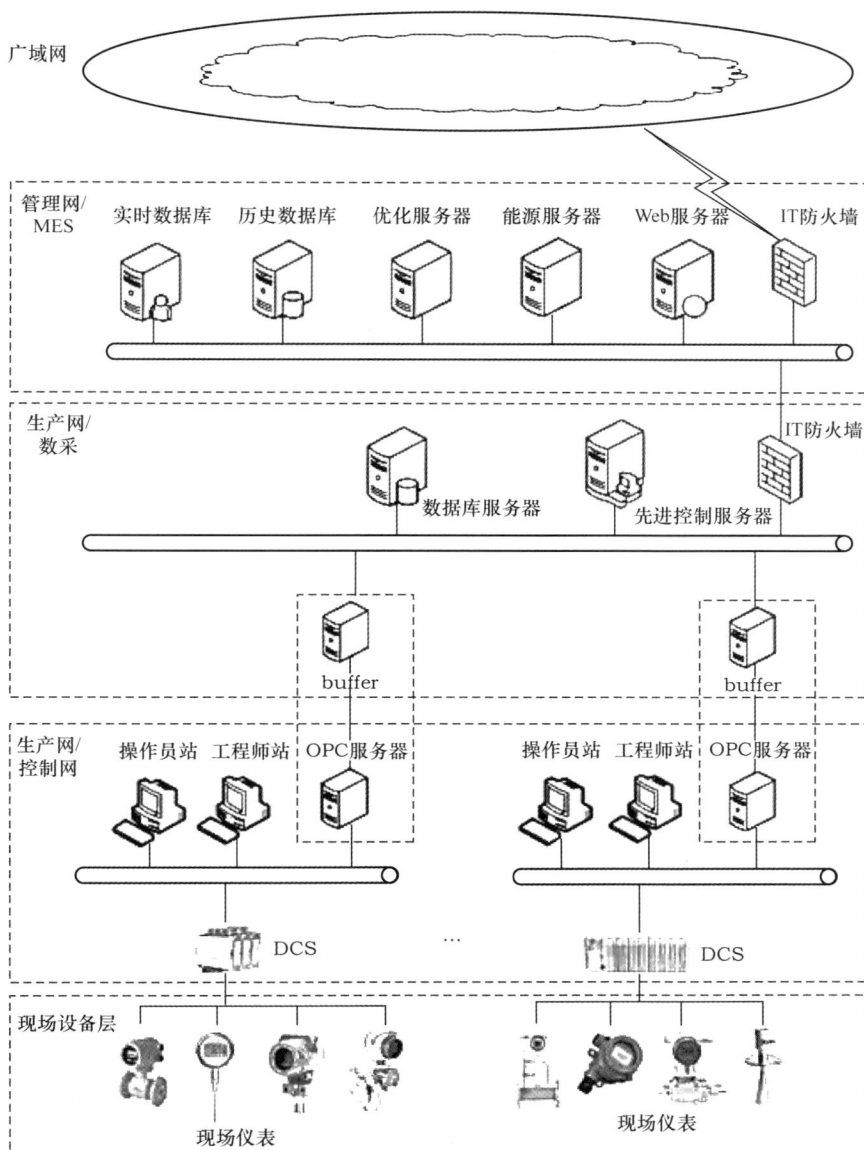

图 1-9 现有的炼化厂生产控制系统的网络拓扑

（1）集散控制系统

DCS 完成生产装置的基本过程控制、操作、监视、管理、顺序控制、工艺联锁等操作，部分先进过程控制操作也在 DCS 中完成。大型石油化工工程全厂 DCS 采用大型局域网架构。根据生产需求、系统规模和总图布置将大型局域网划分为若干独立的局域网，确保每套生产装置独立开停和正常运行。

（2）安全仪表系统

安全仪表系统（Safety Instrumented System，SIS）设置在现场机柜室（Field Auxiliary Room，FAR），与 DCS 分别独立设置，以确保人员及生产装置、重要机组和关键设备的安全。SIS 按照故障安全型设计，与 DCS 进行实时数据通信，在 DCS 操作员站上显示。大型石油化工工程全厂

SIS 采用局域网架构。根据生产需求、系统规模和总图布置将 SIS 局域网划分为若干独立的局域网，确保采用 SIS 的生产装置独立开停和安全运行。

（3）可燃及有毒气体检测系统

生产装置、公用工程及辅助设施内可能泄漏或聚集可燃、有毒气体的地方分别设有可燃、有毒气体检测器，并将信号接至可燃及有毒气体检测系统（Gas Detecting System，GDS）。

（4）压缩机控制系统

压缩机控制系统（Compressor Control System，CCS）完成压缩机组的调速控制、防喘振控制、负荷控制及安全联锁保护等功能，并与 DCS 进行通信，操作人员能够在 DCS 操作员站上对压缩机组进行监视和操作。

（5）机组监视系统

机组监视系统（Machinery Monitoring System，MMS）用于主要透平机、压缩机和泵等转动设备参数的在线监视，同时对转动设备的性能进行分析和诊断，对转动设备的故障预测和维护进行有力的支持。

（6）可编程逻辑控制器

相对比较独立或特殊的设备的控制监视和安全保护功能原则上采用独立的 PLC 来实现。与 DCS 进行数据通信，操作人员能够在 DCS 操作员站上对设备的运行进行监视和操作。

3. 工业无线网络的应用

目前，无线通信技术凭借着部署容易、建设成本低、适用环境广泛等优势，逐渐成为工业互联网中网络发展及应用的重要方向。

无线网络是现代数据通信系统发展的一个重要方向。随着计算机网络技术、无线通信技术以及智能传感器技术的相互渗透、结合，基于无线通信技术的网络化智能传感器这一全新概念产生了。这种基于无线通信技术的网络化智能传感器，使得工业现场的数据能够通过无线链路直接在网络上传输、发布和共享。无线通信技术能够在工厂环境下，为各种智能现场设备、移动机器人以及其他各种自动化设备之间的通信提供高带宽的无线数据链路和灵活的网络拓扑结构，并在一些特殊环境下有效地弥补有线网络的不足，进一步完善工业控制网络的通信性能。无线传输与有线传输的差异如表 1-1 所示。

表 1-1　无线传输与有线传输的差异

比较项目	无线传输	有线传输
布线施工	简单	复杂
节点控制管理	简单	复杂
后期扩展	简单	复杂
调试维护	简单	复杂
造价	低	高
稳定性	较强	强
辐射	较低	低

以无线路灯为例，通过 Zigbee 或 LoRa 的形式，无须对灯具进行改造、无须架设通信线路、无须改造配电柜。无论是改造还是新建，从施工、造价、后期扩展、维护等方面来看，无线都优于有线。在未来，工业通信必将有越来越多的应用场景实现无线化。

1.4.3 工业控制网络的发展趋势

工业控制网络的发展历经了从传统控制网络到现场总线、再到目前广泛研究的工业以太网以及无线网络的过程。以太网的广泛使用为工业网络的发展提供了良好的基础，但提高工业网络通信的实时性、安全性、可靠性，实现多总线集成和实时异构网络则是未来工业网络的发展趋势。

（1）提高通信的实时性

操作系统可以基于优先级策略对非实时和实时传输提供多队列排队方式。交换技术支持高优先级的数据包接入高优先级的端口，以便高优先级的数据包能够快速进入传输队列。此外，可以通过改善拓扑结构以提高通信的实时性。其他研究方向还包括怎样提高在介质访问控制（Medium Access Control，MAC）层上的数据传输的调度方法等。

（2）提高通信的安全性

安全性意味着能预防危险（如系统故障、电磁干扰、高温辐射以及恶意攻击等因素所带来的威胁）。IEC 61508 针对安全通信提出了黑通道机制并制定了安全完整性等级（Safety Integrity Level，SIL）。提高工业通信的安全性，以满足 SIL 高级别的要求，是工业控制网络安全性发展的趋势。目前，一些总线研究机构基于黑通道机制，针对数据破坏、丢失、时延以及非法访问等错误采用了数据编号、密码授权以及循环冗余校验（Cyclic Redundancy Check，CRC）等安全保护措施，如 Interbus Safety、PROFIsafe 以及 EtherCAT Safety 等，这些可作为工业控制网络安全性研究的参考。

（3）提高通信的可靠性

工业控制网络基于不同的网络交换技术，需进行不同类型网络站点之间的通信，因此通信的可靠性显得尤为重要。提高通信的可靠性的研究方向之一是设计虚拟自动化网络，以构筑深层防御系统。虚拟自动化网络中包含不同的抽象层和可靠区域。可靠区域包括远程接入区域、局部生产操作区域以及自动化设备区域等，可靠区域的设计是虚拟自动化网络设计的重点。

（4）多总线集成

多总线并存且相互竞争的局面由来已久，在未来相当长的时间内这种局面将继续存在。多总线集成协同完成工业控制任务，是未来发展的趋势。多总线集成的研究方向之一是通过使用代理机制，将单一总线系统中的设备映射到基于工业以太网的工业控制网络中。

（5）实时异构网络

无线通信进入工业控制领域的趋势毋庸置疑。通过有线网络与无线网络融合、广域网与局域网集成来构建实时异构网络，是未来发展的趋势。

工业控制网络既是一个开放的通信网络，又是一个全分布控制系统，它作为智能设备的联系纽带挂接在总线上，将网络节点上的智能设备连接成网络系统，并通过组态进一步构成自动化系统，实现基本控制、补偿计算、参数修改、报警、显示、监控、优化以及测、控、管一体化的综合自动化功能。工业控制网络是一个以智能传感器、自动控制、计算机、通信、网络等技术为主体的多学科交叉的新兴技术，在过程自动化、制造自动化、楼宇自动化、交通、电力等领域均有广泛的应用前景，被誉为 21 世纪最有希望的自动化技术。

【项目实施】

在 3C 面板行业中，上游的检测设备往往需要和下游的下料机进行联动，此时上下游设备的两台 PLC 需要建立通信连接，实现数据交换，才可相互配合完成动作要求。

本项目设定上下游设备都使用信捷 XL5N，并以图 1-10 所示的上下游连接方式进行连接。

图 1-10　上下游连接方式

1. 查阅资料，写出工业控制网络主流的通信协议有哪些。本项目可使用的通信协议有哪些？

2. 网络拓扑是什么？工业网络中常用的网络拓扑结构有哪几种？本项目采用的网络拓扑结构有哪些？

3. 假设将其中一台 PLC 的 IP 地址设置为"192.168.1.10"，则另一台 PLC 的 IP 地址应设置为___.___.___.20，才可使两台 PLC 进行数据通信。

4. 上游设备在按下启动按钮 X0 后，输出 M100，由初始位置运动到检测位，在检测位停留 2s 后检测完成，输出 M101 使其运动至下料位并输出可下料信号 M0，等待下游设备下料完成，信号置位后输出 M102，返回初始位置。下游设备通过 Modbus 通信协议读取上游设备的 M0 状态，当可下料信号 M0 置位后，下游设备输出 M100 执行下料动作，设定下料动作执行 3s 后下料完成并输出下料完成信号 M1，下游设备输出 M101 返回待料位，输出 3s 后返回至待料位，等待下一个可下料信号 M0 到来再次执行下料动作。请按该动作要求完成 PLC 编程。

【项目小结】

本项目主要讲述工业网络的概念，项目小结如图 1-11 所示。

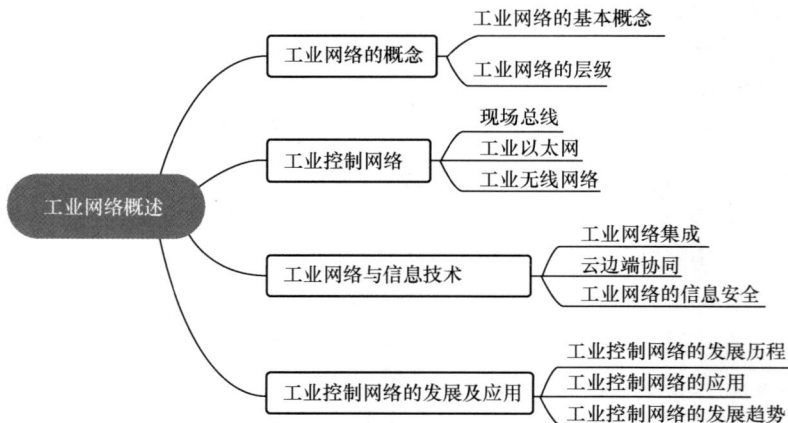

图 1-11　工业网络概述项目小结

【思考与练习】

1. 简述现场总线的优点。

2. 影响工业网络通信的实时性和有效性的因素有哪些？

3. 工业以太网应用中需要解决的关键问题有哪些？

【项目描述】

串口通信是基于串行传输协议的一种通信方式，通过串口设备与目标设备进行数据交换。串口通信的优点是简单易用、成本低廉、通用性强、可扩展性好。串口通信的应用领域非常广泛，包括工业控制、仪器仪表、传感器等。在工业控制中，串口通信可以用于实现设备之间的数据采集和控制，实现生产线的自动化。在仪器仪表中，串口通信可以用于实现设备之间的通信和数据共享，实现仪器仪表的智能化。在传感器中，串口通信可以用于实现传感器之间的通信和数据传输，实现传感器系统的智能化。

【职业能力目标】

- 能够应用 Python 开发串口调试助手，实现两个串口间的数据交互。
- 能够应用 Python 开发点对点通信系统，实现在呼叫双方的信息匹配时建立通信连接，完成数据交互，并可在数据显示区显示数据交互状态。

【学习目标】

- 熟悉 Python 基础语法及库应用。
- 理解串口通信的接口标准、通信方式及数据格式。
- 理解串口通信的实现流程。

【素质目标】

通过学习串口通信的接口标准、通信方式和数据格式，强化学生遵守行业标准、行业规范的观念，激发学生的社会责任感。

【知识链接】

微课

Python 开发基础

2.1 Python 开发基础

2.1.1　Python 介绍

Python 是一种强大的解释型高级程序设计语言，它既拥有传统编译器的功能，又能够实现更加灵活的脚本编写，使得开发者可以轻松完成复杂的任务。因为 Python 易于学习、功能强大且开发成本低廉，所以它已经成为当今程序开发人员最喜爱的编程语言之一。

Python 被广泛地应用到各行各业，它可用来进行简单的文字处理，也可用于图像分析，在 Web 页面和游戏开发中亦占据一席之地，甚至在航天飞机的控制场合中也能看到 Python 的身影。

2.1.2　Python 基础语法

1．行与缩进

Python 使用相同的缩进来表示同一个代码块，而不使用花括号（｛｝）来表示，若程序代码缩进不一致，将会导致运行结果出现偏差。

当两个 if 语句缩进相同时，代码如下。

```
1. print("start")          #输出开始标志
2. a = 2                    #定义变量 a 的值为 2
3. b = 3                    #定义变量 b 的值为 3
4. c = 4                    #定义变量 c 的值为 4
5. if (a>b):                #判断 a 是否大于 b
6.     print("a > b")       # a 大于 b 则输出信息
7. if (c>b):                #缩进与上一句的不同，此 if 语句不是上一个 if 语句内的代码块
8.     print("c > b")       # c 大于 b 则输出信息
9. print("end")            #输出结束标志
```

此时，if(c>b)不是 if(a>b)内的代码块，即当 a 小于或等于 b 时，if(c>b)语句依然执行，示例定义 a=2、c=4、b=3，c 大于 b，故输出 c>b，运行结果如图 2-1 所示。

```
>>> %Run 11.py
 start
 c > b
 end
>>>
```

图 2-1　两个 if 语句缩进相同的代码运行结果

当两个 if 语句缩进不同时，代码如下。

```
1. print("start")          #输出开始标志
2. a = 2                    #定义变量 a 的值为 2
3. b = 3                    #定义变量 b 的值为 3
4. c = 4                    #定义变量 c 的值为 4
5. if (a>b):                #判断 a 是否大于 b
6.     print("a > b")       # a 大于 b 则输出信息
7.     if (c>b):            #缩进与上一句的相同，此 if 语句是上一个 if 语句内的代码块
8.         print("c > b")   # c 大于 b 则输出信息
9. print("end")            #输出结束标志
```

此时，if(c>b)是if(a>b)内的代码块，即当a小于b时，if(c>b)语句不执行，示例定义a=2、b=3，a小于b，不满足a大于b的前提条件，故即使c大于b条件满足，if(c>b)语句也无法执行，运行结果如图 2-2 所示。

```
>>> %Run 11.py
 start
 end
>>>
```

图 2-2　两个 if 语句缩进不同的代码运行结果

此处示例将两段除 if 语句缩进不同，其余都相同的程序进行对比，能够看出缩进不同会导致运算规则不同，从而使运行结果出现偏差。

2. def 定义函数

函数是定义好的、能够重复调用的、用于实现单一或关联功能的代码段。函数使得应用模块化，并能够提高代码的重复利用率，从而提升整体的编程效率。Python 自带许多内建函数，如"print()"等。但用户也可以自己创建函数，这样的函数称为用户自定义函数。

此处自定义了一个比较两个数的大小并取其中最小值的函数，代码如下。

```
1. def min(a,b):        #使用关键词 def 定义一个比较两个输入参数的大小并取其中最小值的函数
2.     if(a<b):         #判断参数 a 是否小于参数 b
3.         return a     #如果参数 a 小于参数 b 则函数返回参数 a
4.     else:            #如果参数 a 不小于参数 b
5.         return b     #则返回参数 b
```

3. import 导入

其他 Python 文件（模块或包）的导入离不开 import 语句。使用 import 语句，可将模块或包中定义的类、方法及变量进行复用，从而实现高效编程，模块与包的介绍如下。

模块：module，简单来说就是.py 文件。

包：package，定义了一个由子包和模块组成的 Python 应用程序执行环境，简单来说就是一个有层次的文件目录结构。

此处以 import module_name（导入模块）及 from package_name import module name（导入指定包中的指定模块）两种方式作为示例，并讲述两种方式之间的区别。使用 import module_name 相当于导入一个文件夹，在使用模块中的函数时需指明是从哪一个模块调用的。使用 from package_name import module name 相当于调用文件夹中的一个文件，在使用模块中的函数时直接调用即可，因为已经知道函数来源于哪个模块了。

（1）import module_name（导入模块）

在 module2.py 中定义一个函数用于判断此模块是否被执行，当 module2.py 被成功执行时输出 "module2"，代码如下。

```
1. def printself():          #定义一个函数 printself()
2.     print("module2")      #输出内容 "module2"
```

在 module1.py 中导入 module2 模块并执行函数 printself()，代码如下。

```
1. import module2            #使用 import 语句导入 module2
2. module2.printself()       #执行 module2 中的 printself() 函数
```

使用 import module2 语句后，module1.py 能够调用 module2.py 模块中的函数，但不能直接调用 printself()，而是需要将模块名称 "module2" 作为对象，从而调用模块对象下的函数 printself()。运行结果如图 2-3 所示。

```
>>> %Run module1.py
 module2
>>>
```

图 2-3　导入模块运行结果

（2）from package_name import module name（导入指定包中的指定模块）

将原先 module1.py 中的 import 代码改为 from import*，代码如下。

```
1. from module2 import *     #使用 from module2 import*语句导入 module2
2. printself()               #执行 module2 中的 printself() 函数
```

使用 from module2 import*语句后，module1.py 能够调用 module2 模块中的函数，并可直接调用 module2 模块中的 printself()，无须将模块名称 "module2" 作为对象。运行结果如图 2-4 所示。

```
>>> %Run module1.py
 module2
>>>
```

图 2-4　导入指定包中的指定模块运行结果

4. for 循环

for 循环为有限循环，始终需要指定一个有限的循环次数，常用于遍历字符串、列表、元组、

字典、集合等序列，逐个获取序列中的元素。此处为 for 循环的简单示例，代码如下。

```
1. for i in [1,2,3]:              #依次取[1,2,3]序列里的值给 i
2.     print(i)                   #每取一次执行一次 print()函数输出 i 的值
```

采用 for…in…语句可直接将数组中的值依次写入变量中，运行结果如图 2-5 所示。

```
>>>  %Run test.py
 1
 2
 3
>>>
```

图 2-5　for 循环运行结果

2.1.3　Python 库应用

Python 是一种依赖强大的组件库完成对应功能的语言。众多开发者为了实现便捷高效的编程，打造了各式各样的工具库并向大众开放，允许公开使用。随着工具库的广泛使用以及工具库功能的越发强大，越来越多的工具库已经成为 Python 的标准库。

本书主要介绍 Newfa 库的应用。Newfa 库将其他第三方库进行整合，以更加简单易懂的方式呈现，其中包含 net 包、system 包和 ui 包这 3 部分，分别用于串口、定时器和界面开发。

1.　net 包

net 包中包含基于 serial 的串口函数，如校验列表函数、串口列表函数及串口类等，其中，串口类涵盖了构造函数、打开函数、关闭函数、发送函数及接收函数，主要用于串口开关及参数的配置。

（1）校验列表函数

校验列表函数调用后返回校验类型，代码如下。

```
1. def 校验列表():
2.     return ('无校验','奇校验','偶校验','标志','空格')
```

（2）串口列表函数

串口列表函数首先用 list_ports.comports()函数将目前计算机所连接的端口号赋值给变量 ports，其次新建一个数组 plist 用于存放连接端口号，再次使用 for…in…语句将变量 ports 中的端口号依次加入数组 plist，最后返回数组 plist，代码如下。

```
1. def 串口列表():
2.     ports = serial.tools.list_ports.comports()
3.     plist = []
4.     for p in ports:
5.         plist.append(p.name)
6.     return plist
```

（3）串口类

串口类主要包含 5 个函数，分别为默认的构造函数，以及打开、关闭、发送、接收函数。

①　构造函数。

构造函数中定义了对象的参数，用于将串口配置参数初始化。在构造函数中，串口号为传入

参数，其余参数在构造函数中赋默认值。该函数中的参数在打开函数中会得到调用，即在串口打开前将该函数中配置的默认参数赋值给串口，代码如下。

```
1. def __init__(self,串口号=''):
2.        self.串口号 = 串口号
3.        self.波特率 = 9600
4.        self.数据位 = 8
5.        self.奇偶校验 = 无校验
6.        self.停止位 = 1
7.        self.component:Serial = None
8.        self.buffer = None
```

② 打开函数。

打开函数赋予了串口能够被识别并与其他串口进行通信的功能。如果要实现串口间的数据传输，则可优先调用打开函数，该函数在导入模块后直接调用即可生效，例如在以下代码中，com串口.打开()即调用了打开函数。

```
1. from newfa.net.串口 import 串口
2. com串口:串口 = 串口()
3. com串口.打开()
```

③ 关闭函数。

关闭函数可使串口不再与其他串口进行通信。如果想要终止串口间的数据传输，则执行关闭函数。关闭函数的调用方式与打开函数的调用方式一致，只需导入模块即可直接调用。

④ 发送函数。

发送函数用于串口间的数据传输，并将要发送的数据的类型都转换为 bytes 类型。在调用发送函数时，需要附上要发送的内容，例如要发送文本框内的数据，则需要读取文本框的内容再将内容填入发送函数进行发送，代码如下，其中 com 串口.发送(txt_send.读取())即调用了发送函数将读取的文本框数据传输给对应的串口。

```
1. from newfa.net.串口 import 串口
2. com串口:串口 = 串口()
3. txt_send = 文本框(frame3,宽=60,高=4)
4. txt_send.表格定位(row=1,col=1,colspan=2)
5. com串口.发送(txt_send.读取())
```

⑤ 接收函数。

接收函数用于串口间的数据传输。该函数常用于将串口接收的数据显示出来，代码如下，其中 com 串口.接收()即表示调用接收函数后接收到的数据，通过 txt 数据记录.写入()函数将接收的数据显示在文本框内。

```
1. from newfa.net.串口 import 串口
2. com串口:串口 = 串口()
3. txt数据记录 = 文本框(frame2,"",宽=60,高=10)
4. txt数据记录.表格定位(row=0,col=2,padx=5,pady=5)
5. txt数据记录.写入(com串口.接收())
```

2. system 包

system 包中包含基于 threading 的定时器函数和基于 crcmod 包开发的用于 Modbus 的 CRC-16

校验计算函数。

（1）定时器函数

定时器类中定义了启动、停止及构造函数，其中，构造函数用于初始化默认类所需的定时间隔和回调函数。在启动函数中定义了子函数运行，当启动函数运行时会打开定时器并使其按照设定的时间运行。在停止函数中将当前对象定时器的 self._enabled 设为 False。代码如下。

```
1.  class 定时器:
2.      def __init__(self, 秒, 函数):
3.          self._interval = 秒
4.          self._callback = 函数
5.          self._enabled = False
6.  #定义启动函数
7.      def 启动(self):
8.          self._enabled = True
9.          def run():
10.             if self._enabled:
11.                 self._callback()
12.                 timer:Timer = Timer(self._interval, run)
13.                 timer.start()
14.         run()
15. #定义停止函数
16.     def 停止(self):
17.         self._enabled = False
```

（2）CRC-16 校验计算函数

CRC-16 校验计算函数用于对 Modbus 协议数据进行计算并输出一个校验值，该校验值是一个 16 位数据，其中，低 8 位在前，高 8 位在后，代码如下。

```
1.  from binascii import unhexlify
2.  from crcmod import mkCrcFun
3.  def get_crc_value(s, crc16):
4.      data = s.replace(' ', '')
5.      crc_out = hex(crc16(unhexlify(data))).upper()
6.      str_list = list(crc_out)
7.      if len(str_list) == 5:
8.          str_list.insert(2, '0')   # 位数不足补 0
9.      crc_data = ''.join(str_list[2:])
10.     return crc_data[2:] + ' ' + crc_data[:2]
11. def crc16_modbus(s):
12.     crc16 = mkCrcFun(0x18005, rev=True, initCrc=0xFFFF, xorOut=0x0000)
13.     return get_crc_value(s, crc16)
```

3. ui 包

ui 包中包含基于 tkinter 的窗口、标签、框架、按钮、文本框、单选框、下拉列表和输入框函数（输入框函数在此不作介绍）。

（1）窗口函数

窗口函数中定义了窗口类，在窗口类中可通过标题、宽高、位置、背景色、允许缩放和运行方法对窗口进行定义及修改。

　　窗口示例首先使用 from…import…语句导入窗口函数；其次实例化对象 main_win，在实例化时设置窗口的标题和宽、高，也可通过调用窗口方法对窗口 main_win 进行缩放配置及运行。代码如下。

```
1. from newfa.ui.窗口 import 窗口
2. #定义窗口
3. main_win = 窗口(标题='这是一个窗口',宽=300,高
=300)
4. main_win.允许缩放(False)
5. main_win.运行()
```

运行结果如图 2-6 所示。

（2）标签函数

标签函数中定义了标签类，可使用标签类设置文本。

标签示例在窗口示例代码的基础上进行编辑，首先导入标签函数，将窗口标题修改为"窗口"，将窗口宽增加到 400；其次实例化一个在窗口 main_win 中的标签 label1，标签文本为"标签 1"，并使用表格定位将其定位在(0，0)的位置，同理，实例化标签 label2 并使用表格定位，位置为(1，1)。代码如下。

图 2-6　窗口示例运行结果

```
1. from newfa.ui.窗口 import 窗口
2. from newfa.ui.标签 import 标签
3. #定义窗口
4. main_win = 窗口(标题='窗口',宽=400,高=300)
5. main_win.允许缩放(False)
6. #定义标签
7. label1 = 标签(main_win,"标签1")
8. label2 = 标签(main_win,"标签2")
9. label1.表格定位(row=0,col=0)
10. label2.表格定位(row=1,col=1)
11. main_win.运行()
```

运行结果如图 2-7 所示。

（3）框架函数

框架函数中定义了框架类，可使用框架函数划分的区域，组织功能相似的组件。

框架示例在标签示例代码的基础上进行编辑，首先导入框架函数，在实例化标签前实例化一个标题为"框架"的框架，并将其定位在(0,0)的位置；其次更改标签 label1、label2 的父容器为框架 frame1，使得标签 label1、label2 被置于父容器框架 frame1 内。代码如下。

图 2-7　标签示例运行结果

```
1. from newfa.ui.窗口 import 窗口
2. from newfa.ui.标签 import 标签
3. from newfa.ui.框架 import 框架
4. #定义窗口
```

```
 5. main_win = 窗口(标题='窗口',宽=400,高=300)
 6. main_win.允许缩放(False)
 7. #定义框架
 8. frame1 = 框架(main_win,'框架')
 9. frame1.表格定位(row=1,col=1)
10. #定义标签
11. label1 = 标签(frame1,"标签1")
12. label1.表格定位(row=0,col=0)
13. label2 = 标签(frame1,"标签2")
14. label2.表格定位(row=1,col=0)
15. #运行程序
16. main_win.运行()
```

运行结果如图2-8所示。

（4）按钮函数

按钮函数定义了按钮类，可用于创建一个自定义大小的、单击可以触发绑定事件的按钮。

在标签示例代码的基础上进行编辑，首先导入按钮函数；其次定义一个显示标签方法，在显示标签方法内定义在(1，1)的位置显示内容为"按钮按下"的标签；再次实例化显示文本为"按钮"的按钮btn，宽为5、高为2，触发绑定事件为执行显示标签方法；最后设置按钮btn在(0，0)的位置。按钮示例代码如下。

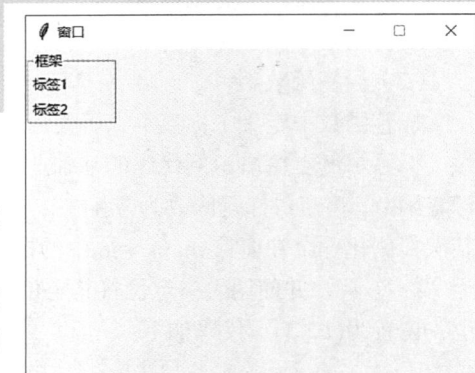

图2-8　框架示例运行结果

```
 1. from newfa.ui.窗口 import 窗口
 2. from newfa.ui.标签 import 标签
 3. from newfa.ui.按钮 import 按钮
 4. #定义窗口
 5. main_win = 窗口(标题='窗口',宽=400,高=300)
 6. main_win.允许缩放(False)
 7. #定义显示标签方法
 8. def 显示标签():
 9.     label1 = 标签(main_win,'按钮按下')
10.     label1.表格定位(row=1,col=1)
11. #定义按钮
12. btn = 按钮(main_win,"按钮",宽=5,高=2,命令=显示标签)
13. btn.表格定位(row=0,col=0)
14. #运行程序
15. main_win.运行()
```

运行结果如图2-9所示。窗口中出现"按钮"按钮，单击按钮执行显示标签方法，显示标签"按钮按下"。

（5）文本框函数

文本框函数定义了文本框类。文本框类中主要提

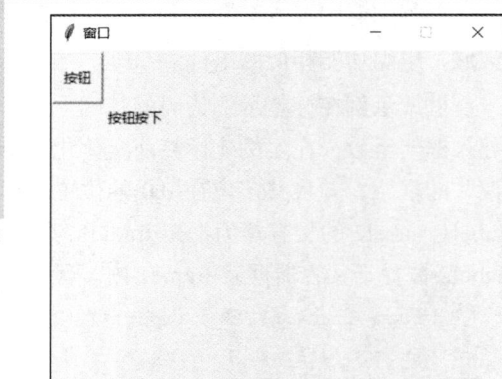

图2-9　按钮示例运行结果

30

供写入和读取方法。

文本框示例使用到窗口、标签、按钮及文本框函数，首先导入所需的函数，实例化窗口并配置，创建一个值为"ABC"的中间变量 w_data；其次实例化文本框并设置文本框 text 的位置及尺寸；再次定义读取和写入函数，分别用于文本框内容的读取和写入，并在执行函数后在设定位置显示标签；最后通过"写入"和"读取"按钮实现文本框相关功能。代码如下。

```
1.  from newfa.ui.窗口 import 窗口
2.  from newfa.ui.标签 import 标签
3.  from newfa.ui.按钮 import 按钮
4.  from newfa.ui.文本框 import 文本框
5.  #定义窗口
6.  main_win = 窗口(标题='窗口',宽=400,高=300)
7.  main_win.允许缩放(False)
8.  w_data = 'ABC'
9.  #定义文本框
10. text = 文本框(main_win,'',宽=20,高=3)
11. text.表格定位(row=0,col=0,padx=5,pady=5)
12. #定义读取标签
13. def 读取():
14.     label1 = 标签(main_win,'读取数据:'+text.读取())
15.     label1.表格定位(row=3,col=0)
16. #定义写入标签
17. def 写入():
18.     text.写入(w_data)
19.     label2 = 标签(main_win,'写入数据:'+w_data)
20.     label2.表格定位(row=3,col=0)
21. #定义按钮
22. btn1 = 按钮(main_win,"写入",宽=5,高=2,命令=写入)
23. btn1.表格定位(row=1,col=0)
24. btn2 = 按钮(main_win,"读取",宽=5,高=2,命令=读取)
25. btn2.表格定位(row=1,col=1)
26. #运行程序
27. main_win.运行()
```

运行结果如下。

启动时窗口状态如图 2-10 所示，包含 1 个文本框，1 个"写入"按钮，一个"读取"按钮。

单击"写入"按钮后在文本框内写入中间变量 w_data，即"ABC"，按钮下方会显示写入数据标签。结果如图 2-11 所示。

在文本框中的 ABC 后输入"1111"并单击"读取"按钮，按钮下方会显示读取数据标签并将读取到的文本框内的数据显示在设定的位置。结果如图 2-12 所示。

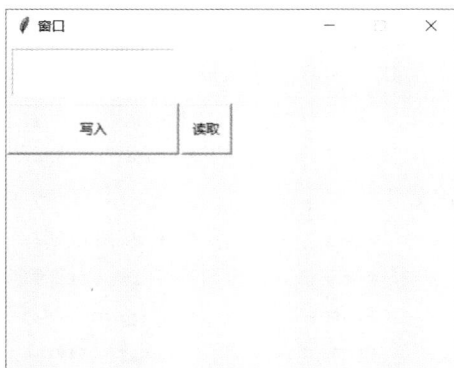

图 2-10 文本框示例启动时窗口状态

31

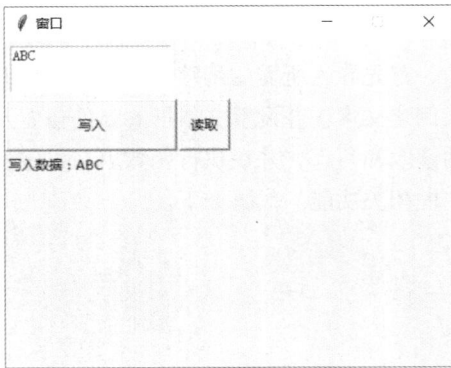

图 2-11　文本框示例写入数据结果

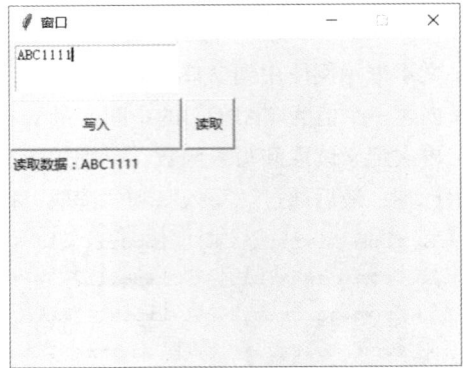

图 2-12　文本框示例读取数据结果

（6）单选框函数

单选框函数定义了单选框类，可用于创建一个带标题的多选项框架。

单选框示例需要使用窗口、单选框函数，首先导入所需的函数，实例化窗口并配置；其次将单选框实例化并设置单选框位置，即可得到一个带标题的多选项框架，实现单选功能。代码如下。

```
1.  from newfa.ui.窗口 import 窗口
2.  from newfa.ui.单选框 import 单选框
3.  #定义窗口
4.  main_win = 窗口(标题='窗口',宽=400,高=300)
5.  main_win.允许缩放(False)
6.  #定义单选框
7.  radiobutton = 单选框(main_win,('A','B','C','D'),标题='1.单选框')
8.  radiobutton.表格定位(row=0,col=0)
9.  #运行程序
10. main_win.运行()
```

运行结果如图 2-13 所示。窗口内显示有标题为"1.单选框"的框架，并包含"A"、"B"、"C"和"D" 4个选项可供选择。

（7）下拉列表函数

下拉列表函数定义了下拉列表类，并提供了读值和默认项的方法。

下拉列表示例需要使用窗口、标签、按钮及下拉列表函数。首先在导入函数后实例化窗口，实例化下拉列表并定义下拉选项及列表位置；其次定义读取按钮，调用显示命令将当前选中的选项显示在设定位置。代码如下。

图 2-13　单选框示例运行结果

```
1.  from newfa.ui.窗口 import 窗口
2.  from newfa.ui.标签 import 标签
3.  from newfa.ui.按钮 import 按钮
4.  from newfa.ui.下拉列表 import 下拉列表
5.  #定义窗口
```

```
 6. main_win = 窗口(标题='窗口',宽=400,高=300)
 7. main_win.允许缩放(False)
 8. #定义标签
 9. def 显示():
10.     label1 = 标签(main_win,'当前选中:'+optionmenu.读值())
11.     label1.表格定位(row=1,col=1)
12. #定义下拉列表
13. optionmenu = 下拉列表(main_win,('A','B','C','D'))
14. optionmenu.表格定位(row=0,col=0)
15. #定义按钮
16. button = 按钮(main_win,'读值',命令=显示)
17. button.表格定位(row=0,col=1)
18. #运行程序
19. main_win.运行()
```

运行结果如下。

窗口内包含下拉列表选项及"读值"按钮，单击下拉列表选项，出现"A"、"B"、"C"和"D" 4 个选项，选择选项"C"，如图 2-14 所示。

单击"读值"按钮，按钮下方会显示当前选中标签并将当前选择的选项显示在设定的位置，如图 2-15 所示。

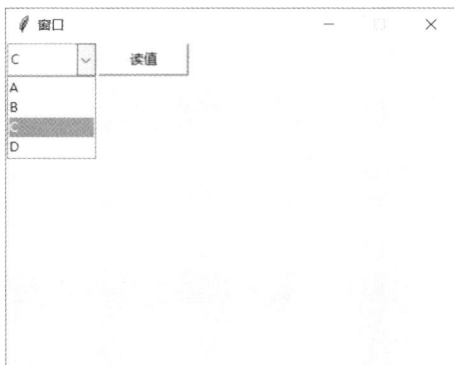

图 2-14　下拉列表选择

图 2-15　下拉列表读值

2.2　串口通信基本概念

串口通信的概念比较简单，它是一种异步串行通信，通信双方以字符帧作为数据传输单位，字符帧按位依次传输，每个位占用的时间长度是固定的。两个字符帧之间的传输时间间隔可以是任意的，也就是说在一个字符帧传输完成之后，另一个字符帧可以在任意时间间隔后进行传输。串口通信中，波特率、数据位、停止位和奇偶校验这些参数尤为重要，两个串口之间成功通信的前提就是这些参数必须匹配，即两个串口的波特率、数据位、停止位和奇偶校验的配置必须相同。

2.2.1　接口标准

目前常见的串行通信的接口标准包括 RS-232、RS-422、RS-485 等，具体介绍如表 2-1 所示。

表 2-1　接口标准

接口标准	逻辑 1	逻辑 0	说明	优缺点
RS-232	–15V	+15V	负逻辑电平； 3 线全双工； 点对点双向通信	传输速率相对较低、 传输距离短
RS-422	差值电压 +（2～6）V	差值电压 –（2～6）V	差分传输； 4 线全双工； 点对多，主从通信	抗干扰能力强、 传输速率高、 传输距离远
RS-485	差值电压 +（2～6）V	差值电压 –（2～6）V	差分传输； 2 线半双工； 多点双向通信	能够实现多个发送、接收设备双向通信

1．RS-232

RS-232 是美国电子工业协会（Electronic Industry Association，EIA）制定的串行数据通信接口标准，其中，RS 是英文"Recomend Standard"的缩写，中文翻译为"推荐标准"，232 是标识号。该标准对串行通信的物理接口及逻辑电平都做了规定。

（1）RS-232 引脚接口的类型

目前主流的 RS-232 接口形态是 9 针的 DB9 连接器，根据接口类型可分为公头和母头两种，公头（带针脚）引脚接口如图 2-16 所示；母头（带孔座）引脚接口如图 2-17 所示。

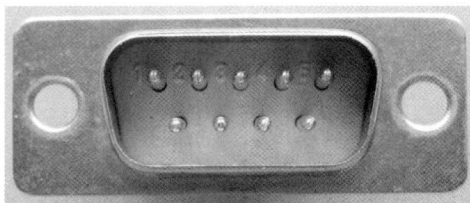

图 2-16　公头引脚接口

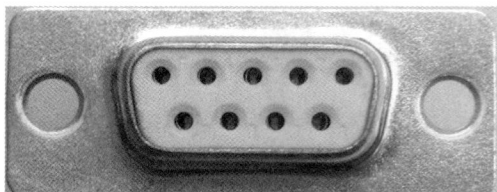

图 2-17　母头引脚接口

（2）RS-232 引脚接口定义及功能说明

9 针的 RS-232 引脚接口定义及功能说明如表 2-2 所示。

表 2-2　9 针的 RS-232 引脚接口定义及功能说明

引脚编号	引脚接口定义	传输方向	功能说明
1	DCD-Data Carrier Detect	←	载波检测通知给 DTE
2	RXD-Receive Data	←	接收数据
3	TXD-Transmit Data	→	发送数据
4	DTR-Data Terminal Ready	→	DTE 告诉 DCE 准备就绪

引脚编号	引脚接口定义	传输方向	功能说明
5	GND		接地
6	DSR-Data Set Ready	←	DCE 告诉 DTE 准备就绪
7	RTS-Request to Send	→	请求发送——DTE 向 DCE 发送数据请求
8	CTS-Clear to Send	←	清除发送——DCE 通知 DTE 可以传输数据
9	RI-Ring Indicator	←	振铃指示——DCE 通知 DTE 有振铃信号

在工业控制中，RS-232 接口一般只使用 RXD（接收数据）、TXD（发送数据）、GND（接地）3 个引脚。

RS-232 是计算机与通信工业中应用最广泛的串行接口标准之一，它以全双工方式工作，只能实现点对点的通信方式。但因其传输速率较低、传输距离短、抗噪声干扰能力弱并且只允许点对点通信，故 RS-232 标准无法适用于工业控制现场总线。

2. RS-422

RS-422 是在 RS-232 的基础上发展而来的，它是为弥补 RS-232 传输距离短、速率低的不足而提出的。RS-422 定义了一种平衡通信接口，以差动的方式进行信号的发送和接收，这成为 RS-422 传输距离远的根本原因，也是 RS-422 与 RS-232 的根本区别。RS-422 的最大传输速率达到 10Mbit/s，同时最远传输距离达到 4000ft（1ft≈30.48cm），而且允许在一条平衡总线上最多连接 10 个接收器。

RS-422 接口和 RS-485 接口，没有标准引脚定义的说法。因为 RS-422 和 RS-485 不具备标准接口，设备制造商根据自己的定义决定需要采用怎样的接口，接口中使用哪些引脚。不过，RS-422 和 RS-485 标准本身定义了根据这两个标准进行通信时所必须提供的信号线。

RS-422 采用的是 4 线模式，信号线定义如表 2-3 所示。

表 2-3　RS-422 信号线定义

名称	作用	备注
GND	地线	
TXA	发送正	TX+或 A，必连
RXA	接收正	RX+或 Y，必连
TXB	发送负	TX-或 B，必连
RXB	接收负	RX-或 Z，必连
+9V	电源	不连

3. RS-485

RS-485 标准同样是为了弥补 RS-232 接口的不足而推出的接口标准。RS-485 采用半双工通信方式，同一时刻只能有一方处于发送状态。RS-485 平衡发送和差分接收的特性使其具备了抑制共模干扰的能力。RS-485 的传输距离最远可达到 1200m，并且可以在总线上进行联网，从而实现多机通信，允许最多并联 32 台驱动器和 32 台接收器。

RS-485 的信号分为两种，分别是 4 线模式和 2 线模式。4 线模式中各信号线定义如表 2-4 所示。

表 2-4　RS-485 4 线模式中各信号线定义

名称	作用	备注
TDA-/Y	发送 A	TXD+/A，必连
TDB+/Z	发送 B	TXD-/B，必连
RDA-/A	接收 A	RXD-，必连
RDB+/B	接收 B	RXD+，必连
GND	地线	不连

目前，在工业控制现场中，很少采用 4 线模式，因其只能实现点对点的通信方式，从而改用 2 线模式，这种接线方式为总线式拓扑结构。2 线模式中各信号线定义如表 2-5 所示。

表 2-5　RS-485 2 线模式中各信号线定义

名称	作用	备注
Data-/B/485-	发送正	必连
Data+/A/485+	接收正	必连
GND	地线	不连
+9V	电源	不连

2.2.2　通信方式

在串行通信中，数据通常是在两个终端（如计算机和外设）之间进行传送的，根据数据流的传输方向可分为 3 种基本通信方式——单工、半双工和全双工，如图 2-18 所示。

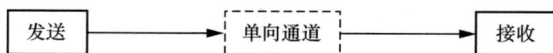

（a）单工通信方式

（b）半双工通信方式

（c）全双工通信方式

图 2-18　通信方式

单工通信：数据传输方向是单向的，一方固定为发送方，另一方固定为接收方，在同一时间为只有一方能够发送或接收数据，不能实现双向通信。单工通信使用一条传输线，常用于电视、打印机等。

半双工通信：数据传输方向是可双向的，通信双方既可以接收数据也可以发送数据，但是在同一时间内只能由其中一方发送数据，另一方接收数据。虽然半双工通信可以实现双向通信，但它实际上是一种能切换方向的单工通信。半双工通信中每端需有一个收发切换开关，通过切换来决定数据向哪个方向传输，因为需要进行切换，所以会产生时间延迟，信息传输效率较低。半双工通信既可以使用一条传输线，也可以使用两条传输线，常用于对讲机等。

全双工通信：数据传输方向是可双向的，并且通信双方能够在同一时刻内进行数据的发送和接收，它是两个单工通信方式的结合，通信双方都有发送器和接收器，发送和接收可同时进行，没有时间延迟，信息传输效率高。全双工通信使用两条传输线，常用于电话通信等。

2.2.3　数据帧

串口通信的数据帧包含起始位、有效数据位、奇偶校验位和停止位。

- 起始位：在没有数据传送（处于空闲状态）时，通信线上为逻辑 1。当发送端要发送一个数据时，首先发送一个逻辑 0，这个低电平就是帧格式的起始位，作用是告诉接收端要开始发送一帧数据。接收端检测到这个低电平之后，就准备接收数据信号。
- 有效数据位：传输开始后传递的需要接收和发送的数据值，可以表示指令或数据，低位在前，高位在后。
- 奇偶校验位：是收发双方预先约定好的用于检验数据是否正确的方式之一，分为 NONE（无校验）、ODD（奇校验）、EVEN（偶校验）。
- 停止位：字符传送结束的信号，也为发送下一帧数据信息作准备，用逻辑 1 表示。它的占位可能有 1/1.5/2 位。

数据是一个字符一个字符地传输的，每个字符按位逐个传输，并且在传输一个字符时，总是以"起始位"开始，以"停止位"结束。串口通信数据格式如图 2-19 所示。

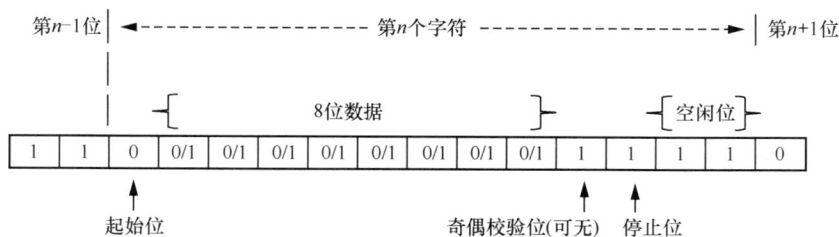

图 2-19　串口通信数据格式

每一个字符都由 1 位起始位作为开头，为逻辑 0，字符本身由 5～8 位数据位组成，接着是 1 位校验位（校验位可以是奇校验位、偶校验位或无校验位），最后是停止位，占 1/1.5/2 位，停止位后面是不定长的空闲位，停止位和空闲位都规定为高电平。实际传输时每一位的信号宽度与波特率有关，波特率越高，宽度越小，在进行传输之前，通信双方必须使用相同的波特率配置。

【项目实施】

2.3 串口通信应用开发

2.3.1 串口调试助手开发

1. 初始化

（1）打开原始文件

打开 U 盘资料"04 DEMO 程序代码/01 串口及 Modbus 程序"，选择其中的"01 原始文件"，将其复制到合适路径下并打开，文件中存放了 Newfa 库及原始程序，双击打开"main.py"原始文件，如图 2-20 所示。

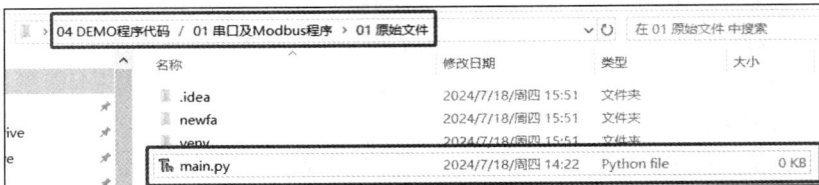

图 2-20　打开原始文件

（2）选择新文件

在选择文件时需先打开文件窗口，单击菜单栏中的"视图"，在打开的菜单中选择"文件"命令，程序左侧出现可选择的文件窗口，如图 2-21 所示。

在文件窗口中双击第（1）步中的"main.py"文件，在右侧对应的窗口中进行代码的编写，如图 2-22 所示。

（3）导入模块

将 Newfa 库中所需要的串口、窗口、下拉列表、标签、文本框、框架、按钮、单选框以及定时器函数导入，代码如下。

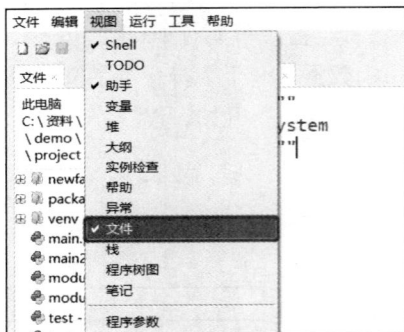

图 2-21　打开文件窗口

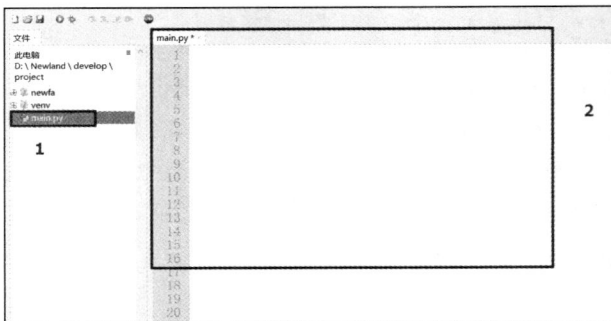

图 2-22　进行代码的编写

```
1.  from newfa.net.串口 import 串口,串口列表,校验列表
2.  from newfa.ui.窗口 import 窗口
3.  from newfa.ui.下拉列表 import 下拉列表
4.  from newfa.ui.标签 import 标签
5.  from newfa.ui.文本框 import 文本框
6.  from newfa.ui.框架 import 框架
7.  from newfa.ui.按钮 import 按钮
8.  from newfa.ui.单选框 import 单选框
9.  from newfa.system.定时器 import 定时器
```

2. 定义主窗口为父容器

定义标题为"NEWFA-串口调试助手"的主窗口为所有组件的父容器，定义窗口的尺寸以及是否允许缩放，代码如下。

```
1.  """
2.  定义主窗口
3.  """
4.  main_win = 窗口(标题='NEWFA-串口调试助手',宽=700)
5.  main_win.允许缩放(False)
```

3. 定义参数配置区

首先定义标题为"串口设置"的框架 frame1，并设置在父容器（主窗口）中的表格定位位置为(1，1)。接着分别定义串口选择、波特率选择、数据位设置、奇偶校验设置、停止位设置的标签和下拉列表，使其以框架 frame1 作为父容器，代码如下。

```
1.  # 串口设置框架
2.  frame1 = 框架(main_win,'串口设置')
3.  frame1.表格定位(row=1,col=1)
4.  # 串口选择
5.  label1 = 标签(frame1,"串口选择")
6.  label1.表格定位(row=1,col=1)
7.  cbo串口号 = 下拉列表(frame1,串口列表())
8.  cbo串口号.表格定位(row=1,col=2)
9.  # 波特率选择
10. label2 = 标签(frame1,"波特率")
11. label2.表格定位(row=2,col=1)
12. cbo波特率 = 下拉列表(frame1,('9600','19200','57600','115200'))
13. cbo波特率.表格定位(row=2,col=2)
14. # 数据位设置
15. label3 = 标签(frame1,"数据位")
16. label3.表格定位(row=3,col=1)
17. cbo数据位 = 下拉列表(frame1,(8,7,6))
18. cbo数据位.表格定位(row=3,col=2)
19. #奇偶校验设置
20. label4 = 标签(frame1,'奇偶校验')
21. label4.表格定位(row=4,col=1)
22. cbo校验 = 下拉列表(frame1,校验列表())
```

```
23. cbo校验.表格定位(row=4,col=2)
24. #停止位设置
25. label5 = 标签(frame1,"停止位")
26. label5.表格定位(row=5,col=1)
27. cbo停止位 = 下拉列表(frame1,('1','1.5','2'))
28. cbo停止位.表格定位(row=5,col=2)
```

4. 定义数据收发区

使用框架函数分别定义所需的数据记录、发送和接收设置框架，并在数据记录、发送框架内使用文本框函数实现数据记录和发送功能。

首先在发送和接收设置框架内使用单选框函数，设置发送、接收数据为"ASCII"或"HEX"；其次定义发送方法，先读取数据发送文本框内的数据，再通过串口的发送方法将数据发送出去；最后定义"发送"按钮，触发时调用发送方法，代码如下。

```
1.  """
2.  数据记录区
3.  """
4.  #数据记录区
5.  frame2=框架(main_win,'数据记录')
6.  frame2.表格定位(row=1,col=2,colspan=4)
7.  txt数据记录 = 文本框(frame2,"",宽=60,高=10)
8.  txt数据记录.表格定位(row=0,col=2,padx=5,pady=5)
9.  """
10. 接收设置
11. """
12. frm接收设置 = 框架(main_win,'接收设置')
13. frm接收设置.表格定位(row=2,col=1)
14. rdo接收格式 = 单选框(frm接收设置,('ASCII','HEX'),标题='')
15. rdo接收格式.表格定位(row=1,col=1)
16. """
17. 发送设置
18. """
19. frame4 = 框架(main_win,'发送设置')
20. frame4.表格定位(row=3,col=1)
21. rdo发送格式 = 单选框(frame4,('ASCII','HEX'))
22. rdo发送格式.表格定位(row=1,col=1)
23. """
24. 数据发送文本框
25. """
26. frame3 = 框架(main_win,'数据发送')
27. frame3.表格定位(row=2,col=2,colspan=2,rowspan=2)
28. #定义文本框
29. txt_send = 文本框(frame3,宽=60,高=4)
30. txt_send.表格定位(row=1,col=1,colspan=2)
31. #数据发送函数
```

```
32. def 发送():
33.     com串口.发送(txt_send.读取())
34. #定义"发送"按钮
35. btn_send = 按钮(frame3,"发送",命令=发送)
36. btn_send.表格定位(row=1,col=4)
```

5. 串口开关控制

定义串口打开方法，在调用打开方法时将当前下拉列表中的值分别赋给对应的串口参数，参数传递完成后，执行串口的打开方法并在数据记录区中写入"串口打开成功\n"提示信息。

首先在打开方法内定义接收方法，将串口接收到的数据通过文本框的写入方法写入数据记录区中；其次在打开方法下的接收方法定义完成后启动定时器，并以 1 次/s 的频率调用接收方法；再次定义串口关闭方法；最后通过"打开串口"按钮和"关闭串口"按钮控制串口的打开和关闭，代码如下。

```
1. #打开串口命令
2. com串口:串口 = 串口()
3. #打开函数
4. def 打开():
5.     com串口.串口号 = cbo串口号.读值()
6.     com串口.波特率 = cbo波特率.读值()
7.     com串口.数据位 = cbo数据位.读值()
8.     com串口.奇偶校验 = cbo校验.读值()
9.     com串口.停止位 = cbo停止位.读值()
10.    com串口.打开()
11.    txt数据记录.写入('串口打开成功\n')
12.    #接收函数
13.    def 接收():
14.        txt数据记录.写入(com串口.接收())
15.        timer = 定时器(1,接收)
16.        timer.启动()
17. #关闭函数
18. def 关闭():
19.     com串口.关闭()
20. #定义打开/关闭串口按钮
21. btn打开串口 = 按钮(frame1,"打开串口",命令=打开)
22. btn打开串口.表格定位(row=6,col=1)
23. btn关闭串口 = 按钮(frame1,"关闭串口",命令=关闭)
24. btn关闭串口.表格定位(row=6,col=2)
25. #运行程序
28. main_win.运行()
```

6. 运行脚本

将一根 USB 转 RS-232 公头线的公头，与另一根 USB 转 RS-232 母头线的母头相连，并将两个 USB 口插入同一台计算机的 USB 接口。此时在设备管理器中识别到两个 COM 口，即可开始结果验证。如图 2-23 所示，本示例以 COM5 及 COM6 为例，实际上任意两个 COM 端均可。

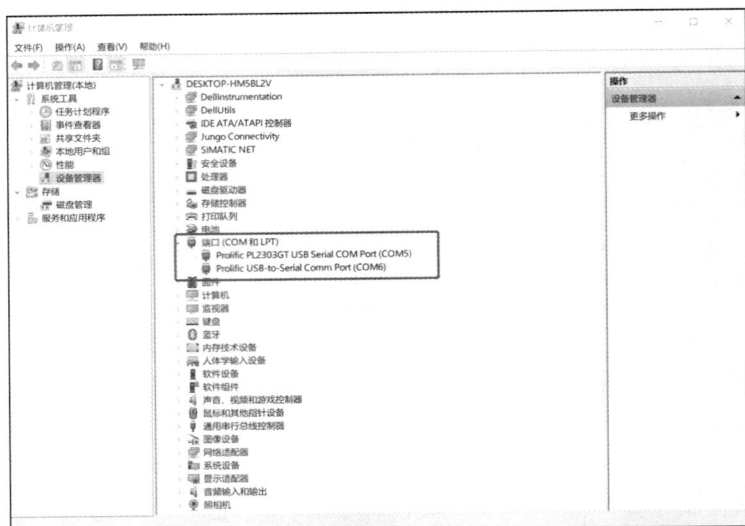

图 2-23　设备管理器端口

运行编写好的 main.py 脚本。如图 2-24 所示，单击菜单栏中的"运行"，在打开的菜单中选择"运行当前脚本"命令，运行 main.py 脚本，编译无错误后运行第一个串口调试助手，运行结果如图 2-25 所示。

图 2-24　运行当前脚本

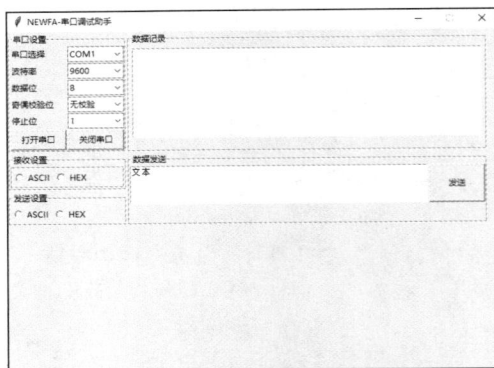

图 2-25　第一个串口调试助手运行结果

单击菜单栏中的"工具"，在打开的菜单中选择"打开系统 shell..."，如图 2-26 所示。

在弹出的命令提示符窗口中执行"python main.py"运行 main.py 脚本，运行第二个串口调试助手，如图 2-27所示。

图 2-26　打开系统 shell...

```
D:\Newland\develop\project>python main.py
```

图 2-27　运行第二个串口调试助手

7. 通信配置

配置第一个串口调试助手，串口选择设置为其中一个（以 COM5 为例），设置波特率为 9600，数据位为 8，奇偶校验为无校验，停止位为 1，接收与发送均设置为 ASCII，单击"打开串口"按钮，如图 2-28 所示。

配置第二个串口调试助手，串口选择设置为另一个（以 COM6 为例），设置波特率为 9600，数据位为 8，奇偶校验为无校验，停止位为 1，接收与发送均设置为 ASCII，单击"打开串口"按钮，如图 2-29 所示。需注意两个串口的波特率、数据位、奇偶校验、停止位配置要一致，否则将出现通信故障。

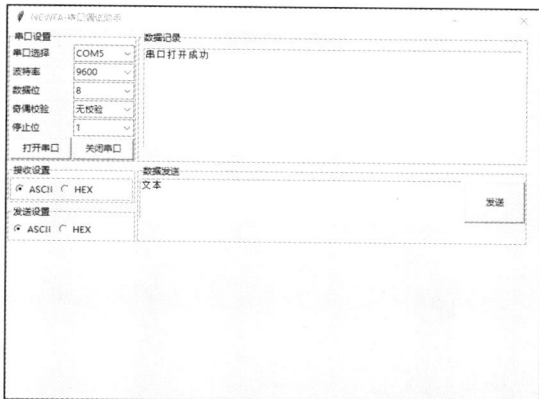

图 2-28　配置第一个串口调试助手

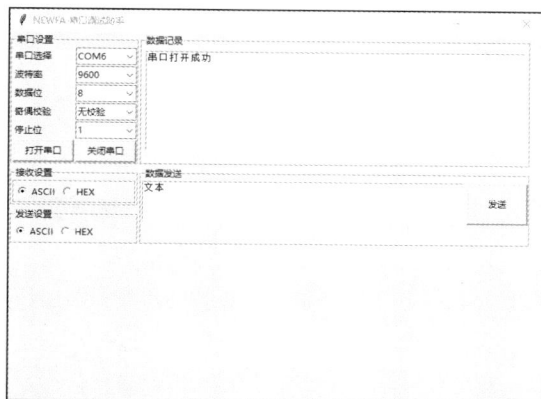

图 2-29　配置第二个串口调试助手

8. 功能测试：数据传输验证

在第一个串口调试助手的数据发送文本框中输入"ABCD"，单击"发送"按钮后，在第二个串口调试助手的数据记录区中接收到第一个串口调试助手发送的数据"ABCD"，如图 2-30 所示。

同理，在第二个串口调试助手的数据发送文本框中输入"1234"，单击"发送"按钮后，在第一个串口调试助手的数据记录区中接收到第二个串口调试助手发送的数据"1234"，如图 2-31 所示。

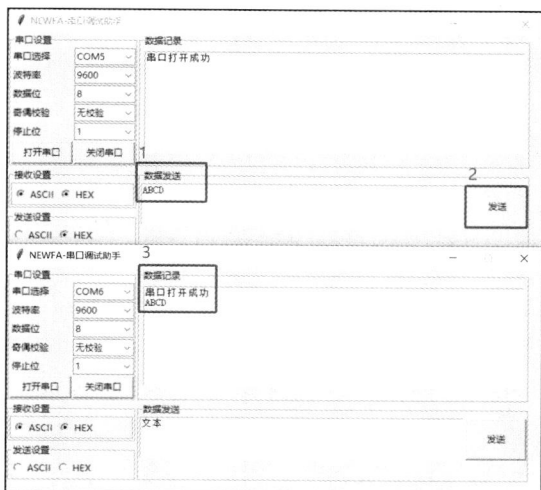

图 2-30　数据传输验证（1）

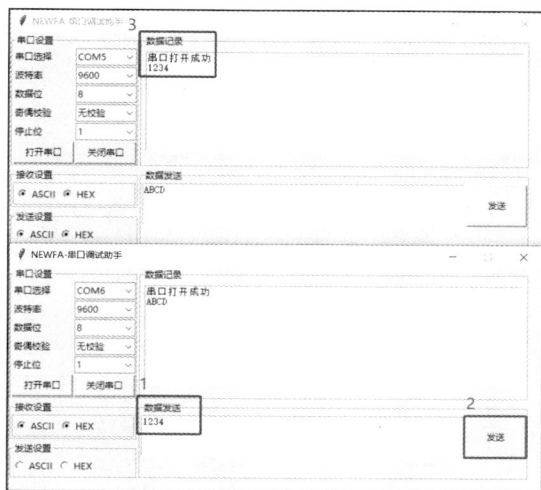

图 2-31　数据传输验证（2）

2.3.2　点对点通信系统

上面的实验完成了串口调试助手的开发，但其只在单台计算机上的两个串口间进行数据交互。本实验通过对点对点通信工具的开发，建立两台计算机间的通信连接，实现数据交互。点对点通信工作流程如图 2-32 所示。

图 2-32　点对点通信工作流程

1．初始化

在串口调试助手同一文件夹下，新建一个"P2Pcall"文件，如图 2-33 所示。

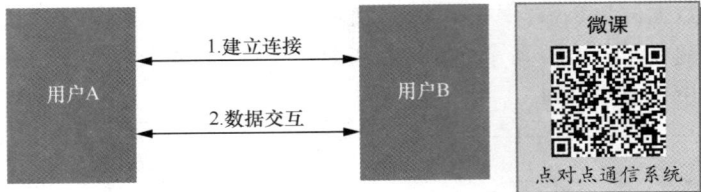

图 2-33　新建一个"P2Pcall"文件

打开该文件并在该文件下导入所需的函数和模块，代码如下。

```
1. from newfa.net.串口 import 串口,串口列表,校验列表
2. from newfa.ui.窗口 import 窗口
3. from newfa.ui.下拉列表 import 下拉列表
4. from newfa.ui.标签 import 标签
5. from newfa.ui.文本框 import 文本框
6. from newfa.ui.框架 import 框架
7. from newfa.ui.按钮 import 按钮
8. from newfa.ui.单选框 import 单选框
9. from newfa.system.定时器 import 定时器
10. from threading import Timer
11. from time import sleep
```

2．定义主窗口为父容器

定义标题为"NEWFA-点对点通信系统"的主窗口为所有组件的父容器，定义窗口的尺寸以及是否允许缩放，代码如下。

```
1. """
2. 定义主窗口
3. """
4. main_win = 窗口(标题='NEWFA-点对点通信系统',宽=700)
5. main_win.允许缩放(False)
```

3．定义串口配置区

定义标题为"通信口设置"的框架，并在该框架下定义通信口选择功能，即可通过下拉列表

选择正在使用的串口。定义一个文本框，其功能是修改"本机名称"，设置"UserA"为默认文本。

定义用户配置通信参数框，并定义一个可修改"呼叫名称"的文本框，设置"UserB"为默认文本，代码如下。

```
1.  # 串口设置框架
2.  frame1 = 框架(main_win,'通信口设置')
3.  frame1.表格定位(row=0,col=0)
4.  # 串口选择
5.  label1 = 标签(frame1,"通信口选择")
6.  label1.表格定位(row=0,col=0)
7.  cbo串口号 = 下拉列表(frame1,串口列表())
8.  cbo串口号.表格定位(row=0,col=1)
9.  #定义标签
10. label3 = 标签(frame1,'本机名称')
11. label3.表格定位(row=1,col=0)
12. #定义文本框
13. rdo本机信息 = 文本框(frame1,text='UserA')
14. rdo本机信息.表格定位(row=1,col=1)
15. """
16. 用户设置
17. """
18. frm通信参数 = 框架(main_win,'通信参数')
19. frm通信参数.表格定位(row=1,col=0)
20. #定义标签
21. label4 = 标签(frm通信参数,'呼叫名称')
22. label4.表格定位(row=1,col=0)
23. #定义文本框
24. rdo伙伴信息 = 文本框(frm通信参数,text='UserB')
25. rdo伙伴信息.表格定位(row=1,col=1)
```

4. 定义数据收发区

定义数据记录及数据发送的框架及文本框，即使发送和接收的信息可显示的功能，代码如下。

```
1.  """
2.  数据记录区
3.  """
4.  #数据记录区
5.  frame2=框架(main_win,'数据记录')
6.  frame2.表格定位(row=0,col=2,colspan=4)
7.  txt数据记录 = 文本框(frame2,"",宽=50,高=10)
8.  txt数据记录.表格定位(row=0,col=2,padx=5,pady=5)
9.  """
10. 数据发送区
11. """
12. #发送设置
13. #数据发送区
```

```
14.  frame3 = 框架(main_win,'数据发送')
15.  frame3.表格定位(row=1,col=2,colspan=2,rowspan=2)
16.  #定义文本框
17.  txt_send = 文本框(frame3,宽=60,高=4)
18.  txt_send.表格定位(row=1,col=1,colspan=2)
```

5. 串口打开与数据接收

首先初始化所需的全局变量，定义串口打开方法及所需变量，调用打开方法时若串口已打开，则在数据记录区中写入"串口已打开"提示信息；若串口未打开，则执行串口打开函数，在数据记录区中写入"通信口打开成功"提示信息，并附上读取到的本机信息。

在打开方法下定义接收方法，由于本实验定义的发送消息格式为"本机信息字符长度+主机信息+发送内容字符长度位数+发送内容字符长度+发送内容"，因此接收方法将接收到的数据分为5个部分，分别为 headlen、head、enddlen、endlen、end，此处以接收消息"5UserX12Hi"举例。

- headlen：读取接收消息的第 0 位并将其类型转换为 int 型，读取到的数据为"5"，该数据为本机信息字符长度。
- head：读取接收消息的第 1 位（闭区间）到第"5+1=6"位（开区间）的数据，即第 1～5 位的数据，读取的数据为"UserX"，该数据为本机信息。
- enddlen：读取接收消息的第"5+1=6"位并将其类型转换为 int 型，读取到的数据为"1"，该数据为接收内容字符长度位数。
- endlen：读取接收消息的第"5+2=7"位（闭区间）到第"5+2+1=8"位（开区间）的数据，即第 7 位数据，并将其类型转换为 int 型，读取到的数据为"2"，该数据为接收内容字符长度。
- end：读取接收消息的第"5+2+1=8"位（闭区间）到第"5+2+2+1=10"位（开区间）的数据，即第 8、9 位的数据，读取的数据为"Hi"，该数据为接收内容。

在对接收消息进行拆分后，就可对其进行解析。通过定义的变量状态及读取的拆分数据判断当前的交互状态，并将当前的交互状态输出显示到数据记录区。

接收方法定义完成后启动定时器，并以 1 次/s 的频率调用接收方法，代码如下。

```
1.  #初始化所需的全局变量
2.  com串口:串口 = 串口()
3.  串口已打开 = False
4.  已连接 = False
5.  被连接 = False
6.  开始聊天 = False
7.  确认接听 = False
8.  拒绝接听 = False
9.  主机信息 = ''
10. 伙伴信息 = ''
11. #打开串口命令
12. def 打开():
13.     global 确认接听
14.     global 串口已打开
15.     global 主机信息
16.     global 伙伴信息
```

```
17.        global 拒绝接听
18.        #串口重复打开判断
19.        if 串口已打开:
20.            txt 数据记录.写入('串口已打开\n')
21.        else:
22.            串口已打开 = True
23.            确认接听 = False
24.            开始聊天 = False
25.            拒绝接听 = False
26.            被连接 = False
27.            #串口号设置及打开
28.            com 串口.串口号 = cbo 串口号.读值()
29.            com 串口.打开()
30.            txt 数据记录.写入('通信口打开成功\n')
31.            #主机信息获取，使用 strip() 删除字符串结尾换行符
32.            主机信息 = rdo 本机信息.读取()
33.            主机信息 = 主机信息.strip()
34.            txt 数据记录.写入('本机信息: '+ 主机信息 + '\n')
35.            def 接收():
36.                global 被连接
37.                global 开始聊天
38.                global 确认接听
39.                global 拒绝接听
40.                #接收消息转码
41.                接收消息 = str((com 串口.接收()).decode('utf-8'))
42.                if len(接收消息) > 0:
43.                    #接收消息处理，分为头、尾两部分
44.                    headlen = int(接收消息[0])
45.                    head = 接收消息[1:(headlen+1)]
46.                    enddlen = int(接收消息[(headlen + 1)])
47.                    endlen = int(接收消息[(headlen + 2):(headlen + 2 + enddlen)])
48.                    end = 接收消息[(headlen + 2 + enddlen):(headlen + 2 + endlen +
    enddlen)]
49.                    #接收消息解析
50.                    if 开始聊天 and end == 'bye':
51.                        开始聊天 = False
52.                        txt 数据记录.写入('\n对方已挂断\n')
53.                    if 开始聊天 == False and end == 主机信息 and 拒绝接听 == False:
54.                        被连接 = True
55.                        txt 数据记录.写入(head + '正在呼叫\n')
56.                    if 开始聊天:
57.                        确认接听 = False
58.                        聊天消息 = 接收消息
59.                        txt 数据记录.写入(head + ': ' + end + '\n')
60.                    if 被连接 and 确认接听:
```

```
61.              确认接听 = False
62.              txt 数据记录.写入('\n 接听成功\n')
63.              开始聊天 = True
64.          if 被连接 and 拒绝接听:
65.              txt 数据记录.写入('\n 已挂断\n')
66.              拒绝接听 = False
67.          if 开始聊天 == False and end == 'yes':
68.              txt 数据记录.写入('\n 呼叫成功\n')
69.              开始聊天 = True
70.          if 开始聊天 == False and end == 'no':
71.              txt 数据记录.写入('\n 对方拒绝接听\n')
72.              拒绝接听 = True
73.      #定时器 timer, 1s 调用一次接收函数
74.      timer = 定时器(1,接收)
75.      timer.启动()
```

6. 呼叫与挂断

定义呼叫的方法，分为两种情况：一种是作为主动者发起呼叫，另一种是作为被动者被呼叫。

- 当作为主动者发起呼叫时，读取伙伴（被动者）的信息，并以"str（len（主机信息））+主机信息+伙伴（被动者）长度位数+伙伴信息长度+伙伴信息"的格式每隔 1s 发送请求数据直至开始聊天或被拒绝接听，被动者接收到数据后进行拆分与解析，识别到 end==主机（被动者）信息后，被连接标志位写为 True，并在数据记录区写入"head+'正在呼叫\n'"，即"主机（主动者）信息正在呼叫"。

- 当作为被动者被呼叫时，将确认接听标志位写为 True，并以"str（len（主机信息））+主机信息+'13yes'"的格式回应主动者。主动者接收到数据后进行拆分与解析，在数据记录区写入"接听成功"，主动者在数据记录区写入"呼叫成功"。

定义挂断的方法，分为两种情况：一种是已经开始聊天，另一种是未开始聊天。这里将发起挂断的对象称为主动者，被挂断的对象称为被动者。

- 当已经开始聊天时，向数据记录区写入"'已断开连接对象：'+rdo 伙伴信息.读取()"，并以"str（len（主机信息））+主机信息+'13bye'"的格式发送挂断消息，被动者接收挂断消息后在接收方法中进行解析，执行向数据记录区写入"挂断消息"操作。

- 当未开始聊天时，以"str（len（主机信息））+主机信息+'12no'"的格式发送回应消息并将拒绝接听标志位写为 True，在接收方法中进行解析后，执行向数据记录区写入"已挂断"操作。被动者接收回应消息后在接收方法中进行解析，执行向数据记录区写入"拒绝接听"操作并将拒绝接听标志位写为 True。

这里要注意区分主动者与被动者，虽然它们共用一套程序但程序是分开执行的。此处需结合接收方式的判断条件及执行动作，理解点对点通信的流程，代码如下。

```
1.  #呼叫函数
2.  def 呼叫():
3.      #通信口打开有效，否则提示异常
4.      global 确认接听
5.      global 拒绝接听
```

```
6.          拒绝接听 = False
7.          #作为主机呼叫，单击"呼叫/接听"按钮时，执行呼叫功能，定时执行发送请求
8.      if 串口已打开 and 被连接 == False:
9.              伙伴信息 = rdo伙伴信息.读取()
10.             伙伴信息 = 伙伴信息.strip()
11.             伙伴信息长度 = str(len(伙伴信息))
12.             伙伴长度位数 = str(len(伙伴信息长度))
13.             txt数据记录.写入('呼叫对象: '+ 伙伴信息 + '\n')
14.             txt数据记录.写入('******正在呼叫******\n')
15.             请求数据 = str(len(主机信息)) + 主机信息 + 伙伴长度位数 + 伙伴信息长度 + 伙伴信息
16.             def 请求():
17.                 if 开始聊天 == False and 拒绝接听 == False:
18.                     com串口.发送(请求数据)
19.                 else:
20.                     定时请求.停止()
21.             定时请求 = 定时器(1,请求)
22.             定时请求.启动()
23.         #作为伙伴被呼叫，单击"呼叫/接听"按钮时，执行接听功能，向主机发送回应信息
24.     elif 串口已打开 and 被连接:
25.             确认接听 = True
26.             回应消息 = str(len(主机信息)) + 主机信息 + '13yes'
27.             com串口.发送(回应消息)
28.     else:
29.             txt数据记录.写入('通信口未打开\n')
30. #挂断函数
31. def 挂断():
32.     global 已连接
33.     global 开始聊天
34.     global 拒绝接听
35.     #分为已经开始聊天时挂断和未开始聊天时挂断
36.     if 开始聊天:
37.             txt数据记录.写入('已断开连接对象: '+rdo伙伴信息.读取())
38.             挂断消息 = str(len(主机信息)) + 主机信息 + '13bye'
39.             com串口.发送(挂断消息)
40.     else:
41.             回应消息 = str(len(主机信息)) + 主机信息 + '12no'
42.             com串口.发送(回应消息)
43.     已连接 = False
44.     拒绝接听 = True
45.     开始聊天 = False
```

7. 串口关闭与数据发送

定义发送方法，将数据发送文本框中的发送消息以"'本机信息字符长度'+'本机信息'+'发送内容字符长度位数'+'发送内容字符长度'+'发送内容'"的格式进行发送，并在数据记录区显示"主机信息+':'+发送内容+'\n'"，同时在该发送方法下定义"发送"按钮。

定义串口关闭方法，并定义"打开串口"按钮、"关闭串口"按钮、"呼叫/接听"按钮及"挂断"按钮，代码如下。

```
1.  #发送函数
2.  def 发送():
3.      #仅在建立通话后有用
4.      if 开始聊天:
5.          '''''
6.          "发送消息"    ="本机信息字符长度"+"本机信息"+"发送内容字符长度位数"+"发送内容字符长度"+"发送内容"
7.          "5UserX2Hi" = "5" + "UserX" + "1" + "2" + "Hi"
8.          '''
9.          发送内容 = str(txt_send.读取())
10.         发送内容 = 发送内容.strip()
11.         发送内容字符长度 = str(len(发送内容))
12.         长度位数 = str(len(发送内容长度))
13.         发送消息 = str(str(len(主机信息)) + 主机信息 + 长度位数 + 发送内容长度 + 发送内容)
14.         发送消息 = 发送消息.strip()
15.         com串口.发送(发送消息)
16.         txt数据记录.写入(主机信息 + ' : ' + 发送内容 + '\n')
17. btn_send = 按钮(frame3,"发送",命令=发送)
18. btn_send.表格定位(row=1,col=4)
19. #关闭函数
20. def 关闭():
21.     global 被连接
22.     被连接 = False
23.     com串口.关闭()
24.     txt数据记录.写入('通信口已关闭\n')
25.     global 串口已打开
26.     串口已打开 = False
27. #定义按钮功能
28. btn打开串口 = 按钮(frame1,"打开串口",命令=打开)
29. btn打开串口.表格定位(row=2,col=0)
30. btn关闭串口 = 按钮(frame1,"关闭串口",命令=关闭)
31. btn关闭串口.表格定位(row=2,col=1)
32. btn连接 = 按钮(frm通信参数,"呼叫/接听",命令=呼叫)
33. btn连接.表格定位(row=2,col=0)
34. btn离线 = 按钮(frm通信参数,"挂断",命令=挂断)
35. btn离线.表格定位(row=2,col=1)
36. #运行程序
37. main_win.运行()
```

8. 运行脚本

将一根 USB 转 RS-232 公头线的公头，与另一根 USB 转 RS-232 母头线的母头相连，并将两根 USB 线的接口分别插入两台计算机的 USB 接口，这里将两台计算机分别称为"UserA"和"UserB"。当设备管理器的"端口(COM 和 LPT)"栏下识别到端口时即可开始结果验证。如图 2-34

所示，本图以 COM4 及 COM7 为例，实际上任意两个 COM 端均可。

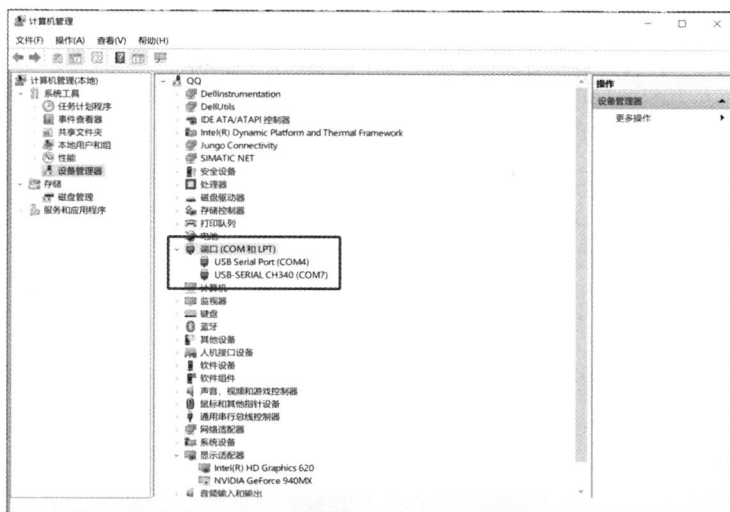

图 2-34　设备管理器端口

单击菜单栏中的"运行"，在打开的菜单中选择"运行当前脚本"命令，运行 main.py 脚本，编译无错误后运行点对点通信系统，UserA 和 UserB 都需进行此操作，运行结果如图 2-35 所示。

9. 通信配置

配置 UserA 的点对点通信系统，通信口选择 COM4，本机名称设置为"UserA"，呼叫名称设置为"UserB"，单击"打开串口"按钮，数据记录区显示"通信口打开成功"和本机信息，如图 2-36 所示。

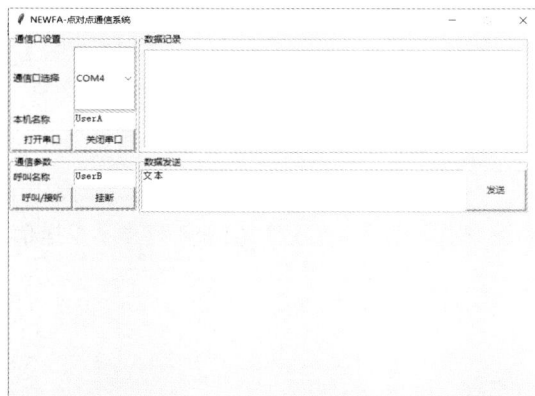

配置 UserB 的点对点通信系统，通信口选

图 2-35　点对点通信系统运行结果

择 COM7，本机名称设置为"UserB"，呼叫名称设置为"UserA"，单击"打开串口"按钮，数据记录区显示"通信口打开成功"和本机信息，如图 2-37 所示。

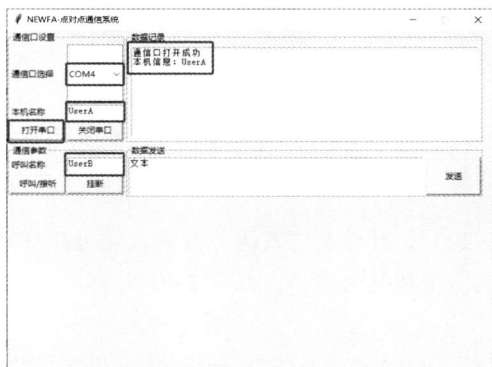

图 2-36　UserA 配置

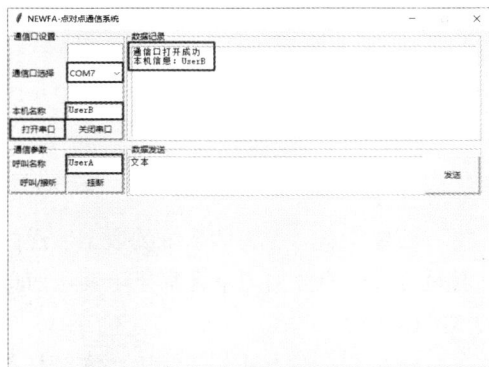

图 2-37　UserB 配置

10. 功能测试

（1）呼叫/接听功能

在 UserA 的点对点通信系统中单击"呼叫/接听"按钮，UserA 的点对点通信系统的数据记录区显示呼叫对象及正在呼叫文本。UserB 接收到呼叫信号后，在数据记录区显示"UserA 正在呼叫"，此时，在 UserB 的点对点通信系统中单击"呼叫/接听"按钮，UserA 和 UserB 建立通信连接，并将通信成功的信息显示在各自的数据记录区中，如图 2-38 所示。

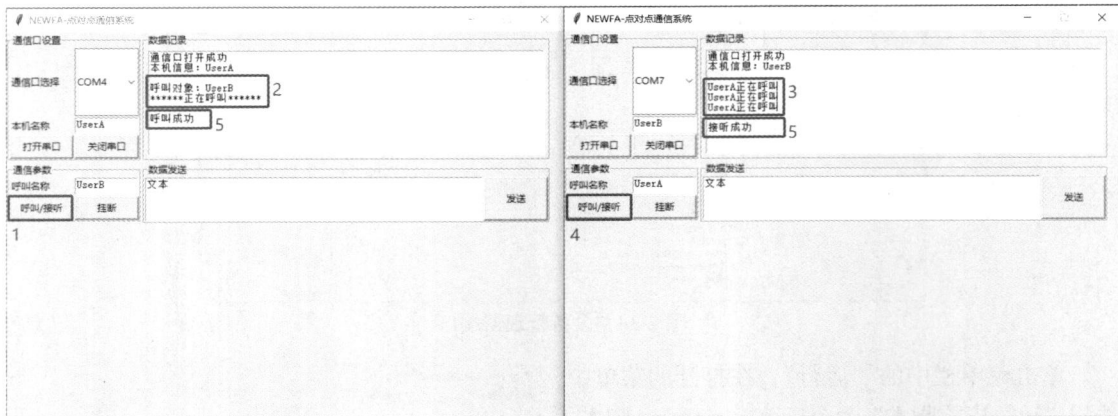

图 2-38　呼叫/接听功能

（2）发送/接收功能

在 UserA 的点对点通信系统的数据发送区输入"ABC"，并单击"发送"按钮，此时在双方的点对点通信系统的数据记录区都显示发送信息的主机信息和发送内容，如图 2-39 所示。

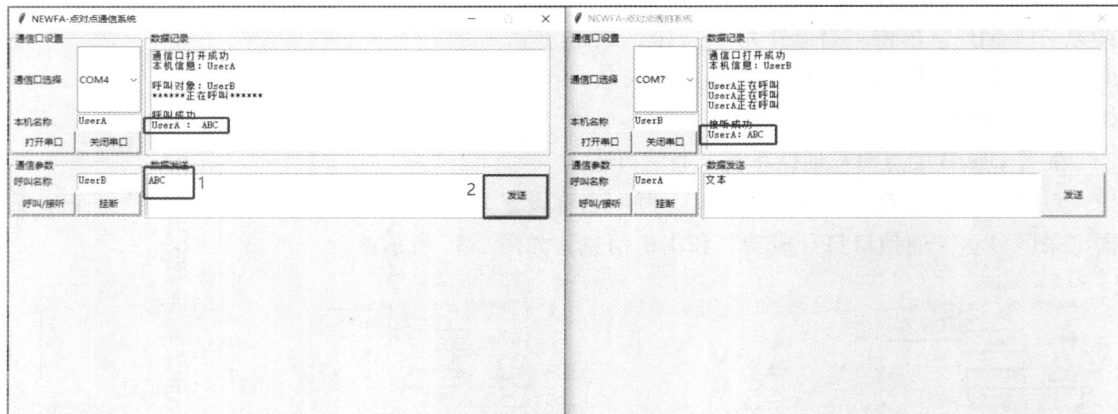

图 2-39　UserA 发送数据

在 UserB 的点对点通信系统的数据发送区输入"123"，并单击"发送"按钮，此时在双方的点对点通信系统的数据记录区都显示发送信息的主机信息和发送内容，如图 2-40 所示。

（3）挂断功能

在 UserA 的点对点通信系统中单击"挂断"按钮，UserA 和 UserB 断开连接，此时即使发送数据也无法完成交互。同时在 UserA 的点对点通信系统的数据记录区中会显示"已断开连接对象：

UserB"，在 UserB 的点对点通信系统的数据记录区显示"对方已挂断"，如图 2-41 所示。

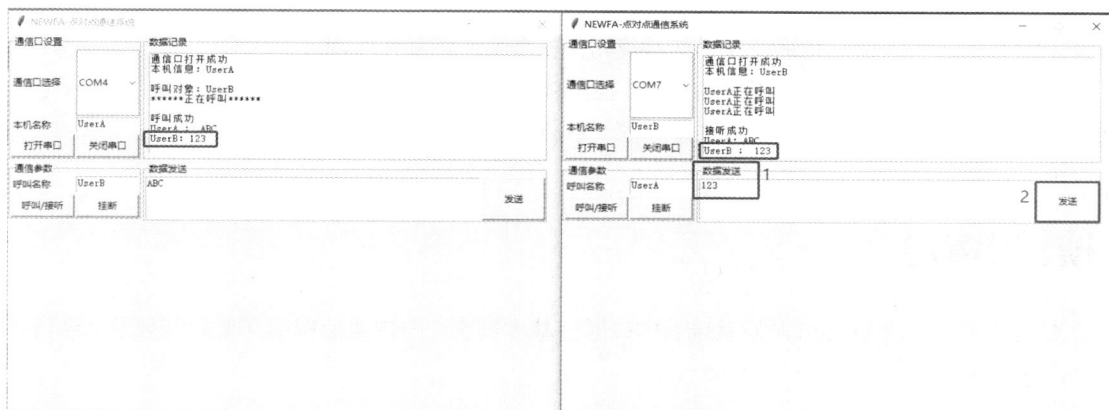

图 2-40　UserB 发送数据

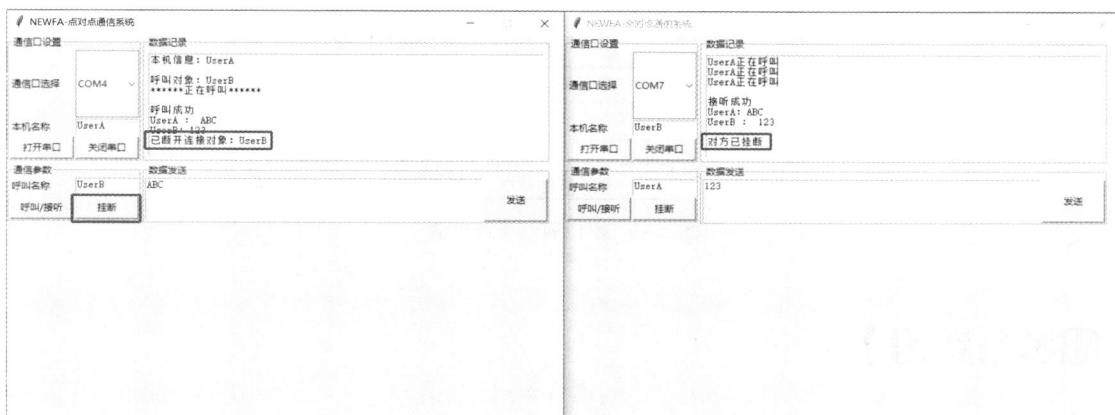

图 2-41　已经开始聊天时挂断

也可在 UserA 和 UserB 未开始聊天时挂断，在 UserA 的点对点通信系统的数据记录区中会显示"对方拒绝接听"，如图 2-42 所示。

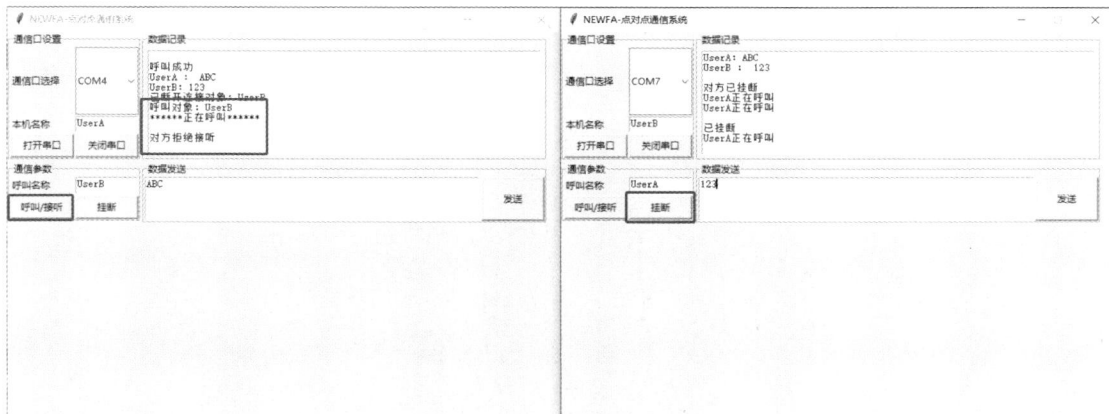

图 2-42　未开始聊天时挂断

到这里，已经成功完成串口调试助手以及点对点通信系统的开发，相信大家也已经对通信协议有了一定的认识，在工业控制领域中，数据的传输大都离不开通信协议，没有通信协议，就如同交流没有了通用语言，开车没有了交通规则，整个系统将乱作一团。

目前，Modbus 通信协议已经成为工业控制领域通信协议的行业标准，并且是当代工业电子设备之间常用的连接方式。项目 3 将带大家了解什么是 Modbus 通信协议。

【项目小结】

本项目主要围绕 Python 开发基础、串口通信基本概念、串口通信应用开发进行教学，项目小结如图 2-43 所示。

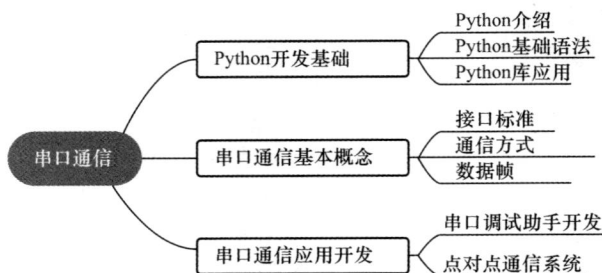

图 2-43　串口通信项目小结

【思考与练习】

1. 串口通信的基本参数有哪些？它们的作用是什么？
2. 串口通信的接口标准有哪些？主要的接线方式是怎么样的？
3. 串口通信的通信方式有哪些？它们各自的特点是什么？
4. 串口通信的数据格式由哪些部分构成？请分别说明它们的作用。

项目3

Modbus 报文解析与数据采集

【项目描述】

随着工业控制系统性能的提升，网络化需求在不断演进。Modbus 作为一种工业标准的通信协议，广泛应用于工业自动化控制、智能仪表、楼宇自动化、电力系统以及交通控制等众多领域。Modbus 通信协议支持多种通信方式，包括串口通信、网络通信和以太网通信等，可以实现不同工业设备之间的通信和数据交互。

【职业能力目标】

- 能够应用 Python 开发 Modbus 报文解析工具，该工具可实现与 HMI 的数据交互，并可计算 CRC 校验码，手动发送报文可实现对 HMI 的控制。
- 能够应用 Python 开发 Modbus 数据采集工具，该工具可在固定周期内读取 HMI 的数据状态，将 HMI 当前的数据状态反馈到工具界面上，无须手动发送报文。

【学习目标】

- 理解 Modbus 的基本概念，包括主从通信、Modbus 传输模式、Modbus 功能码、CRC 校验及数据帧格式。
- 理解 Modbus 通信交互的前提条件及实现流程。
- 掌握 Modbus 功能码与报文解析工具、数据采集工具的应用。

【素质目标】

通过学习 Modbus 报文解析，培养学生严谨求实的职业操守和严格执行标准的意识，激发学生的社会责任感，让学生深刻认识到一丝不苟的工作态度的重要性。

【知识链接】

3.1 Modbus 基本概念

Modbus 通信协议目前已经成为工业以太网中一种常用的通信标准，能够实现不同控制设备之间、控制设备与其他功能设备之间的通信。不同厂商的设备能够通过 Modbus 通信协议连接到同一个通信网络当中，从而通过上位机对多台设备进行集中监控。Modbus 通信协议为通信网络中的每个控制设备都设定了特定的地址信息，在进行通信时，设备需要先判断接收到的地址信息是否与设定的地址信息匹配，若匹配则根据接收到的信息执行相应的操作。如果需要进行应答操作，控制设备会以报文的形式发送信息。

Modbus 是主从式架构协议。在 Modbus 下，当主设备需要获取从设备的信息时，主设备会向从设备发送请求指令，从设备接收到请求指令后，根据主设备的请求指令将相应的数据发送给主设备。此外，主设备若需更改从设备的数据配置，可以直接向从设备发送更改数据指令。

3.1.1 主从通信

在 Modbus 主从通信中，Modbus 主设备向从设备发送请求指令，请求获取从设备数据或让从设备执行相应操作，Modbus 从设备根据指令提供数据或执行请求的操作进行响应。典型 Modbus 主设备包括 PLC 等。典型 Modbus 从设备包括温控设备、智能电表等。Modbus 主设备和从设备交换的消息称为帧。不同的 Modbus 通信方法（如 Modbus 串口和 Modbus 以太网）使得 Modbus 主从通信类型不同。

1. Modbus 串口中的主从通信

在 Modbus 串口通信方法中，Modbus 主设备和一个或多个 Modbus 从设备连接至同一个通信网络。Modbus 主设备将使用单播模式或广播模式实现与 Modbus 从设备之间的通信。

单播模式：在该模式中，Modbus 主设备与单个 Modbus 从设备通信。Modbus 主设备向 Modbus 从设备发送请求指令，该 Modbus 从设备接收请求后根据要求返回相应信息给 Modbus 主设备。Modbus 操作包含两个消息：Modbus 主设备的请求消息和 Modbus 从设备的回应消息。在该模式中，每个 Modbus 从设备都必须带有特定的地址信息。单播模式示意如图 3-1 所示。

广播模式：在该模式中，Modbus 主设备可同步向多个 Modbus 从设备发送一个请求。Modbus 主设备发送广播请求后，Modbus 从设备不返回响应。Modbus 从设备之间不会进行直接通信。一般地址 0 表示广播地址。广播模式示意如图 3-2 所示。

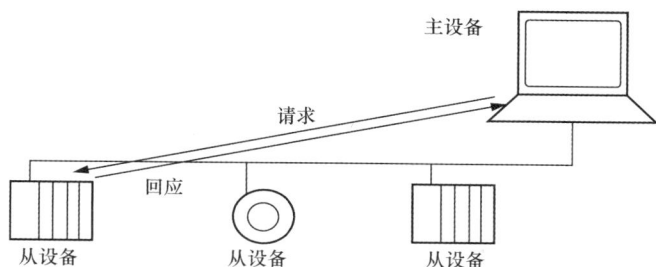

图 3-1　单播模式示意

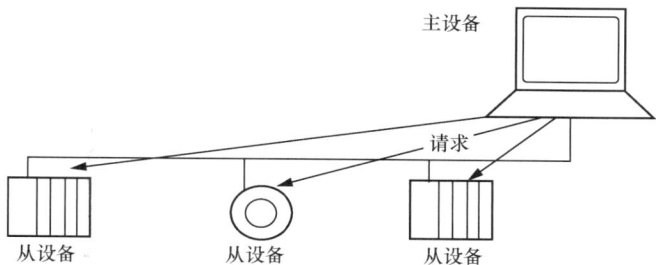

图 3-2　广播模式示意

2. Modbus 以太网中的主从通信

在 Modbus 以太网通信方法中，一个或多个 Modbus 主设备建立传输控制协议（Transmission Control Protocol，TCP）连接以便与 Modbus 从设备进行通信。每个 Modbus 从设备具有唯一的地址信息和端口，Modbus 主设备通过特定的地址信息和端口连接相应的 Modbus 从设备。Modbus 从设备决定可连接自身的 Modbus 主设备数量。

3.1.2　Modbus 协议传输模式

Modbus 协议是一种串行的半双工通信协议。最常用的 Modbus 协议传输模式共有 3 种，分别是 Modbus-RTU、Modbus-ASCII 以及 Modbus-TCP。

Modbus-RTU：目前工业控制领域最常用的一种 Modbus 协议传输模式，采用 CRC-16 校验算法，数据编码格式依据标准串口协议，数据以二进制的方式表示。Modbus-RTU 结合了二进制编码和 CRC-16 校验算法，更适用于工业应用场合。Modbus-RTU 传输比 Modbus-ASCII 传输更有效，如果更注重性能，在 Modbus-RTU 与 Modbus-ASCII 之间首选 Modbus-RTU。

Modbus-ASCII：数据采用美国信息交换标准码（American Standard Code for Information Interchange，ASCII）格式，一字节的原始数据需要两个字符来表示，效率低，采用纵向冗余检验（Longitudinal Redundancy Check，LRC）校验算法。在设备使用 Modbus-ASCII 模式进行通信时，消息中的每个 8 位字节将作为两个 ASCII 4 位字符发送。

Modbus-TCP：在 TCP/IP 网络上运行的 Modbus，旨在允许 Modbus-RTU 与 Modbus-ASCII 传输模式在基于 TCP/IP 的网络上运行，数据帧主要包括两部分，即 MBAP（报文头）+PDU（帧结构）。Modbus-TCP 通信报文被封装于以太网 TCP/IP 数据包中。与传统的串口方式相比，Modbus-TCP 不再带有数据校验和地址。Modbus-TCP 对网络性能有一定的要求，Modbus 主机期望在一定时间范围内对其轮询做出响应，这时就必须考虑到 TCP/IP 网络的稳定性问题。

Modbus 协议常用传输模式的应用场景如图 3-3 所示。有些设备支持多种 Modbus 协议传输模式，有些设备只支持其中一种，Modbus 总线上所有的设备传输模式必须相同。

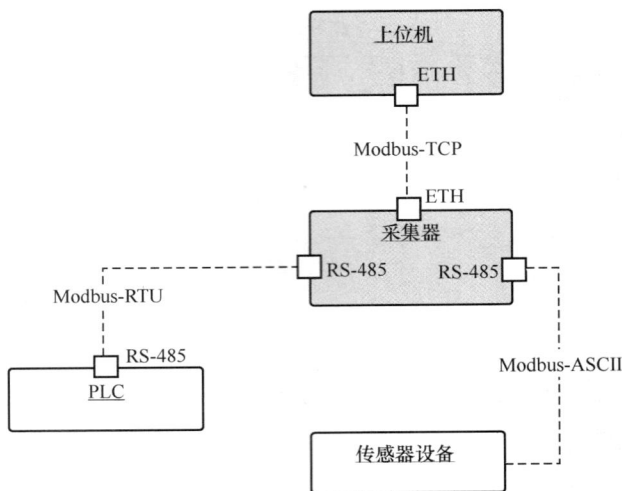

图 3-3　Modbus 协议常用传输模式的应用场景

3.1.3　Modbus 功能码

Modbus 功能码是写在主机请求数据帧中的，它用于决定主机执行怎样的操作及请求什么类型的数据。Modbus 功能码主要有 3 种，分别是用户定义功能码、保留功能码和公共功能码。

用户定义功能码：有两个用户自定义功能码区域，分别是 0x41～0x48 和 0x64～0x6E，由于这些功能码由用户自定义，所以不保证其唯一性。

保留功能码：因为历史遗留原因而在某些公司的传统产品上现行使用的功能码，不为公共使用。

公共功能码：被明确定义的功能码，唯一性能够得到保证；由 Modbus 协议确认，并提供公开的文档。

本书主要介绍公共功能码，常用的公共功能码如表 3-1 所示。

表 3-1　常用的公共功能码

功能码	名称	作用
0x01	读线圈状态	取得一组逻辑线圈的当前状态（ON/OFF）
0x02	读离散输入寄存器	取得一组开关输入的当前状态（ON/OFF）
0x03	读保持寄存器	在一个或多个保持寄存器中取得二进制值
0x04	读输入寄存器	在一个或多个输入寄存器中取得二进制值
0x05	写单个线圈寄存器	强制规定一个逻辑线圈的通断状态
0x06	写单个保持寄存器	把具体二进制值装入一个保持寄存器
0x0f	写多个线圈寄存器	强制规定一串连续逻辑线圈的通断状态
0x10	写多个保持寄存器	把具体二进制值装入一串连续的保持寄存器

3.1.4　CRC 校验

1. CRC 校验介绍

CRC 码是数据通信领域中最常用的一种查错校验码。CRC 是一种根据网络数据包或计算机文件等数据产生简短固定位数校验码的信道编码技术，主要用来检测或校验数据传输或者保存后是否出现了错误。

CRC 校验计算速度快，检错能力强，易于用编码器等硬件电路实现。与奇偶校验等校验方式相比，CRC 无论是在检错的正确率上还是检错的速度上都具有优势，这就使得 CRC 成为数据通信领域最为常用的校验方式之一。CRC 的常见应用领域有以太网/USB 通信、压缩/解压缩、图像存储、磁盘读写等。

2. CRC 校验原理

CRC 校验本质上是将要进行校验的数据作为被除数，选取一个合适的除数进行模 2 除法计算，计算得到的余数就是 CRC 校验码。其核心就是先在要发送的数据帧后附加一个用来校验的校验码，再将生成的新帧发送给接收端。需要注意的是，这个附加的校验码不是随意设置的，它要使所生成的新帧能够被发送端和接收端共同选定的某个特定值通过"模 2 除法"整除，新帧在到达接收端后再通过"模 2 除法"除以选定的除数。由于要发送的数据帧在发送之前就已经进行了"去余"处理，因此得到的结果应该是没有余数的，若结果存在余数，则说明数据传输过程出现了错误。

3. 模 2 除法

模 2 除法每一位除的结果不影响其他位，它既不向上借位，也不将除数和被除数的相同位数值的大小进行比较，只要以相同位数进行相除即可，所以模 2 除法实际上是异或运算。

当余数位数与除数位数相同时，才进行异或运算。如果余数首位是 1，商就是 1；如果余数首位是 0，商就是 0。在除了几位后，余数位数少于除数，则商为 0，此时余数往右补一位；若余数位数仍比除数少，则商继续为 0。直到余数位数和除数位数相同时，商为 1，进行异或运算，得到新的余数，依次计算至被除数最后一位。模 2 除法示例如图 3-4 所示。

```
            1011
  1101)1111000
       1101
       001000
       001101
        01010
         1101
         0111
```

图 3-4　模 2 除法示例

4. CRC 校验步骤

CRC 校验中有两个关键点：一是选定一个发送端和接收端都用来作为除数的二进制位串（或多项式），可以使用国际标准规定的，也可以随机选择，但是最高位和最低位都必须为 1；二是将原始帧与发送端和接收端共同选定的除数进行"模 2 除法"运算，计算出 CRC 码。具体 CRC 校验步骤如下。

（1）选择一个合适的除数，通过用该除数对接收的帧进行除法运算实现接收端的数据校验。

（2）根据选定的除数的二进制位数（假设为 k），在要发送的数据帧（假设位数为 m）后面附加上 $k-1$ 位"0"，然后通过"模 2 除法"将选定的除数与附加了 $k-1$ 位"0"的新帧（一共是 $m+k-1$ 位）进行除法运算，运算得出的余数（也是二进制位串）即该帧的 CRC 校验码。需要注意的是，余数的位数只能比除数的位数少一位，哪怕前面位是 0，甚至被整除后余数全是 0 也不能省略。

（3）将计算得出的 CRC 校验码附加在原始数据帧后面，生成一个新帧并将其发送给接收端。最后在接收端通过"模 2 除法"方式将生成的新帧除以前面选定的除数，若结果没有余数，则表明该帧在传输过程中无错误；若结果有余数，则表明出现错误。

5. CRC 校验过程示例

现假设选择 $G(X) = X^4 + X^3 + 1$ 的 CRC 生成多项式，要求计算出二进制序列为 10110011 的 CRC 校验码。计算及校验过程如下。

（1）将生成多项式转化为二进制序列。生成多项式 $G(X)$ 共有 5 位二进制数（生成多项式的位数等于其最高位的幂次加 1），其中第 4 位、第 3 位和第 0 位二进制数均为 1，其余位二进制数均为 0，由此得出生成多项式的二进制序列为 11001，将此作为后续模 2 除法的除数。

（2）多项式的位数为 5，根据上述 CRC 校验步骤的介绍，在原始数据帧 10110011 的后面附加上 5−1 位 0，即生成的新帧为 101100110000，然后通过模 2 除法将生成的新帧除以除数 11001，得到余数 0100，如图 3-5 所示。

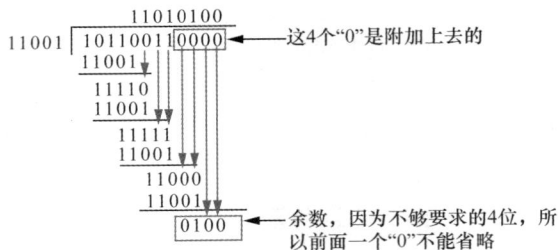

图 3-5　CRC 校验码计算示例

（3）在原始数据帧 10110011 后附加上计算得出的 CRC 校验码 0100，得出新帧 101100110100，再将得出的新帧发送给接收端。

（4）在接收端接收到新帧后，将新帧通过模 2 除法除以选定的除数 11001，判断余数是否为 0，若为 0，则说明数据帧无错误。

3.1.5　数据帧格式

要知道，无论使用哪种传输模式，Modbus 数据帧格式都是一样的，其中包含地址域+功能码+数据+差错校验。Modbus 协议定义了一个与基础通信层无关的简单协议数据单元（Protocol Data Unit，PDU）。在应用数据单元（Application Data Unit，ADU）上，特定总线或网络上的 Modbus 协议能够引入一些附加域。Modbus 数据帧格式如图 3-6 所示。

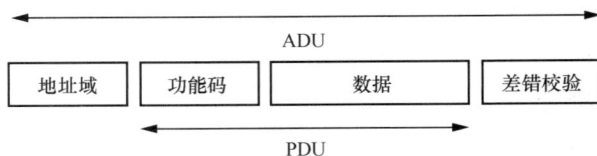

图 3-6　Modbus 数据帧格式

- 地址域：占 1 字节，表示主站要访问的从站站号，通常 1～247 字节为有效地址，0 为广播地址。
- 功能码：占 1 字节，表示主站请求从站进行何种操作。
- 数据：占 N 字节。若主站请求读取从站数据，则该数据内容应该包含所读取数据的起始地址+需要读取多少数据。若主站请求写入数据给从站，则该数据内容应该包含所写入数据的起始地址+写入数据的长度+写入数据的具体内容。
- 差错校验：对数据进行冗余校验，保证数据传输的正确性。

下面将详细说明每种常用传输模式的数据帧格式。

1. Modbus-RTU 数据帧

Modbus-RTU 数据帧的帧长度最大为 256 字节，包含 1 字节的子节点地址，1 字节的功能码，0～252 字节的数据，2 字节的 CRC 校验码，如表 3-2 所示。

表 3-2   Modbus-RTU 数据帧格式

子节点地址	功能码	数据	CRC 校验码
1 字节	1 字节	0～252 字节	2 字节

可以看出，Modbus-RTU 数据帧不存在起始符和结束符，所以需要靠时间间隔将相邻的两个数据帧区分开。Modbus 通信协议规定相邻两个数据帧之间至少要有 3.5 个字符的时间间隔，即在一个数据帧的最后一个字符传输完成之后，需要至少 3.5 个字符的停顿时间，以此来标定这个数据帧的结束，下一个数据帧才能进行传输。如果下一个数据帧在小于 3.5 个字符的时间间隔内传送数据，设备将会把它认定为上一个数据帧的延续，导致 CRC 校验出现错误。同时整个数据帧必须连续传输，即在每个数据帧内字节间隔小于 1.5 个字符的时间间隔，否则接收端将认为存在丢包的情况并刷新不完整的数据帧。Modbus-RTU 数据帧规定如图 3-7 所示。

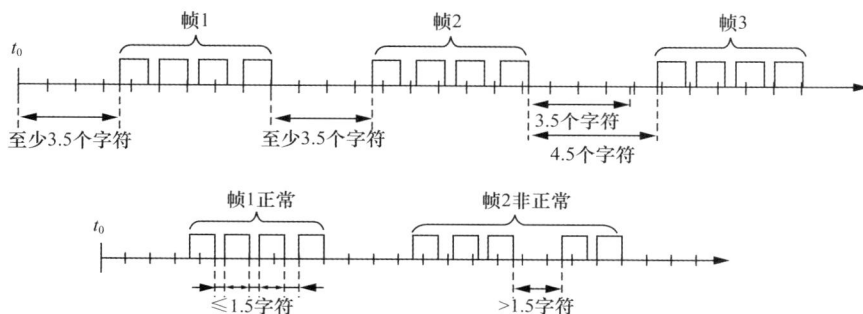

图 3-7   Modbus-RTU 数据帧规定

2. Modbus-ASCII 数据帧

Modbus-ASCII 传输模式中，每个字节均以 ASCII 编码，并且每个 8 位字节被拆分成两个 ASCII 字符进行发送，因此这种传输模式比 Modbus-RTU 传输模式效率低，发送量是 Modbus-RTU 发送量的两倍，例如，报文数据 0x5B = "5" + "B" = 0x35 + 0x42。Modbus-ASCII 数据帧格式如表 3-3 所示。

表 3-3   Modbus-ASCII 数据帧格式

起始	地址	功能码	数据	LRC	结束
1 字符 :	2 字符	2 字符	0～252×2 字符	2 字符	2 字符 CR、LF

从 Modbus-ASCII 的数据帧中可以看出，数据帧以英文 ":" 作为起始，以 CR（回车）与 LF（换行）作为结束。由于 Modbus-ASCII 传输模式下每个字节都需要由两个 ASCII 字符编码，因此 ASCII 模式的数据最大长度为 252×2，即完整数据帧最大长度为 1+2+2+252×2+2+2=513 字符，数据帧内字节间隔时间可以达到 1s。这种模式采用 LRC 算法，帧起始和帧结束字符不作为校验内容。

3. Modbus-TCP 数据帧

Modbus-TCP 数据帧可分为两部分：MBAP 和 PDU。TCP/IP 上的 Modbus 的请求/响应如图 3-8 所示。

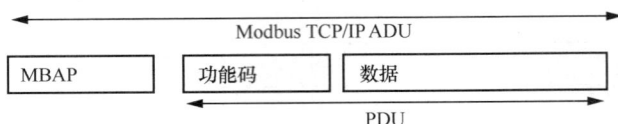

图 3-8 TCP/IP 上的 Modbus 的请求/响应

主站为客户端，主动建立连接；从站为服务端，等待连接。

（1）MBAP

MBAP 为报文头，长度为 7 字节，其格式如表 3-4 所示。

表 3-4 Modbus-TCP 报文头 MBAP 的格式

事务处理标识符	协议标识符	长度	单元标识符
2 字节	2 字节	2 字节	1 字节

- 事务处理标识符：可以理解为报文的序列号，一般每次通信之后就要加 1 以区别不同的通信数据报文。
- 协议标识符：00 00 表示 Modbus-TCP 传输模式。
- 长度：表示接下来的数据长度，单位为字节。
- 单元标识符：可以理解为设备地址。

（2）PDU

PDU（帧结构）由功能码+数据组成，其中功能码为 1 字节；数据长度不定，由具体功能决定。

【项目实施】

3.2 Modbus-RTU 报文解析

3.2.1 Modbus-RTU 报文解析工具开发

1. 初始化

（1）创建文件

本案例将在串口调试助手的基础上进行开发，复制"main"文件并粘贴，将复制的文件名称修改为"main2"，如图 3-9 所示。

（2）安装 crcmod 包

单击菜单栏中的"工具"，在打开的菜单中选择"管理包"命令，在弹出的界面中输入"crcmod"，

单击"在 PyPI 上搜索"按钮，搜索结果中出现"crcmod"，如图 3-10 所示，单击"crcmod"进入并安装 crcmod 包，安装的 crcmod 包用于 Modbus-RTU 的 CRC 校验码处理。

名称	修改日期	类型	大小
.idea	2023/3/27 17:12	文件夹	
newfa	2023/3/27 17:12	文件夹	
venv	2023/3/27 17:13	文件夹	
main	2023/3/16 8:55	PY 文件	4 KB
main2	2023/3/23 14:08	PY 文件	5 KB
P2Pcall	2023/3/17 10:20	PY 文件	9 KB

图 3-9　创建 main2 文件

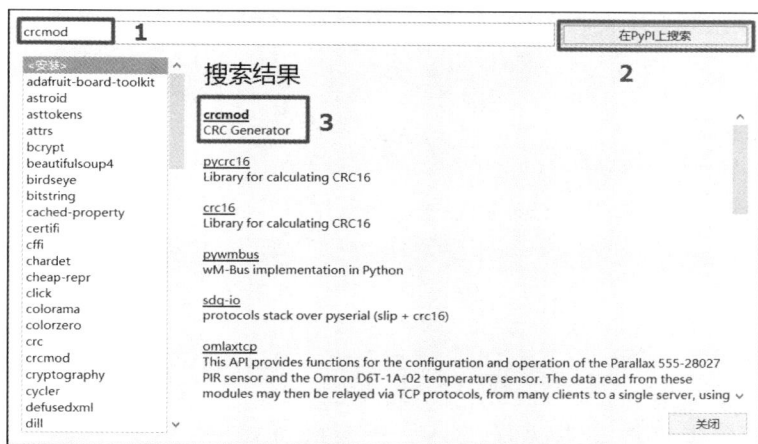

图 3-10　安装 crcmod 包

（3）导入 crc 函数

打开 main2.py 文件，在导入包部分的代码中添加 from newfa.system import crc 语句，将 newfa.system 下的 crc()函数导入，代码如下。

```
1.  from newfa.net.串口 import 串口,串口列表,校验列表
2.  from newfa.ui.窗口 import 窗口
3.  from newfa.ui.下拉列表 import 下拉列表
4.  from newfa.ui.标签 import 标签
5.  from newfa.ui.文本框 import 文本框
6.  from newfa.ui.框架 import 框架
7.  from newfa.ui.按钮 import 按钮
8.  from newfa.ui.单选框 import 单选框
9.  from newfa.system.定时器 import 定时器
10. from threading import Timer
11. from time import sleep
12. from newfa.system import crc
```

2. 数据类型转换

在导入包后，新增将 str 类型转换为 hex 类型的类型转换方法，用于将发送框中的 string 类型的数据转换成十六进制数后进行发送，代码如下。

```
1.  """
2.  类型转换: str 类型转换为 hex 类型
3.  """
4.  def str2hex(s):
5.      odata = 0;
6.      su =s.upper()
7.      for c in su:
8.          tmp=ord(c)
9.          if tmp <= ord('9') :
10.             odata = odata << 4
11.             odata += tmp - ord('0')
12.         elif ord('A') <= tmp <= ord('F'):
13.             odata = odata << 4
14.             odata += tmp - ord('A') + 10
15.     return odata
```

3. 定义主窗口

将主窗口的标题设置成"Modbus-RTU 报文解析工具"，代码如下。

```
1.  """
2.  定义主窗口
3.  """
4.  main_win = 窗口(标题='Modbus-RTU 报文解析工具',宽=700)
5.  main_win.允许缩放(False)
```

4. 定义数据记录区、数据发送区、串口配置区

定义一个标题为"数据记录"的框架作为数据记录区，该区域可输入文本，用于显示串口操作及发送和接收的数据。定义一个标题为"数据发送"的框架作为数据发送区，该区域可输入文本，用于输入要发送的数据及执行发送操作。定义一个标题为"串口设置"的框架，将串口选择、波特率、数据位、奇偶校验、停止位的下拉列表置于该框架内。数据记录区、数据发送区、串口配置区的搭建与 main.py 中的一致，不做修改，代码如下。

```
1.  """
2.  数据记录区
3.  """
4.  #数据记录区
5.  frame2=框架(main_win,'数据记录')
6.  frame2.表格定位(row=1,col=2,colspan=4)
7.  txt数据记录 = 文本框(frame2,"",宽=60,高=10)
8.  txt数据记录.表格定位(row=0,col=2,padx=5,pady=5)
9.  """
10. 数据发送区
11. """
12. #发送设置
13. #数据发送区
14. frame3 = 框架(main_win,'数据发送')
15. frame3.表格定位(row=2,col=2,colspan=2,rowspan=2)
```

```
16.  #定义文本框
17.  txt_send = 文本框(frame3,宽=60,高=4)
18.  txt_send.表格定位(row=1,col=1,colspan=2)
19.  # 串口设置框架
20.  frame1 = 框架(main_win,'串口设置')
21.  frame1.表格定位(row=1,col=1)
22.  # 串口选择
23.  label1 = 标签(frame1,"串口选择")
24.  label1.表格定位(row=1,col=1)
25.  cbo串口号 = 下拉列表(frame1,串口列表())
26.  cbo串口号.表格定位(row=1,col=2)
27.  # 波特率选择
28.  label2 = 标签(frame1,"波特率")
29.  label2.表格定位(row=2,col=1)
30.  cbo波特率 = 下拉列表(frame1,('9600','19200','57600','115200'))
31.  cbo波特率.表格定位(row=2,col=2)
32.  # 数据位设置
33.  label3 = 标签(frame1,"数据位")
34.  label3.表格定位(row=3,col=1)
35.  cbo数据位 = 下拉列表(frame1,(8,7,6))
36.  cbo数据位.表格定位(row=3,col=2)
37.  #奇偶校验设置
38.  label4 = 标签(frame1,'奇偶校验')
39.  label4.表格定位(row=4,col=1)
40.  cbo校验 = 下拉列表(frame1,校验列表())
41.  cbo校验.表格定位(row=4,col=2)
42.  #停止位设置
43.  label5 = 标签(frame1,"停止位")
44.  label5.表格定位(row=5,col=1)
45.  cbo停止位 = 下拉列表(frame1,('1','1.5','2'))
46.  cbo停止位.表格定位(row=5,col=2)
```

5. 定义接收函数

打开串口命令基本与原本的一致，在接收方法中进行了改动：仅在从串口接收到的数据长度大于 1 时才将接收到的数据写入数据记录区中，代码如下。

```
1.  #打开串口命令
2.  com串口:串口 = 串口()
3.  #打开函数
4.  def 打开():
5.      com串口.串口号 = cbo串口号.读值()
6.      com串口.波特率 = cbo波特率.读值()
7.      com串口.数据位 = cbo数据位.读值()
8.      com串口.奇偶校验 = cbo校验.读值()
9.      com串口.停止位 = cbo停止位.读值()
10.     com串口.打开()
```

```
11.    txt 数据记录.写入('串口打开成功\n')
12.    #接收函数
13.    def 接收():
14.        data_get = com串口.接收()
15.        if len(data_get) > 1:
16.            txt 数据记录.写入('\n接收:'+ str(data_get))
17.    timer = 定时器(1,接收)
18.    timer.启动()
19. #关闭函数
20. def 关闭():
21.     com串口.关闭()
22. #定义打开/关闭按钮
23. btn 打开串口 = 按钮(frame1,"打开串口",命令=打开)
24. btn 打开串口.表格定位(row=6,col=1)
25. btn 关闭串口 = 按钮(frame1,"关闭串口",命令=关闭)
26. btn 关闭串口.表格定位(row=6,col=2)
```

6. 定义 CRC 校验函数

在打开串口后新增 CRC 校验计算区。定义 crc 计算()方法用于读取数据发送文本框内的数值并将计算后的 CRC 码写入定义的 text crc 文本框内。通过"crc 计算"按钮来控制 crc 计算()方法的调用，代码如下。

```
1.  """
2.  CRC 校验计算区
3.  """
4.  def crc 计算():
5.      s = txt_send.读取()
6.      s = s[0:(len(s)-1)]
7.      res = crc.crc16_modbus(s)
8.      textcrc.清除()
9.      textcrc.写入('crc: '+res+ '\n')
10. #定义框架
11. frmcrc = 框架(main_win,'CRC-16_Modbus')
12. frmcrc.表格定位(row=2,col=1)
13. #定义文本框
14. textcrc = 文本框(frmcrc,'',宽=16,高=2)
15. textcrc.表格定位(row=1,col=0)
16. #定义按钮
17. btncrc = 按钮(frmcrc,'crc 计算',命令 = crc 计算)
18. btncrc.表格定位(row=2,col=0)
```

7. 定义发送()方法

定义发送()方法，先读取数据发送文本框内的数值并将其赋给变量 data，然后对 data 中的数据进行处理，将处理后的数据通过串口发送出去，并将发送出去的数据以"发送：+数据"的格式显示在数据记录文本框中，通过"发送"按钮调用发送()方法，代码如下。

```
1. def 发送():
```

```
2.      data = txt_send.读取()
3.      data = data[0:(len(data)-1)]
4.      split_data = data.split(' ')
5.      for i in range(len(split_data)):
6.          split_data[i] = str2hex(split_data[i])
7.      com串口.发送((split_data))
8.      txt数据记录.写入('\n发送:'+data)
9.  #定义按钮
10. btn_send = 按钮(frame3,"发送",命令=发送)
11. btn_send.表格定位(row=1,col=4)
12. #运行程序
13. main_win.运行()
```

3.2.2　公共功能码实例

在报文解析工具测试的过程中，我们会运用到功能码。在 3.1.3 小节中已经向大家简单介绍了几个常用的功能码并进行了功能说明，接下来带大家了解含常用功能码的主站及从站协议是如何发送的。

1．01H（读线圈状态）

（1）功能

01H 功能码表示读取从站线圈寄存器，可读单个或多个，执行位操作。

（2）主站发送指令

主站发送数据格式：从机地址+功能码+寄存器起始地址+寄存器数量+校验码。假设从机地址为 0x02，要读取的寄存器起始地址为 0x0032，结束地址为 0x003e，即寄存器读取范围为 0x0032～0x003e，共读取 13 个连续线圈的值。01H 主站发送的协议示例如表 3-5 所示。

表3-5　01H 主站发送的协议示例

从机地址	功能码	寄存器起始地址高 8 位	寄存器起始地址低 8 位	寄存器数量高 8 位	寄存器数量低 8 位	CRC 校验低 8 位	CRC 校验高 8 位
0x02	0x01	0x00	0x32	0x00	0x0d	0xXX	0xXX

（3）从站响应返回

从站响应返回数据格式：从站站号+功能码+返回字节数+返回数据值+校验码。每一个线圈状态由一位返回数据值表示。当线圈状态为 ON 时，返回数据值为 1；当线圈状态为 OFF 时，返回数据值为 0。返回字节数由所需读取的连续线圈数决定，每 8 位组成 1 字节，例如本例需读取 13 个连续线圈，13/8 商 1 余 5，因此需要 2 字节来表示线圈状态，即返回字节数为 2。字节 1 存放 0x32～0x39 的线圈状态，其中最低地址的线圈状态存放在最低位。字节 2 存放 0x3a～0x3e 的线圈状态，剩余位数添 0 补位。01H 从站响应返回的协议示例如表 3-6 所示。

表3-6　01H 从站响应返回的协议示例

从站站号	功能码	返回字节数	data1	data2	CRC 校验低 8 位	CRC 校验高 8 位
0x02	0x01	0x02	0xb3	0x1b	0xXX	0xXX

在表 3-6 中，data1 即字节 1，data1 对应的 0xb3=10110011。data1 线圈状态如表 3-7 所示。

表 3-7 data1 线圈状态

线圈地址	0x39	0x38	0x37	0x36	0x35	0x34	0x33	0x32
数值	1	0	1	1	0	0	1	1

在表 3-6 中，data2 即字节 2，由于线圈状态不够 8 位，因此字节高位添 0 补位，data2 对应的 0x1b=00011011。data2 线圈状态如表 3-8 所示。

表 3-8 data2 线圈状态

线圈地址	补位	补位	补位	0x3e	0x3d	0x3c	0x3b	0x3a
数值	0	0	0	1	1	0	1	1

2．03H（读保持寄存器）

（1）功能

03H 功能码表示读取从站保持寄存器，可读单个或多个，执行字节操作。

（2）主机发送指令

主机发送数据格式：从机地址+功能码+寄存器起始地址+寄存器数量+校验码。假设从机地址为 0x01，要读取的寄存器起始地址为 0x0025，结束地址为 0x0026，即寄存器读取范围为 0x0025～0x0026，共读取 2 个保持寄存器的数据。03H 主站发送的协议示例如表 3-9 所示。

表 3-9 03H 主站发送的协议示例

从机地址	功能码	寄存器起始地址高 8 位	寄存器起始地址低 8 位	寄存器数量高 8 位	寄存器数量低 8 位	CRC 校验低 8 位	CRC 校验高 8 位
0x01	0x03	0x00	0x25	0x00	0x02	0xXX	0xXX

（3）从站响应返回

从站响应返回数据格式：从站站号+功能码+返回字节数+返回数据值+校验码。本例中读取 2 个保持寄存器，每个保持寄存器占用 2 字节，因此需要 4 字节来存放返回数据，即返回字节数为 4。03H 从站响应返回的协议示例如表 3-10 所示。

表 3-10 03H 从站响应返回的协议示例

从站站号	功能码	返回字节数	data1H	data1L	data2H	data2L	CRC校验低8位	CRC校验高8位
0x01	0x03	0x04	0x3b	0x0c	0x2a	0x1d	0xXX	0xXX

其中，data1H 和 data1L 组成用以表示 0x0025 保持寄存器的数据，data2H 和 data2L 组成用以表示 0x0026 保持寄存器的数据，0x0025、0x0026 保持寄存器的数据如表 3-11 所示。

表 3-11 0x0025、0x0026 保持寄存器的数据

寄存器地址	0x0026	0x0025
数据	0x2a 1d	0x3b 0c

3．05H（写单个线圈寄存器）

（1）功能

05H 功能码表示写入单个线圈，只能写一个，执行位操作。若要将线圈状态置为 ON，则需

写入 0xff00。若要将线圈状态置为 OFF，则需写入 0x0000。写入其他值无效。

（2）主机发送指令

主机发送数据格式：从机地址+功能码+寄存器起始地址+写入数据值+校验码。假设从机地址为 0x01，要写入的寄存器起始地址为 0x0017，要将线圈状态置为 ON，则 05H 主站发送的协议示例如表 3-12 所示。

表 3-12　05H 主站发送的协议示例

从机地址	功能码	寄存器起始地址高 8 位	寄存器起始地址低 8 位	dataH	dataL	CRC 校验低 8 位	CRC 校验高 8 位
0x01	0x05	0x00	0x17	0xff	0x00	0xXX	0xXX

（3）从站响应返回

从站响应返回数据格式：从站站号+功能码+寄存器起始地址+写入数据值+校验码。从站返回数据与主机发送数据一致，则 05H 从站响应返回的协议示例如表 3-13 所示。

表 3-13　05H 从站响应返回的协议示例

从站站号	功能码	寄存器起始地址高 8 位	寄存器起始地址低 8 位	dataH	dataL	CRC 校验低 8 位	CRC 校验高 8 位
0x01	0x05	0x00	0x17	0xff	0x00	0xXX	0xXX

4．06H（写单个保持寄存器）

（1）功能

06H 功能码表示写入单个保持寄存器，只能写一个，执行字节操作。

（2）主机发送指令

主机发送数据格式：从机地址+功能码+寄存器起始地址+写入数据值+校验码。假设从机地址为 0x01，要写入的寄存器起始地址为 0x0044，写入数据值为 0x3456，则 06H 主站发送的协议示例如表 3-14 所示。

表 3-14　06H 主站发送的协议示例

从机地址	功能码	寄存器起始地址高 8 位	寄存器起始地址低 8 位	dataH	dataL	CRC 校验低 8 位	CRC 校验高 8 位
0x01	0x06	0x00	0x44	0x34	0x56	0xXX	0xXX

（3）从站响应返回

从站响应返回数据格式：从站站号+功能码+寄存器起始地址+写入数据值+校验码。从站返回数据与主机发送数据一致，则 06H 从站响应返回的协议示例如表 3-15 所示。

表 3-15　06H 从站响应返回的协议示例

从站站号	功能码	寄存器起始地址高 8 位	寄存器起始地址低 8 位	dataH	dataL	CRC 校验低 8 位	CRC 校验高 8 位
0x01	0x06	0x00	0x44	0x34	0x56	0xXX	0xXX

3.2.3　Modbus–RTU 报文解析工具测试

1.　查看 HMI IP 地址

长按屏幕右上角空白处，会弹出图 3-11 所示的窗口。单击"网络"按钮进入网络配置界面。

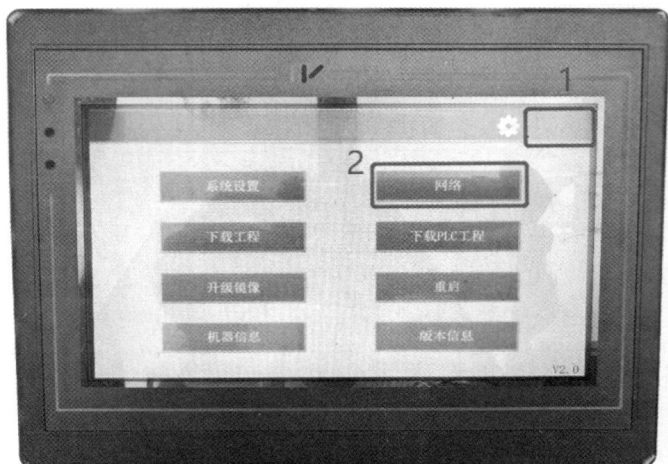

图 3-11　HMI 系统配置

在弹出的网络配置界面中可以查看 HMI 的当前 IP 地址，如图 3-12 所示，本示例 IP 地址为"192.168.1.4"，因此应将本机的 IP 地址设置为"192.168.1.××"，使本机与 HMI 处于同一网段，其中××代表主机号，本机与 HMI 的主机号不能设为同一个。若 HMI IP 地址为"192.168.6.××"，则应将本机的 IP 地址设置为"192.168.6.××"。

2.　配置本机 IP 地址

右击计算机网络配置按钮，在弹出的快捷菜单中选择"打开'网络和 Internet'设置"，如图 3-13 所示。

图 3-12　查看 HMI 的当前 IP 地址

图 3-13　打开"网络和 Internet"设置

在打开的"网络和 Internet"窗口中单击"高级网络设置"中的"更改适配器选项"，如图 3-14 所示。

图 3-14　更改适配器选项

　　在弹出的对话框中，选择与交换机连接的网络（可以通过插拔网线查看网口的状态变化以找到对应的网口），右击该网口，在弹出的快捷菜单中选择"属性"。在弹出的网口属性对话框（本例中为"以太网 4 属性"对话框）中双击"Internet 协议版本 4(TCP/IPv4)"选项，如图 3-15 所示。

　　在弹出的"Internet 协议版本 4(TCP/IPv4)属性"对话框中，可配置该网口的 IP 地址。选中"使用下面的 IP 地址"单选按钮，配置 IP 地址为"192.168.1.50"，子网掩码为"255.255.255.0"，默认网关不填写。选中"使用下面的 DNS 服务器地址"单选按钮，无须配置首选及备用 DNS 服务器。操作步骤如图 3-16 所示。

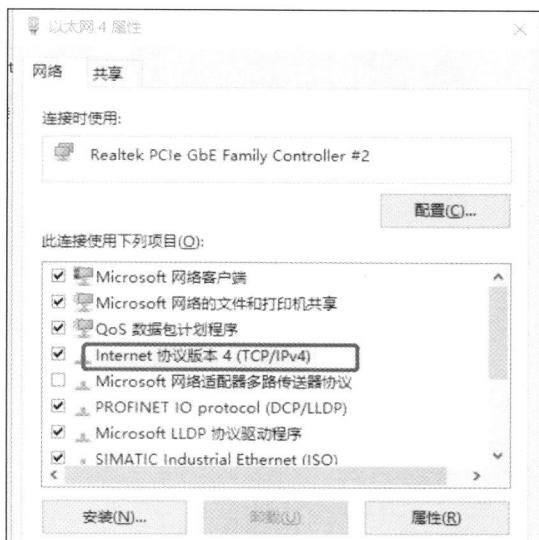

图 3-15　网口属性对话框

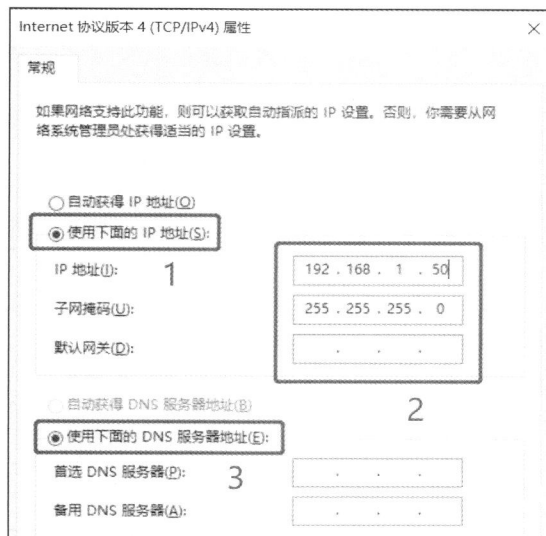

图 3-16　在"Internet 协议版本 4(TCP/IPv4)属性"
对话框中的操作步骤

3. 导入 HMI 程序

通过网线将本机与 HMI 连接，打开 Modbus HMI 程序，单击菜单栏中的"工程编译"按钮开始工程编译，编译完成后单击"下载工程"按钮，如图 3-17 所示。

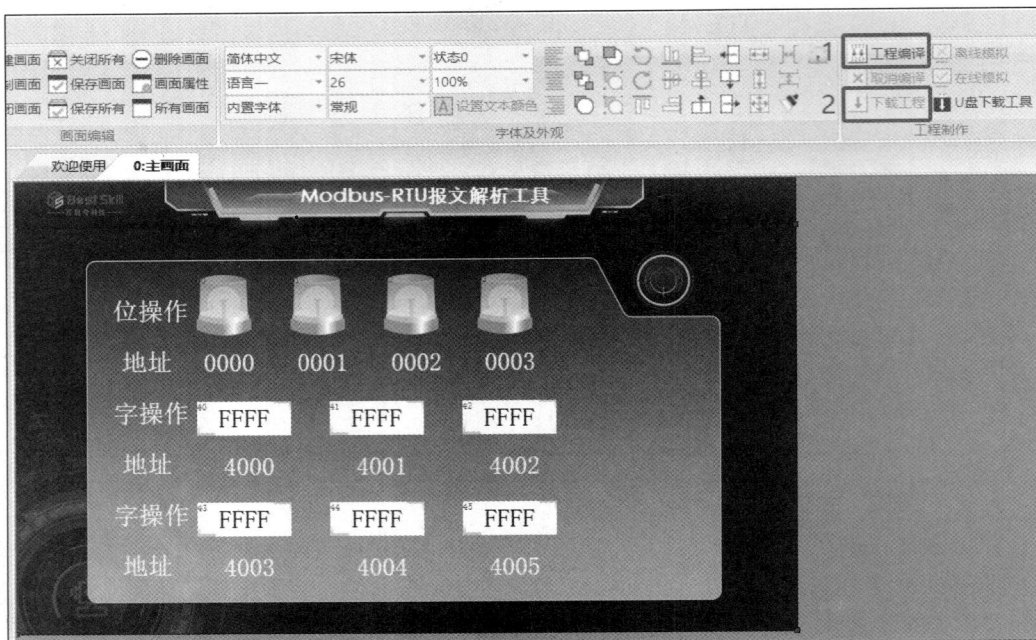

图 3-17　编译并下载 HMI 程序

在下载工程界面，会自动搜索连接的 HMI，选择搜索到的 HMI，单击"PC-->HMI"按钮，如图 3-18 所示。

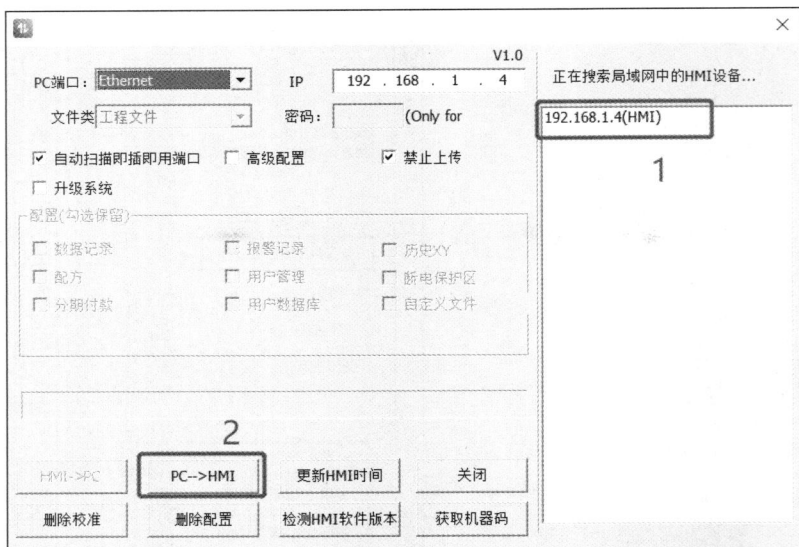

图 3-18　下载工程界面

传输成功后，在弹出的对话框中单击"确定"按钮重启 HMI 即可，如图 3-19 所示。

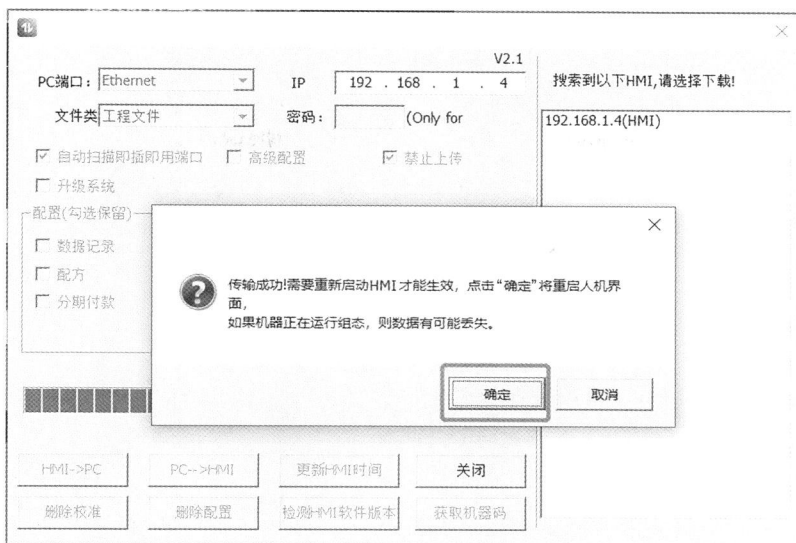

图 3-19　重启 HMI

4．运行脚本

使用 USB 转 RS-232 母口线将计算机与 HMI 的 COM1 口相连。

单击菜单栏中的"运行"，在打开的菜单中选择"运行当前脚本"，运行 main2.py 脚本，编译无错误后运行报文解析工具，运行结果如图 3-20 所示。

5．测试结果

配置报文解析工具串口参数，串口选择为 COM20（本示例以 COM20 为例，实际以设备管理器识别的串口为准），设置波特率为 9600，数据位为 8，奇偶校验为无校验，停止位为 1，单击"打开串口"按钮，数据记录区显示"串口打开成功"文本，如图 3-21 所示。

图 3-20　报文解析工具运行结果

图 3-21　配置报文解析工具串口参数

（1）测试功能码 06H（写单个保持寄存器）

在数据发送框内输入"01 06 00 00 AA BB"（01 为从站地址；06 为功能码，表示写单个保持寄存器；00 00 为写入起始地址；AA BB 为写入的数据），随后单击"crc 计算"按钮，得到 CRC 码 B7 19，如图 3-22 所示。

使用计算得到的 CRC 校验码在数据发送文本框中补齐 Modbus-RTU 报文（01 06 00 00 AA BB B7 19），接着单击"发送"按钮，在数据记录区内显示发送信息与接收信息，如图 3-23 所示。

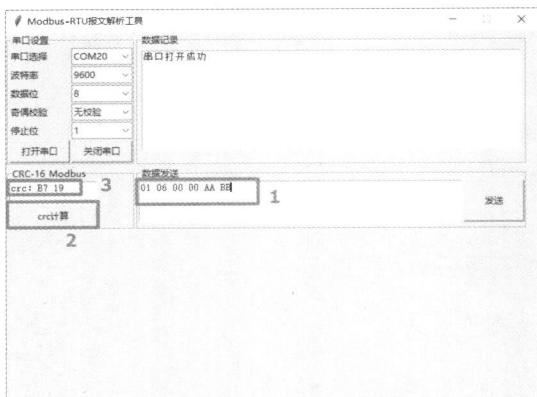

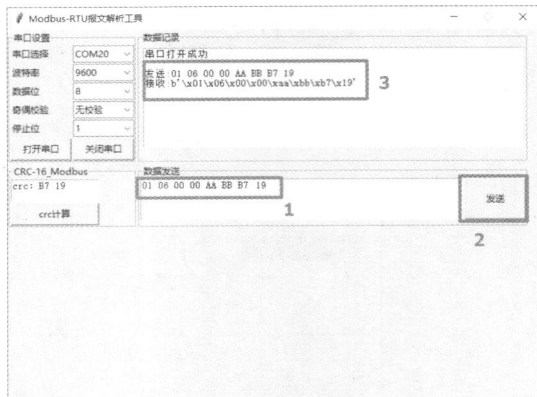

图 3-22　CRC 计算　　　　　　　　　图 3-23　测试功能码 06H

数据发送完成后，在 HMI 上可以看到地址为 0000 的寄存器值已经被修改为 AABB，如图 3-24 所示。

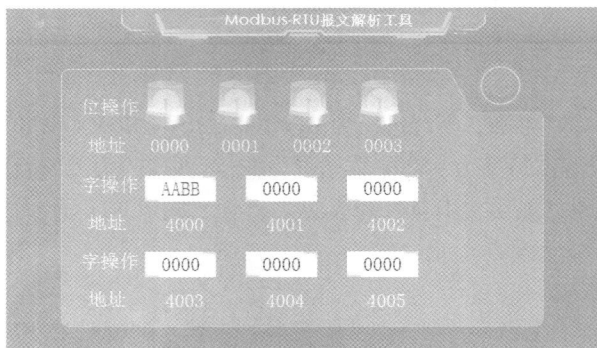

图 3-24　寄存器值已经被修改

（2）测试功能码 03H（读保持寄存器）

在数据发送框内输入"01 03 00 00 00 01"（01 为从站地址；03 为功能码，表示读保持寄存器；00 00 为读取起始地址；00 01 为读取的数据长度），随后单击"crc 计算"按钮，得到 CRC 码 84 0A，补齐 Modbus-RTU 报文（01 03 00 00 00 01 84 0A），单击"发送"按钮，在数据记录区内显示发送信息与接收信息，如图 3-25 所示。

可以看出，从站返回的报文为"01 03 02 aa bb 86 97"，其中 01 为从站站号，03 为功能码，02 为返回的字节数，aabb 为返回的数据（与 HMI 对应），86 97 为校验码。

（3）测试功能码 05H（写单个线圈寄存器）

同理，使用 05 H 功能码向地址为 0000 的单个线圈写入 FF 00（FF00H 为置位，0000H 为复位），计算出 CRC 校验码后补齐报文（01 05 00 00 FF 00 8C 3A），单击"发送"按钮，在数据记录区内显示发送信息与接收信息，如图 3-26 所示。

图 3-25　测试功能码 03H

图 3-26　测试功能码 05H

数据发送完成后，在 HMI 上可以看到地址为 0000 的指示灯被点亮，如图 3-27 所示。

（4）测试功能码 01H（读线圈状态）

在数据发送框内输入"01 01 00 00 00 01"（01 为从站地址；01 为功能码，表示读线圈状态；00 00 为读取起始地址；00 01 为读取的数据长度），随后单击"crc 计算"按钮，得到 CRC 校验码 FD CA，补齐报文（01 01 00 00 00 01 FD CA），单击"发送"按钮，在数据记录区内显示发送信息与接收信息，如图 3-28 所示。

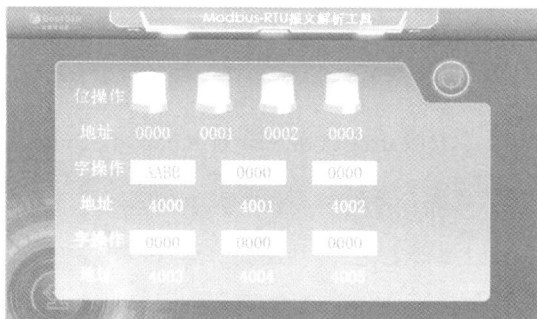

图 3-27　地址为 0000 的指示灯被点亮

图 3-28　测试功能码 01H

可以看出，从站返回的报文为"01 01 01 01 90H"，其中第一个 01 为从站站号，第二个 01 为功能码，第三个 01 为返回的字节数，第四个 01 为返回的数据（与 HMI 对应），90H 为校验码。

3.3 Modbus-RTU 数据采集

上一个实验是在开发的报文解析工具上输入 Modbus 报文，发送报文给 HMI 实现数据读写功能。本实验则通过 modbus-tk 包将 Modbus 报文在 Python 程序中直接写入串口进行发送，每隔 1s 读取一次 HMI 的数据。

微课
Modbus-RTU
数据采集

3.3.1　Modbus–RTU 数据采集工具开发

1．初始化

（1）安装 modbus-tk 包

在报文解析工具同一文件夹下，新建一个"rtucollecting"文件。单击菜单栏中的"工具"，在打开的菜单中选择"管理包"命令，在弹出的界面中输入"modbus-tk"，单击"在 PyPI 上搜索"按钮，搜索结果中出现"modbus-tk"，如图 3-29 所示，单击"modbus-tk"进入并安装 modbus-tk 包，安装的 modbus-tk 包用于 Modbus-RTU 的数据处理。

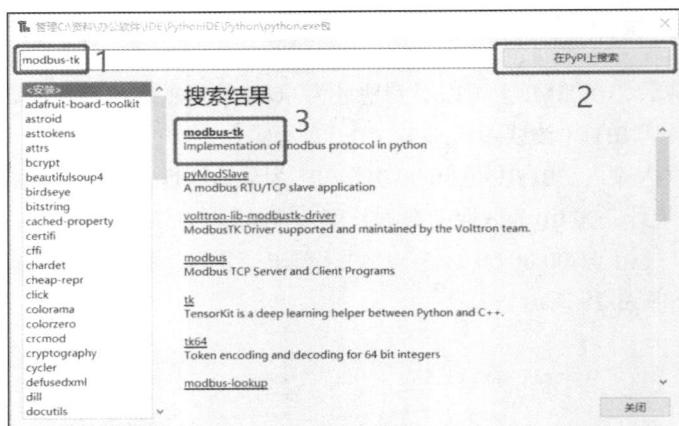

图 3-29　安装 modbus-tk 包

（2）导入 modbus-ttu 函数

打开 rtucollecting.py 文件，在导入包部分的代码上，添加 from modbus-tk import modbus_rtu 语句将 modbus-tk 下的 modbus_rtu()函数导入，代码如下。

```
1. from newfa.net.串口 import 串口,串口列表,校验列表
2. from newfa.ui.窗口 import 窗口
3. from newfa.ui.下拉列表 import 下拉列表
4. from newfa.ui.标签 import 标签
5. from newfa.ui.文本框 import 文本框
6. from newfa.ui.框架 import 框架
7. from newfa.ui.按钮 import 按钮
8. from newfa.system.定时器 import 定时器
9. from threading import Timer
10. from time import sleep
11. from modbus-tk import modbus_rtu
12. import serial
```

2．定义主窗口

主窗口的标题设置成"Modbus-RTU 数据采集工具"，代码如下。

```
1. """
2. 定义主窗口
```

```
3. """
4. main_win = 窗口(标题='Modbus-RTU 数据采集工具',宽=450,高=300)
5. main_win.允许缩放(False)
```

3. 定义数据采集工具界面

定义标题为"线圈"的框架,在该框架下定义 4 个线圈状态显示区并以标签规定地址分布,与 HMI ——对应。

定义标题为"保持寄存器"的框架,在该框架下定义 5 个寄存器数值显示区并以标签规定地址分布,与 HMI ——对应,代码如下。

```
1.  '''''''''''''''''''
2.  Modbus-RTU 数据采集工具界面
3.  '''''''''''''''''''
4.  #串口选择
5.  frame0 = 框架(main_win,"串口选择")
6.  frame0.表格定位(row=0,col=0)
7.  cbo串口号 = 下拉列表(frame0,串口列表())
8.  cbo串口号.表格定位(row=0,col=0)
9.  #线圈框架
10. frame1 = 框架(main_win,'线圈')
11. frame1.表格定位(row=1,col=0)
12. #线圈状态
13. label1 = 标签(frame1,"状态")
14. label1.表格定位(row=0,col=0)
15. coil1 = 文本框(frame1,"Default",宽=1,高=1)
16. coil1.表格定位(row=0,col=1)
17. coil2 = 文本框(frame1,"Default",宽=1,高=1)
18. coil2.表格定位(row=0,col=2)
19. coil3 = 文本框(frame1,"Default",宽=1,高=1)
20. coil3.表格定位(row=0,col=3)
21. coil4 = 文本框(frame1,"Default",宽=1,高=1)
22. coil4.表格定位(row=0,col=4)
23. label2 = 标签(frame1,"地址")
24. label2.表格定位(row=1,col=0)
25. label3 = 标签(frame1,"0000")
26. label3.表格定位(row=1,col=1)
27. label3 = 标签(frame1,"0001")
28. label3.表格定位(row=1,col=2)
29. label3 = 标签(frame1,"0002")
30. label3.表格定位(row=1,col=3)
31. label3 = 标签(frame1,"0003")
32. label3.表格定位(row=1,col=4)
33. #保持寄存器框架
34. frame2 = 框架(main_win,'保持寄存器')
35. frame2.表格定位(row=2,col=0)
36. #保持寄存器数值
```

```
37. label4 = 标签(frame2,"数值")
38. label4.表格定位(row=0,col=0)
39. hold1 = 文本框(frame2,"0000",宽=1,高=1)
40. hold1.表格定位(row=0,col=1)
41. hold2 = 文本框(frame2,"0000",宽=1,高=1)
42. hold2.表格定位(row=0,col=2)
43. hold3 = 文本框(frame2,"0000",宽=1,高=1)
44. hold3.表格定位(row=0,col=3)
45. hold4 = 文本框(frame2,"0000",宽=1,高=1)
46. hold4.表格定位(row=0,col=4)
47. hold5 = 文本框(frame2,"0000",宽=1,高=1)
48. hold5.表格定位(row=2,col=1)
49. hold6 = 文本框(frame2,"0000",宽=1,高=1)
50. hold6.表格定位(row=2,col=2)
51. label5 = 标签(frame2,"地址")
52. label5.表格定位(row=1,col=0)
53. label6 = 标签(frame2,"4000")
54. label6.表格定位(row=1,col=1)
55. label7 = 标签(frame2,"4001")
56. label7.表格定位(row=1,col=2)
57. label8 = 标签(frame2,"4002")
58. label8.表格定位(row=1,col=3)
59. label9 = 标签(frame2,"4003")
60. label9.表格定位(row=1,col=4)
61. label4 = 标签(frame2,"数值")
62. label4.表格定位(row=2,col=0)
63. label4 = 标签(frame2,"地址")
64. label4.表格定位(row=3,col=0)
65. label10 = 标签(frame2,"4004")
66. label10.表格定位(row=3,col=1)
67. label11 = 标签(frame2,"4005")
68. label11.表格定位(row=3,col=2)
```

4. 功能实现

定义 ToF()方法，当输入的值为 1 时返回 True，当输入的值为 0 时返回 False。

（定义打开）方法，将定义的串口信息写入本机串口，并将本机串口设为主站。在打开（方法下定义通信）方法，通过 execute()函数将功能码写入串口，并把接收结果显示在文本框内，代码如下。

```
1. '''''''''''''
2. 功能实现
3. '''''''''
4. #输入布尔值，输出 "True" 或 "False"
5. def ToF(x:bool):
6.     if x:
7.         return('True')
```

```
8.      else:
9.          return('False')
10. #打开串口后调用
11. def 打开():
12.     #配置 rtumaster 参数
13.     串口号 = (cbo串口号.读值()).strip()
14.     master = modbus_rtu.RtuMaster(serial.Serial(port=串口号,baudrate=9600,
            bytesize=8,parity='N',stopbits=1,xonxoff=0))
15.     master.set_timeout(5.0)
16.     #配置完成后调用
17.     def 通信():
18.         #通过master.execute(从站地址,功能码,起始地址,地址长度)
19.         #功能码 01H 表示读取线圈,03H 表示读取保持寄存器
20.         #execute 返回数据类型为元组,通过[]获取对应位的值
21.         coilread = master.execute(1,1,0,4)
22.         coil1.清除()
23.         coil2.清除()
24.         coil3.清除()
25.         coil4.清除()
26.         coil1.写入(ToF(coilread[0]))
27.         coil2.写入(ToF(coilread[1]))
28.         coil3.写入(ToF(coilread[2]))
29.         coil4.写入(ToF(coilread[3]))
30.         #保持寄存器
31.         holdread = master.execute(1,3,0,6)
32.         hold1.清除()
33.         hold2.清除()
34.         hold3.清除()
35.         hold4.清除()
36.         hold5.清除()
37.         hold6.清除()
38.         hold1.写入(str(hex(holdread[0])))
39.         hold2.写入(str(hex(holdread[1])))
40.         hold3.写入(str(hex(holdread[2])))
41.         hold4.写入(str(hex(holdread[3])))
42.         hold5.写入(str(hex(holdread[4])))
43.         hold6.写入(str(hex(holdread[5])))
44.     #每隔 1s 循环调用一次通信方法
45.     timer = 定时器(1,通信)
46.     timer.启动()
47. #定义"打开"按钮
48. btn打开 = 按钮(frame0,"打开",命令=打开)
49. btn打开.表格定位(row=0,col=1)
50. #运行程序
51. main_win.运行()
```

3.3.2　Modbus-RTU 数据采集工具测试

1．运行脚本

使用 USB 转 RS-232 母口线将计算机与 HMI 的 COM1 口相连。

单击菜单栏中的"运行"，在打开的菜单中选择"运行当前脚本"，运行 rtucollecting.py 脚本，编译无错误后运行数据采集工具，在数据采集工具窗口中选择所连接的串口，并单击"打开"按钮，使本机与 HMI 建立通信，如图 3-30 所示。

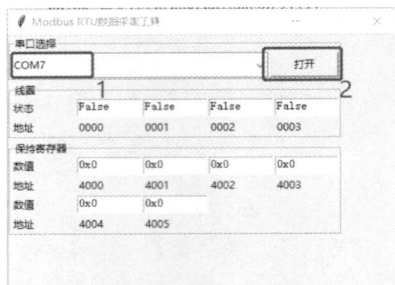

图 3-30　使本机与 HMI 建立通信

2．测试结果

单击 HMI 上地址为"0000"的位操作按钮，该按钮状态变为 True，指示灯亮，同时数据采集工具接收到该按钮的状态信息，地址为"0000"的文本框状态由"Flase"变为"True"，如图 3-31 所示。

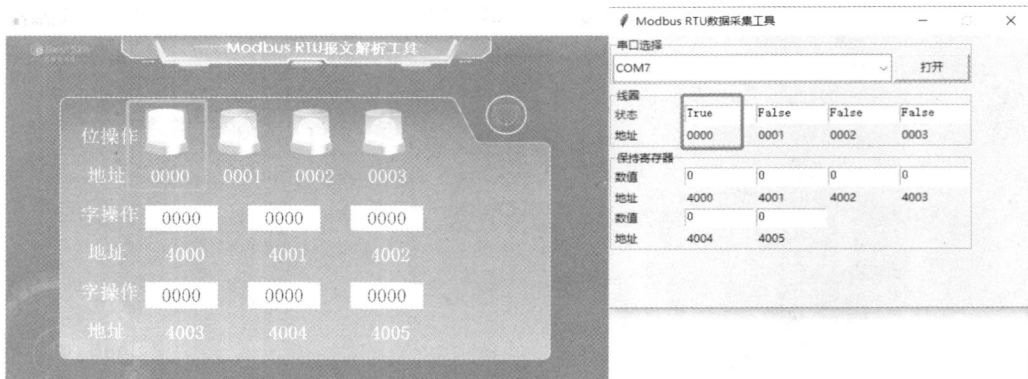

图 3-31　数据采集工具读取位操作

单击 HMI 上地址为"4000"的字操作输入框，在该输入框内输入"6586"，数据采集工具接收到字操作数据变化，地址为"4000"的文本框数值显示由"0x0000"变为"0x6586"，如图 3-32 所示。

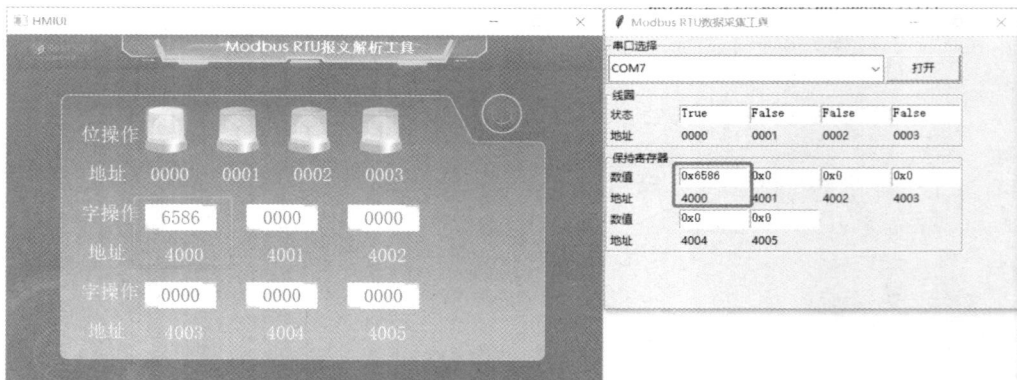

图 3-32　数据采集工具读取字操作

【项目小结】

本项目主要围绕 Modbus 基本概念、Modbus-RTU 报文解析、Modbus-RTU 数据采集进行教学，项目小结如图 3-33 所示。

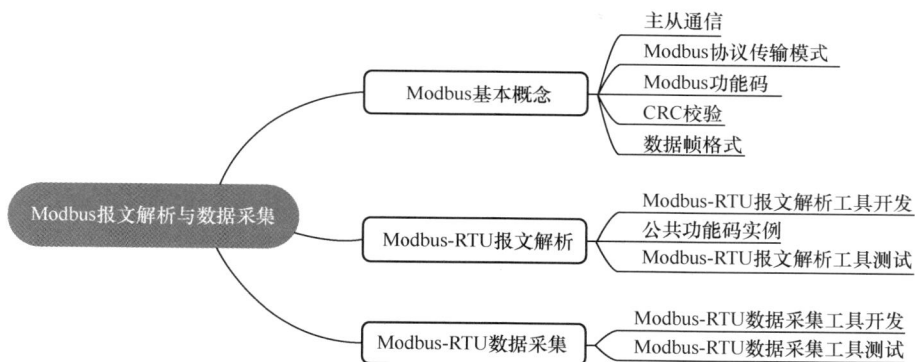

图 3-33　Modbus 报文解析与数据采集项目小结

【思考与练习】

1. Modbus 协议有哪些传输模式？它们之间的区别是什么？

2. Modbus 协议的数据帧格式包括哪几部分？它们的作用分别是什么？

3. 假设要读取设备的从机地址为 0x01，寄存器起始地址为 0x0022，结束地址为 0x002a，以 03H 功能码写出要发送的报文。

4. 假设要写入设备的从机地址为 0x03，寄存器起始地址为 0x0014，结束地址为 0x001d，写入数据值为 1234，写出要发送的报文。

项目 **4**

CANOpen 总线应用

【项目描述】

　　CANOpen 是一种开放式的现场总线标准，广泛应用于工业自动化、运动控制、汽车电子等领域。它提供了一种可靠、高效的通信方式，使得不同的设备之间可以协调工作，实现复杂的系统控制。在工业自动化领域，CANOpen 总线用于控制工业机器人、运动控制器、传感器和执行器等设备，可以实现设备之间的高速、实时通信，提高生产效率和系统稳定性。

【职业能力目标】

- 能够通过 CANOpen 协议建立信捷 PLC 与伺服之间的通信，使 PLC 可读写伺服数据。
- 能够独立设计 PLC 程序，利用 CANOpen 协议建立的通信，完成对伺服电机的控制。

【学习目标】

- 熟悉 CAN 总线的基本概念，包括 CAN 总线工作原理、标准 CAN 和扩展 CAN，理解 CAN 与 CANOpen 之间的关系。
- 熟悉 CANOpen 的基本概念，主要掌握对象字典、服务数据对象、过程数据对象。
- 理解速度控制模式与位置控制模式之间的区别。

【素质目标】

通过学习 CANOpen 总线在运动控制中的应用，以真实案例培养学生超越与创新的意识，鼓励学生在学习和工作中不断钻研、进取，勇于创新，追求突破。

【知识链接】

4.1　CAN 总线

CAN 总线是德国 Bosch 公司于 1983 年为解决现代汽车中众多的控制与测试仪器之间的数据交换而开发的一种串行数据通信协议，它的通信介质可以是双绞线、同轴电缆或光纤，通信速率可达 1Mbit/s。CAN 总线最大的特点是废除了传统的站地址编码，取而代之的是按数据块编码。这种按数据块编码的方式，可使不同的节点同时接收到相同的数据，这一点在 DCS 中非常有用。CAN 总线的信息传输通过报文进行。报文帧有 4 种类型：数据帧、远程帧、出错帧和超载帧。CAN 帧的数据场较短，小于等于 8 字节，数据长度在控制场中给出。短帧发送一方面降低了报文出错率，另一方面有利于减少其他站点的发送延迟时间。帧发送的确认由发送站与接收站共同完成，发送站发出的 ACK 场包含两个"空闲"位，接收站在收到正确的 CRC 场后，立即发送一个"占有"位，给发送站一个确认的回答。

CAN 总线上的数据位采用两种互补的逻辑值，即显性和隐性。显性电平在逻辑层面表现为 0，隐性电平在逻辑层面表现为 1，即显性电平用逻辑 0 表示，隐性电平用逻辑 1 表示。CAN 总线使用差分电压（Vdiff=CAN_H-CAN_L）传送。CAN 总线为"隐性"（逻辑 1）时，CAN_H 和 CAN_L 的电平均为 2.5V（电位差 Vdiff 为 0V）；CAN 总线为"显性"（逻辑 0）时，CAN_H 和 CAN_L 的电平分别是 3.5V 和 1.5V（电位差 Vdiff 大约为 2.0V）。

4.1.1　CAN 总线工作原理

CAN 总线支持多主控制器。CAN 总线与 I2C 总线的许多细节很类似，但也有一些明显的区别。当 CAN 总线上的一个节点发送数据时，它以报文形式广播给网络中所有节点。对每个节点来说，无论数据是不是发给自己的，都对其进行接收。每组报文开头的若干位字符为标识符，定义了报文的优先级，这种报文格式称为面向内容的编址方案。在同一系统中标识符是唯一的，不可能有两个节点发送具有相同标识符的报文。当几个节点同时竞争总线读取时，这种报文格式十分重要。

当一个节点要向其他节点发送数据时，该节点的 CPU 将要发送的数据和自己的标识符传送给本节点的 CAN 芯片，并进入准备状态；当它收到总线分配时，转换为发送报文状态。CAN 芯片将数据根据协议组织成一定的报文格式发出，这时网络中的其他节点处于接收状态。由于 CAN 总线采用面向内容的编址方案，因此很容易建立高水准的控制系统并灵活地进行配置。我们可

以很容易地在 CAN 总线中添加一些新节点而无须在硬件或软件上进行修改。当所添加的新节点是纯数据接收设备时，数据传输协议不要求独立的部分有物理目的地址。它允许分布过程同步化，即在总线上控制器需要测量数据时，可从网上获得数据，而无须让每个控制器都有自己独立的传感器。

4.1.2　CAN 协议数据帧

CAN 协议有两种数据帧类型——标准 2.0A 和扩展 2.0B。两者本质上的不同在于标识符的长度不同。在标准 2.0A 类型中，标识符的长度为 11 位；在扩展 2.0B 类型中，标识符的长度为 29 位。

1. CAN 协议标准数据帧

标准 CAN 帧只有 11 位标识符，每帧的数据长度为 51+(0～64)=(51～115)位。标准 CAN 帧格式如图 4-1 所示。

SOF	11位标识符	RTR	IDE	r0	DLC	0~8字节数据	CRC	ACK	EOF	IFS

图 4-1　标准 CAN 帧格式

- SOF：帧起始，显性（逻辑 0）表示报文的开始，并用于同步总线上的节点。
- 11 位标识符：标准 CAN 帧具有 11 位标识符，用来确定报文的优先级。标识符的数值越小，报文的优先级越高。
- RTR：远程发送请求位，该位若为"显性"（逻辑 0），代表发送的信息是数据；若为"隐性"（逻辑 1），代表发送的信息是数据请求。
- IDE：当标识符扩展位为显性时表示这是标准 CAN 帧格式；为隐性时表示这是扩展 CAN 帧格式。
- r0：保留位（可能用于将来标准修订）。
- DLC：4 位数据长度代码表示传输数据的字节数目。
- 0～8 字节数据：最多可以传输 8 字节用户数据。
- CRC：16 位（包括 1 位定界符）CRC 校验码用来校验用户数据区之前的（包含用户数据区）传输数据段。
- ACK：2 位，包含应答位和应答界定符。在发送节点的报文帧中，ACK 的 2 位是隐性位，当接收器正确地接收到有效的报文时，接收器会在应答期间向发送节点发送一个显性位，表示应答。如果接收器发现这帧数据有误，则不向发送节点发送 ACK 应答，发送节点会在稍后重传这帧数据。
- EOF：7 位帧结束标志位，全部为隐性位。如果这 7 位出现显性位，则会引起填充错误。
- IFS：7 位帧间隔标志位，CAN 控制器将接收到的帧正确放入消息缓冲区需要一定的时间，帧间隔可以提供这个时间。

2. CAN 协议扩展数据帧

扩展 CAN 帧具有 29 位标识符，每帧数据长度为 71+(0～64)=(71～135)位。扩展 CAN 帧格式如图 4-2 所示。

SOF	11位标识符	SRR	IDE	18位标识符	RTR	r0	r1	DLC	0~8字节数据	CRC	ACK	EOF	IFS

图 4-2　扩展 CAN 帧格式

扩展 CAN 帧与标准 CAN 帧不一致的内容如下。

- SRR：代替远程发送请求位，为隐性。所以当标准帧与扩展帧发送相互冲突并且扩展帧的基本标识符与标准帧的标识符相同时，标准帧优先级高于扩展帧。
- IDE：为隐性位表示扩展帧，18 位标识符紧跟着 IDE 位。
- r1：保留位。

4.1.3　CAN 与 CANOpen 的关系

在 OSI 参考模型中，CAN 标准与 CANOpen 协议的直接关系如图 4-3 所示，CAN 总线仅定义了第一层和第二层，我们暂且称之为"底层"，也就是说，CAN 没有规定的应用层我们暂且称之为"高层"。CAN 协议在行业中的应用，需要定义 CAN 数据帧中，11/29 位标识符（帧 ID）和 8 字节数据（帧数据）的用法，CANOpen 就是这样一个运用于电机控制、汽车、轨道交通、工程机械、医疗等行业的协议。

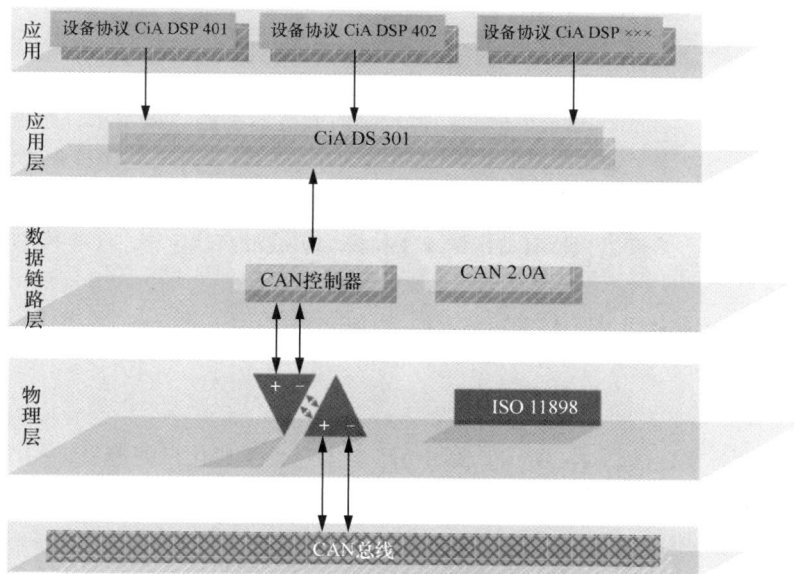

图 4-3　CAN 标准与 CANOpen 协议的直接关系

4.2　CANOpen 基本概念

CANOpen 作为一种现场总线，在各工业控制领域得到了广泛应用。CANOpen 的底层是 CAN 总线，而 CANOpen 自身处于应用层，属于上层通信协议，主要由通信子协议及设备子协议两部分组成。CiA（CAN in Automation）联合制造商和用户共同开发了该协议，并于 2002 年被采纳为 CENELEC-EN 50325-4 标准。CANOpen 基本的通信机制被称为通信描述，大多数设备都能够通过一个被称为"设备描述"的协议进行描述，并且该协议还可用于定义各种类型的标准设备（包括设备参数及功能），通过描述文件［电子数据表格（Electronic Date Sheet，EDS）文件］配置，不同的厂商能够协调地使用 CANOpen 网络。

CANOpen 数据段长度最多为 8 字节，由于数据段较短，不会占用太长的总线时间，保证了通信的实时性，因此能够满足工业领域中的一般要求（如控制命令、工作状态及测试数据等）。CANOpen 协议采用 CRC 并提供了相应的错误处理功能，对数据通信的可靠性有很好的保证。CANOpen 凭借其优质的特性、极高的可靠性和独特的设计，在工业界受到越来越多的重视，它非常适用于工业过程监控设备的互连，被公认为是最具发展前景的现场总线之一。

CANOpen 的数据传输包含两个不同的数据传输机制，使用过程数据对象（Process Data Object，PDO）处理短过程数据的快速交换，通过服务数据对象（Service Data Object，SDO）访问对象字典的入口。PDO 和 SDO 的通信区别在于，PDO 用来实时传输数据，是 CANOpen 中最主要的数据传输方式；SDO 主要用于 CANOpen 主站对从节点的参数配置。

4.2.1　通信模型

CANOpen 设备间的通信主要有以下 3 种模型。

- 主/从（master/slave）模型：由一个节点（如控制接口）作为应用主站，向从站设备（如伺服电机）请求数据。这个过程被用于诊断或状态管理。在标准应用中，可以有 0～127 个从站。
- 客户端/服务器（client/server）模型：客户端向服务器发送数据请求，服务器回复请求的数据，当应用程序主站需要从从站的对象字典中获取数据时会使用该模型。
- 生产者/消费者（producer/Customer）模型：在该模型中生产者节点向网络广播数据，由消费者节点"消费"。生产者根据有特定请求（拉模型）或没有特定请求（推模型）发送此数据。

4.2.2　CANOpen 主要内容

1. 对象字典

CANOpen 的设备模型如图 4-4 所示，从图中可看出对象字典在设备模型中的作用。对象字典作为每个 CANOpen 设备的中心元素，描述设备和其网络行为的所有参数，通信数据的存放位置也列入了其索引。网络中的每个节点都具有一个对象字典。对象字典是一个有序的对象组，每个对象通过一个 16 位的索引值来寻址，其范围为 0x0000～0xFFFF，同时在某些索引下定义了一个 8 位的索引值，以保证在数据量较大时仍有索引可分配（这个索引值一般被称为子索引，其范围为 0x00～0xFF）。每个索引内具体的参数，最大用 32 位的变量来表示，即 Unsigned32，4 字节。节点的对象字典主要以数据库的形式存在于 EDS 文件（ASCII 文件，具有严格的语法）中。

每个 CANOpen 设备都有一个对象字典，CANOpen 网络中的主节点不需要对从节点的每个对象字典项进行访问。

CANOpen 对象字典项通过一系列子协议进行描述。子协议描述了对象字典中每个对象的功能、名字、索引、子索引、数据类型，以及这个对象是否必需、其读写属性等，通过子协议可以使不同厂商的同类型设备可兼容。对象字典的结构如表 4-1 所示。

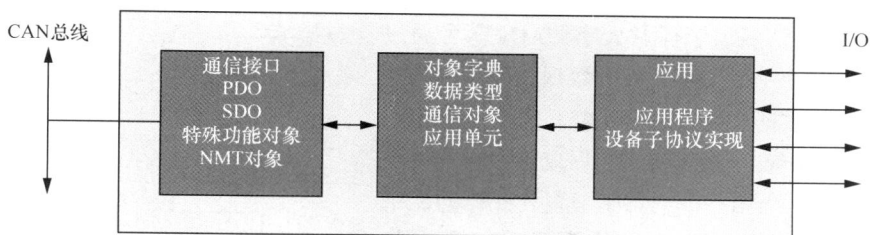

图 4-4　CANOpen 的设备模型

表 4-1　对象字典的结构

索引	对象
0000	保留
0001～001F	标准数据类型，如布尔型（Bool）、有符号 16 位（Integer16）等
0020～003F	复杂数据类型，如 PDO 通信参数等
0040～005F	制造商规定的复杂数据类型
0060～007F	设备子协议规定的标准数据类型
0080～009F	设备子协议规定的复杂数据类型
00A0～0FFF	保留
1000～1FFF	通信子协议区域，如设备类型、PDO 数量等
2000～5FFF	制造商特定子协议区域
6000～9FFF	标准的设备子协议区域
A000～FFFF	保留

在对象字典的结构中，通信子协议区域和制造商特定子协议区域是需要重点关注的。

（1）通信子协议区域（communication profile area）定义了所有和通信有关的对象参数，通信子协议适用于所有的 CANOpen 设备。

（2）制造商特定子协议区域（manufacturer-specific profile area），通常用于存放所应用子协议的应用数据，而通信对象子协议区域用于存放这些应用数据的通信参数。

对于在设备子协议区域中未定义的特殊功能，制造商可根据需求在此区域内自行定义对象字典对象。因此对于不同的制造商来说，该区域中相同的对象字典项其定义不一定相同。

2. 服务数据对象

SDO 主要用于 CANOpen 主站对从节点的参数配置。SDO 最大的特点是使用 SDO 的一个客户端发出请求后一定能接收到来自服务器的应答，包含指定接收节点的地址（Node-ID，即从站站号），并且需要指定的接收节点回应 CAN 报文以确认节点接收成功，如果确认超时，发送节点将再次发送原报文。这种通信方式属于常见的"客户端/服务器"模型，也就是通常所说的轮询模式。访问者被称为客户端（client），对象字典被访问且提供所请求服务的 CANOpen 设备被称为服务器（server）。

SDO 向客户端提供了访问服务器的对象字典的功能。在 SDO 的开头几字节指定要访问的对象的索引和子索引。在 CANOpen 网络中，通常只有 NMT 主机能够发起 SDO 通信，并进行节点参数配置或者关键性参数的传递。SDO 传输数据的实现如图 4-5 所示。

SDO 传输协议实现了任意大小的对象都可通过其进行传输。由于一个 CAN 帧的数据长度最大为 8 字节，若要传输数据长度较大的对象，需要组合若干帧形成一个块（block）进行传输，形成这个块的帧被称为节（segment）。第一节的首字节包含必需的流量控制信息；第一节后接着的 3 字节包含索引和子索引，表示要访问的对象；剩余的 4 字节可以用于用户数据。接着的节包含一个控制字节和最多 7 字节的用户数据。接收方要以每节或整块数据的形式做出应答，也就是要实现对等通信（"客户端/服务器"模型）。

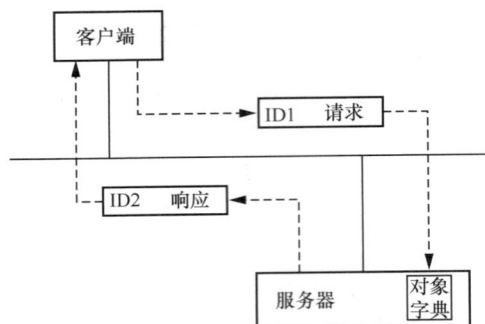

图 4-5　SDO 传输数据的实现

3．过程数据对象

（1）PDO 的特点

PDO 用以实时传输数据，是 CANOpen 中最主要的数据传输方式。由于每个 CANOpen 节点的输入和输出需要区分开来，因此 PDO 被分为发送方 Transmit-PDO（TxPDO）和接收方 Receive-PDO（RxPDO）。PDO 是单向传输的，无须接收节点回应 CAN 报文来确认，从通信术语上来说这属于"生产者/消费者"模型，PDO 的发送方称为生产者，接收方称为消费者，PDO 数据传输可以从一个生产者传输到一个或多个消费者，传输数据限制在 1～8 字节。

PDO 的属性可通过对象字典配置，包含 PDO 通信参数及 PDO 映射参数。

- PDO 通信参数：描述 PDO 的通信功能，定义设备所使用的 COB-ID、传输类型、禁止时间和事件时间等。
- PDO 映射参数：包含 PDO 传输内容信息（包括索引、子索引及映射对象长度）。生产者和消费者需要知道这个映射参数，以解释 PDO 内容。

对通信参数和映射参数的通俗描述是：前者定义了由哪个 CAN 发送数据、怎么发，以及发送触发条件；后者定义的是 CAN 数据段中 8 字节的数据的组成部分。

当 CANOpen 设备作为主站使用时，RxPDO 最大支持 100 个，数据量最大支持 512 字节，TxPDO 最大支持 100 个，数据量最大支持 512 字节；当 CANOpen 设备作为从站使用时，RxPDO 最大支持 4 个，数据量最大支持 32 字节，TxPDO 最大支持 4 个，数据量最大支持 32 字节。每个 PDO 最大可映射 8 字节。主、从站通信参数及其映射参数、映射对象索引如表 4-2 所示。

表 4-2　主、从站索引

主站	通信参数	映射参数	映射对象
TxPDO 0～99	1800～1863	1A00～1A63	6080～60F0
RxPDO 0～99	1400～1463	1600～1663	6000～6070
从站	通信参数	映射参数	映射对象
TxPDO 0～3	1800～1803	1A00～1A03	2100
RxPDO 0～3	1400～1403	1600～1603	2000

（2）PDO 通信参数

PDO 通信参数定义了该设备所使用的 COB-ID、传输类型、禁止时间和事件时间等。RxPDO 通信参数位于对象字典索引的 1400h～1463h，TxPDO 通信参数位于对象字典索引的 1800h～

1863h。每条索引代表一个 PDO 通信参数集，其中的子索引分别指向具体的各种通信参数，如表 4-3 所示。

表 4-3　PDO 通信参数

索引	子索引	描述	类型
RxPDO：1400h～1463h TxPDO：1800h～1863h	00	参数数量，即本索引中有几个参数	Unsigned8
	01	COB-ID，即这个 PDO 发出或者接收的对应 CAN 帧 ID	Unsigned32
	02	发送类型，即这个 PDO 发送或者接收的传输形式，通常使用循环同步和异步 00：非循环同步 01～F0：循环同步 FF：异步	Unsigned8
	03	禁止时间（inhibit time）	Unsigned16
	05	事件时间（event time）	Unsigned16
	06	同步起始值(SYNC start value)：循环同步传输的 PDO，收到若干个同步包后，才进行发送，这个同步起始值就是同步包数量，例如将该值设置为 2，表示收到 2 个同步包后才进行发送	Unsigned8

① PDO 的 CAN 标识符。

PDO 的 CAN 标识符即 PDO 的通信对象标识符（Communication Object Identifier，COB-ID），包含控制位和标识数据，用以指定 PDO 发出或者接收的对应 CAN 帧 ID。COB-ID 位于通信参数的子索引 01 上。

在 PDO 预定义中，人为规定了 PDO 的编号，每个从站的 PDO 都定义了不同的 COB-ID 进行区分，而主站的 PDO 的 COB-ID 未进行定义，根据通信对象的 COB-ID 自动分配。从站的 PDO 的 COB-ID 命名规则如表 4-4 所示。

表 4-4　从站的 PDO 的 COB-ID 命名规则

RxPDO 编号	COB-ID（十六进制）	TxPDO 编号	COB-ID（十六进制）
RxPDO 1	200+从站站号	TxPDO 1	180+从站站号
RxPDO 2	300+从站站号	TxPDO 2	280+从站站号
RxPDO 3	400+从站站号	TxPDO 3	380+从站站号
RxPDO 4	500+从站站号	TxPDO 4	480+从站站号

② PDO 的传输方式。

PDO 的传输方式位于通信参数（RxPDO 为 1400h～1463h，TxPDO 为 1800h～1863h）的子索引 02 上。

- 异步传输：由事件触发传输，包括数据改变触发、周期性事件时间触发。
- 同步传输：与网络中同步帧有关。

通信参数的子索引 02 中不同的数值代表不同的传输类型，定义了触发 TxPDO 传输或处理收到的 RxPDO 的方法，具体对应关系如表 4-5 所示。

表 4-5　PDO 的传输类型

传输类型	传输类型说明		备注
	TxPDO	RxPDO	
AcycliSyn（0）	当 TxPDO 映射对象的数据发生变化且接收到一个同步帧时，发送该 TxPDO 映射对象的数据。当 TxPDO 映射对象的数据无变化时，不发送该映射对象的 TxPDO 数据	只要接收到了该 PDO，在下一个同步帧（SYNC）时将接收到的 RxPDO 最新的数据更新到应用	同步非周期
LoopSyn（1~240）	与同步帧（SYNC）同步传输的 PDO，收到若干个同步帧后，才发送 TxPDO 映射对象的数据，这个传输类型的值就是收到同步帧的数量，例如，传输类型设置为 2，表示收到 2 个同步帧后才进行发送	只要接收到了该 PDO，在下一个同步帧（SYNC）时将接收到的 RxPDO 最新的数据更新到应用	同步周期
241~253	保留		
ManufacturerAsyn（254）	每隔一个事件时间或映射对象的数据发生改变时传输一次 TxPDO 映射对象的数据，且事件时间会被立即复位，TxPDO 映射对象的数据传送一次后，禁止时间内不允许再次传送该 TxPDO 映射对象的数据。当事件时间为 0 时，TxPDO 映射对象的数据发生变化时立即发送该 TxPDO 映射对象的数据；TxPDO 映射对象的数据无变化时，不传送 TxPDO 映射对象的数据	将接收到的数据立即更新到应用	异步
DeviceAsyn（255）	同传输类型 254		

注：1. 这里的同步和异步是指 PDO 的发送与同步帧的发送同步或异步。

2. 同步传输具有数据更新周期稳定的特性，但还无法实现与数据变化实时保持同步。异步传输则可以在数据发生变化后迅速进行数据更新处理，这种传输方式响应灵敏，但如果用于频繁变化的数据，易对总线造成较大数据负荷，因此通常需配置一个禁止时间参数以降低网络负载。

3. 建议网络内对实时性要求不高的参数采用同步 PDO 的传输方式，实时性要求高的参数采用异步 PDO 的传输方式，但要注意配置禁止时间，以保护网络负荷不受冲击。

③ 禁止时间。

针对异步传输（传输类型为 254 或 255）的 TxPDO，定义了禁止时间，存放于通信参数（1800h~1863h）的子索引 03 上，以此来约束 PDO 发送的最小间隔时间，保证 CAN 网络不被频繁变化的 TxPDO 持续占用而导致总线负载剧烈增加。设置禁止时间后，同一个 TxPDO 传输间隔不得小于该参数对应的时间，该参数的单位是 ms。

建议：当变化较为频繁的对象（如反馈位置、反馈速度等）配置到 TxPDO，且该 TxPDO 的传输类型为异步方式时，建议设置一定的禁止时间。一般情况下，禁止时间小于事件时间，当禁止时间大于事件时间时，则每隔一个事件时间触发一次 TxPDO 的传输。

④ 事件时间。

针对异步传输（传输类型为 254 或 255）的 TxPDO，定义了事件时间，存放在通信参数（1800h~1863h）的子索引 05 上，是 PDO 发送的最大间隔时间。可以把事件时间理解为一种触发事件，每隔一个事件时间就会触发相应的 TxPDO 传输。如果在计时器运行周期内发生了数据改变等，其他事件 TxPDO 传输也会触发，此时事件时间会被清零，即重新从 0 开始计时。该参数的单位是 ms。

⑤ 同步周期的设置。

建议按照以下经验公式计算同步周期（默认波特率为 1Mbit/s）。

同步周期（ms）= (PDO 总数 ÷ 9) ÷ (40%)+2。

　　假设一个 CANOpen 网络共有 12 个轴，每个轴有一个发送 PDO 和一个接收 PDO，则 PDO 总数是 12×2=24 个。每毫秒内总线满负荷情况下可传输约 9 个 PDO，考虑总线负荷余量，假设总线负载率为 40%（相对合理的负载率），则 24 个 PDO 传输所需时间为（24÷9）÷(40%)≈6.67ms，考虑到网络内 SDO、同步帧、心跳报文、紧急报文等的时间开销，增加 2ms，故建议将同步周期设置为 8.67ms。以上经验公式同样适用于异步 PDO 的禁止时间的设置。

　　⑥ PDO 映射参数。

　　PDO 映射参数包含一个对象字典中的对象列表，这些对象映射到相应的 PDO，包括索引、子索引及映射对象长度。生产者和消费者都必须知道这个映射参数，才能够正确解释 PDO 内容，即将通信参数、应用数据和具体 CAN 报文中的数据联系起来。每个 PDO 数据长度最多可达 8 字节，可同时映射一个或多个对象。

　　映射参数索引（RxPDO 为 1600h～1663h，TxPDO 为 1A00h～1A63h）的子索引 0 记录该 PDO 具体映射的对象个数，子索引 1～8 则是映射对象内容，数据存放在 2000h 和 6000h 之后的制造商自定义区域，具体如表 4-6 所示。

表 4-6　PDO 映射参数

索引	子索引	描述	类型
RPDO：1600h～1663h TPDO：1A00h～1A63h	00	记录该 PDO 具体映射的对象个数	Unsigned8
	01～08	记录映射对象的内容	Unsigned32
		值 20000108h 表示映射到索引 2000h 的子索引 01h，对象是 8 位	
		值 21000208h 表示映射到索引 2100h 的子索引 02h，对象是 8 位	
		值 60000316h 表示映射到索引 6000h 的子索引 03h，对象是 16 位	

　　（3）PDO 通信示例

　　主、从站 PLC 寄存器与 PDO 的映射关系以及数据传输过程示意如图 4-6 和图 4-7 所示（图中仅以主、从站寄存器地址和索引号为示例）。

　　4. 同步对象

　　同步对象（SYNC）是控制多个节点发送与接收之间协调和同步的一种特殊机制，主要用于实现整个网络的同步传输。同步对象的传输框架与 PDO 的类似，同步对象的传输采用的是生产者/消费者模型，由同步生产者发出同步帧，CAN 网络中的其他所有节点都可以作为消费者接收该同步帧，且无须反馈。

　　在同步协议中，预定义了同步对象的 COB-ID 为 0x80，记录在索引 1005h 上，还有 2 个约束条件分别记录在索引 1006h 和 1007h 上，具体如下。

- 同步循环周期：索引 1006h 规定了同步帧的循环周期。
- 同步窗口时间：索引 1007h 约束了同步帧发送后，从节点发送 PDO 的时间，即在这个时间内发送的 PDO 才有效，超过这个时间发送的 PDO 将被丢弃。

　　同步 PDO 的传输与同步帧密切相关。一般同步报文由 CAN 网络主机发出，如果一个网络内有 2 个同步机制，就需要设置不同的同步节拍，例如某些节点按 1 个同步帧发送 1 次 PDO，其他的节点收到 2 个同步帧才发送 1 次 PDO，在这里 PDO 参数中的同步起始值就起了作用。

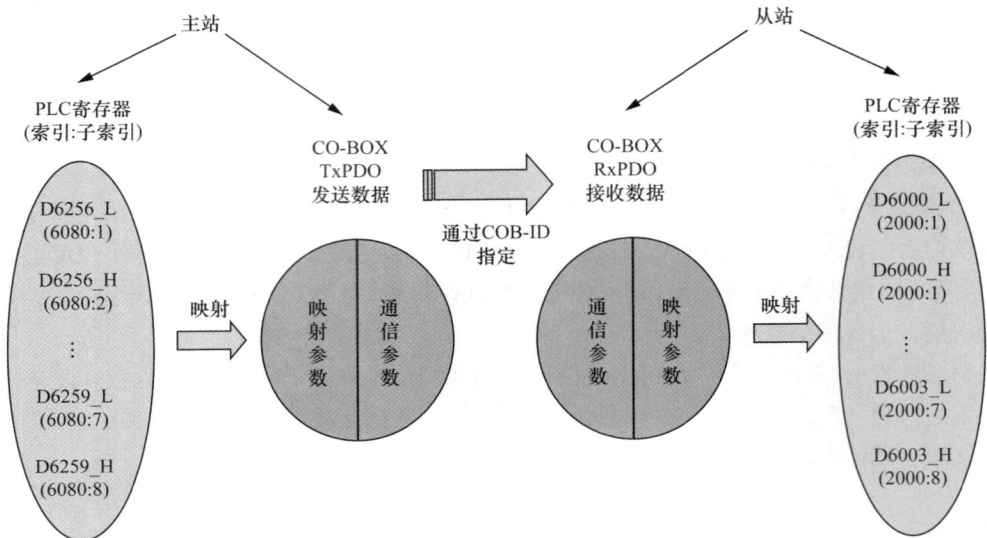

图 4-6　PDO 通信示例（主站到从站）

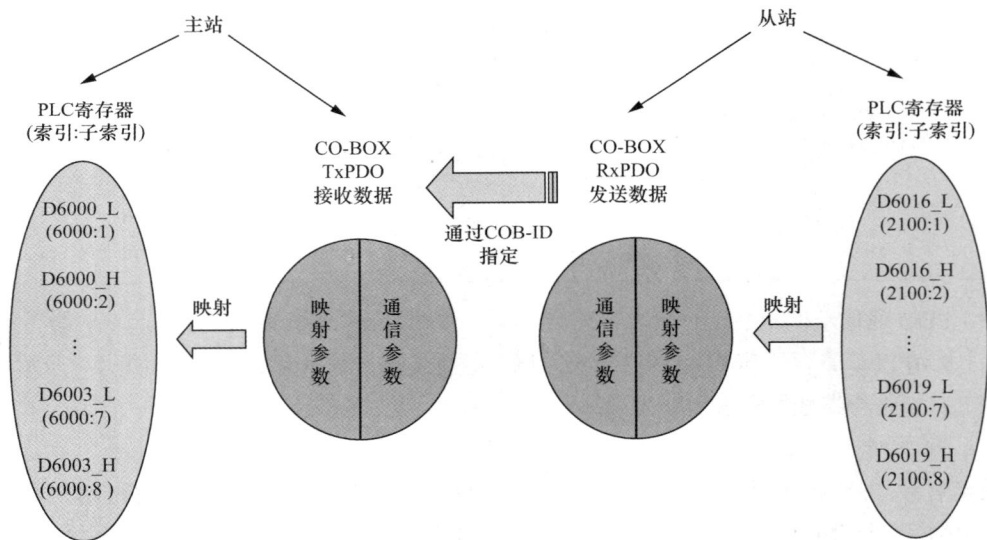

图 4-7　PDO 通信示例（从站到主站）

对于同步 RxPDO，只要接收到了该 PDO，在下一个同步对象时将接收到的 PDO 更新到应用。同步 TxPDO 分为同步非循环和同步循环，如表 4-7 所示。

表 4-7　同步 TxPDO 分类

类型		说明
同步 TxPDO	同步非循环	PDO 传输类型为 0，PDO 映射对象内容发生改变，在下一个同步对象时发送
	同步循环	PDO 传输类型为 1~240，只要达到传输类型指定的同步对象时，不管 PDO 映射对象内容是否发生改变，均需要发送该 TxPDO

5．网络管理

CANOpen 网络为了稳定、可靠、可控，需要设置一个网络管理主机（Network Management-Master，NMT-Master）来管理网络设备的状态。NMT 主机也称为 CANOpen 主站，CANOpen 采用的是主从关系结构，所以只有一个 NMT 主机，相应地，其他 CANOpen 节点就是 NMT 从机（NMT-Slave），NMT 主机和 NMT 从机之间通信的报文称为 NMT 报文。NMT 报文使用 2 字节数据的单帧，其标识符为 0，第一个数据字节表示命令，第二个数据字节表示目标节点的 ID。若第二个数据字节为 0，则所有的节点被寻址（广播）。只有 NMT 主机能够传送 NMT 报文，所有从机必须支持 NMT 模块控制服务，NMT 模块控制不需要应答。用 NMT 命令可以在任何时候改变单个设备或整个网络设备的状态，每一个设备的状态是由特定属性决定的。只有在运行状态下 PDO 才能被传输，在预操作状态下可以配置设备，在停止状态下只有 NMT 命令能被传送。图 4-8 显示了 NMT 命令的状态转移过程。

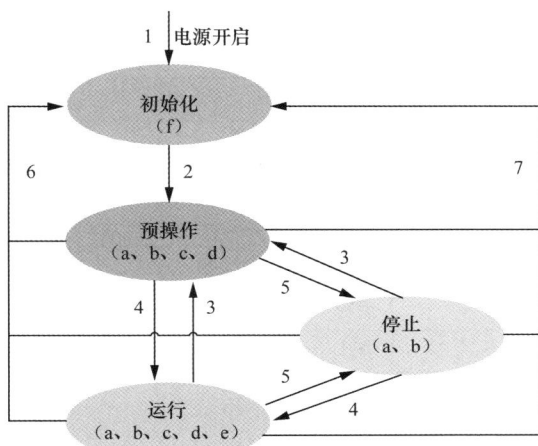

图 4-8　NMT 命令的状态转移过程

说明：括号内字母表示在不同状态下哪些通信对象可以使用。A 表示 NMT，b 表示 Node Guard，c 表示 SDO，d 表示 Emergency，e 表示 PDO，f 表示 Boot-up。

NMT 命令的状态转移过程说明如下。

1：电源开启后自动进入初始化状态。

2：设备初始化结束，自动进入预操作状态，发送 Boot-up 消息。

3：进入预操作（0x04）状态，节点的 CANOpen 通信处于操作就绪状态，此时此节点不可以进行 PDO 通信，但可以配置设备，包括进行 SDO 参数配置和 NMT 的操作。

4：进入运行（0x05）状态，节点收到 NMT 主机发来的启动命令后，CANOpen 通信被激活，PDO 通信启动后，按照对象字典里面规定的规则进行传输，同样，SDO 也可以对节点进行数据传输和参数修改。

5：进入停止（0x06）状态，节点收到 NMT 主机发来的停止命令后，节点的 PDO 通信和 SDO 通信被停止，但 NMT 依然可以对节点进行操作。

6：重置节点（0x02），节点中的应用程序复位，如开关量输出、模拟量输出恢复为初始值。

7：重置通信（0x03），节点中的 CANOpen 通信复位，从这个时刻起，此节点就可以进行 CANOpen 通信了；重置通信会将 PDO 的通信参数和映射参数等恢复为初始值。

NMT 控制字定义如表 4-8 所示（只有主站有 NMT 控制字，以 D6512 地址为例）。

表 4-8　NMT 控制字定义

地址	值
D6512_H	网络配置站号为 0x01～0x40 表示单个节点有效，为 0xFF 表示所有节点有效，除以上的值以外，其他值无效
D6512_L	1：初始化。 2：重置节点。 3：重置通信。 4：预操作。 5：运行。 6：停止

NMT 状态字定义如表 4-9 所示（主从站都有 NMT 状态字，主站以 D6513 地址为例，从站以 D6032 地址为例）。

表 4-9　NMT 状态字定义

寄存器	值	状态
主站 D6513、 从站 D6032	1	初始化（initialising）
	2	重置节点（application reset）
	3	重置通信（communication reset）
	4	预操作（pre-operational）
	5	运行（operational）
	6	停止（stopped）

6. 心跳保护

为了监控 CANOpen 节点是否在线与目前的节点状态，CANOpen 应用中通常都要求在线上的从站周期性地发送被称作心跳（heartbeat）的报文，以便主站确认从站是否故障、是否脱离网络。

心跳保护模式采用的是生产者/消费者模型。CANOpen 从站经过其对象字典中的 1017h 填写的心跳生产时间（单位为 ms）后，节点心跳保护功能激活，开始产生心跳报文，而 CAN 网络主站则会按其对象字典中的 1016h 填写的心跳消费时间进行检查，一旦在心跳消费时间范围内未接收到相应节点产生的心跳报文，则认为该节点掉线或存在故障。配置心跳保护时建议 1016h 心跳消费时间≥1017h 心跳生产时间×2，否则容易误报从站掉线。

7. 节点守护

在 CANOpen 应用中，还有一种可以通过轮询模式监视从站状态的节点守护（Node guarding）模式，它不能与心跳保护模式共存。CAN 网络主站通过远程帧，可以检查每个节点的当前状态。节点保护采用的是主/从模型，每个远程帧都必须得到应答。

与节点守护相关的对象包括节点守护周期 100Ch 和节点守护因子 100Dh。100Ch 的值是正常情况下节点守护远程帧间隔，单位是 ms。100Ch 和 100Dh 的乘积决定了主机查询的最迟时间。当节点 100Ch 和 100Dh 非 0，且接收到一帧节点守护请求帧时，激活节点守护。主站每隔 100Ch 时间发送节点守护远程帧，从站必须做出应答，否则认为从站掉线；从站 100Ch×100Dh 时间内未收到节点守护远程帧，则认为主站掉线。

由于远程帧在 CAN 发展中逐渐被淘汰，而节点守护需要更多的主站开销，并且会增加网络

负载，CiA 协会已经不建议使用节点守护，节点守护大多被心跳保护所取代。

注意：

- 节点守护和心跳保护不能同时使用。
- 节点守护、心跳保护时间不能设置过短，以免增大网络负载。

8. 在线节点站号

任何一个 CANOpen 从站上线后，为了提示主站它已经加入网络，或者避免与其他从站 Node-ID 冲突，必须发出节点上线报文（boot-up）。当激活了节点守护或心跳保护时可以通过在线站点监控网络中站点的状态，当 CAN 网络节点列表中的节点正常时，相应的位为 ON 状态；当 CAN 网络节点列表中的节点发生异常（包含初始化失败及其他异常导致从站掉线时），相应的位为 OFF 状态。

9. 应急对象

应急对象（Emergency objects），由设备的内部错误触发，按照标准化机制，节点会发送一帧紧急报文，该报文记录设备内部错误代码，紧急报文采用的是生产者/消费者模型，CAN 网络中主站可接收该紧急报文。紧急报文属于诊断性报文，一般不会影响 CANOpen 通信。在协议中，预定义了 EMCY 的 COB-ID 为 0x80+站号，并记录在索引 1014h 上。

【项目实施】

4.3 CANOpen 在运动控制中的应用

本项目主要讲述的是信捷 PLC 和信捷伺服驱动器通过 CANOpen 协议进行通信，并通过 CANOpen 协议将信捷伺服驱动器的寄存器与 PLC 寄存器进行绑定，绑定后对 PLC 寄存器进行操作等同于对伺服驱动器寄存器进行操作，从而达到控制伺服驱动器的目的。

4.3.1 CANOpen 通信配置

1. PLC 工程创建

双击计算机桌面的信捷 PLC 编程工具软件图标，如图 4-9 所示，打开该软件。

在打开的软件界面中，右击 "PLC1"，在弹出的快捷菜单中选择 "更改 PLC 机型" 选项，如图 4-10 所示。

在弹出的 "机型选择" 对话框中，按图 4-11 所示的方式选择 "XL5N-32T" 机型，单击 "确定" 按钮关闭对话框。

至此，PLC 工程创建完毕。单击软件菜单栏的 "文件"，在打开的菜单中选择 "保存工程" 选项，在弹出的 "另存为" 对话框中，选择合适的保存路径，单击 "保存" 按钮保存 PLC 工程。在后续的操作中建议每隔一段时间就保存一次 PLC 工程。

2. 扫描 PLC IP 地址

单击菜单栏中的 "选项"，在打开的菜单中选择 "软件串口设置"，如图 4-12 所示。

微课

CANOpen 通信配置

信捷PLC编程工具软件

图 4-9 信捷 PLC 编程工具软件图标

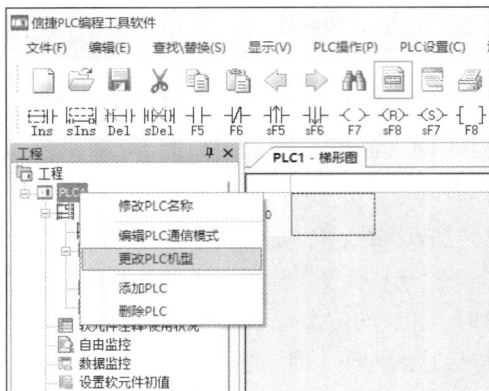

图 4-10　更改 PLC 机型

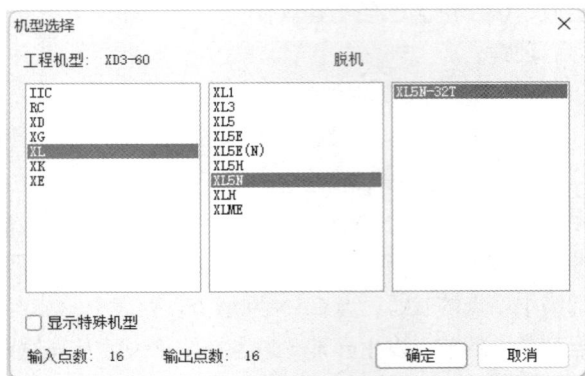

图 4-11　选择"XL5N-32T"机型

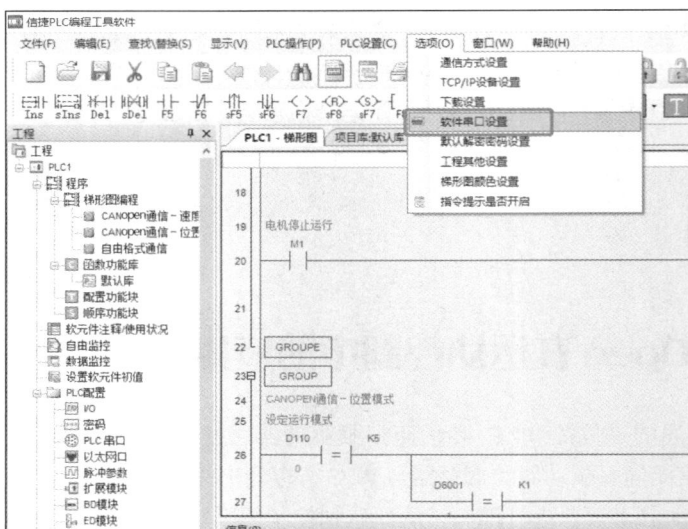

图 4-12　软件串口设置

在弹出的"通信配置"对话框中，双击"Ethernet_Modbus_Default"选项，如图 4-13 所示。

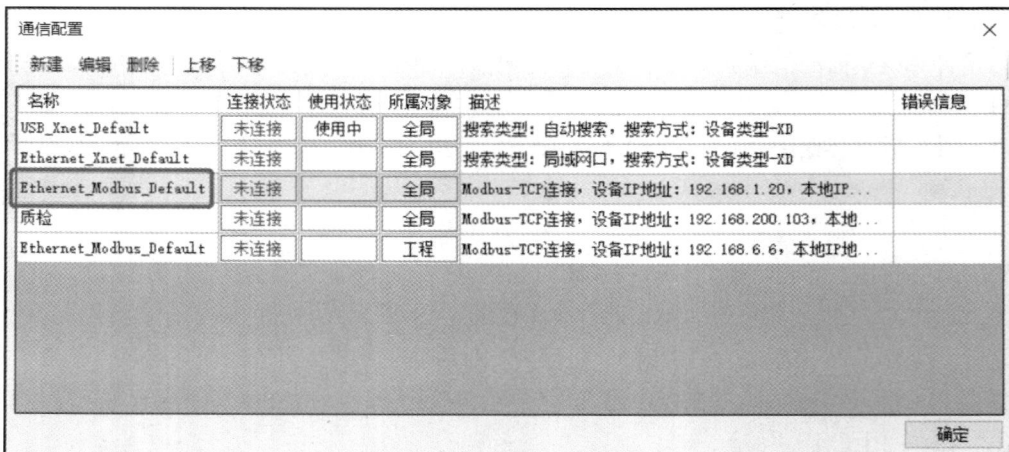

图 4-13　"通信配置"对话框

在弹出的"通信配置"对话框中，单击"扫描IP"按钮，对当前 PLC 的 IP 地址进行识别，以配置本机与当前 PLC 的 IP 地址在同一网段内，使其建立连接，如图 4-14 所示。

扫描 IP 地址的结果如图 4-15 所示，当前 PLC 的 IP 地址为"192.168.1.20"，为使 PLC 与本机处于同一网段并建立连接，需设置本机的 IP 地址为"192.168.1.××"（若扫描出的 PLC 的 IP 地址为"192.168.6.××"，则设置本机 IP 地址也为"192.168.6.××"，其中 ×× 为主机号，PLC 与本机的主机号不能是同一个）。本实验以"192.168.1.50"作为本机 IP 地址建立连接。

图 4-14 扫描 IP 地址

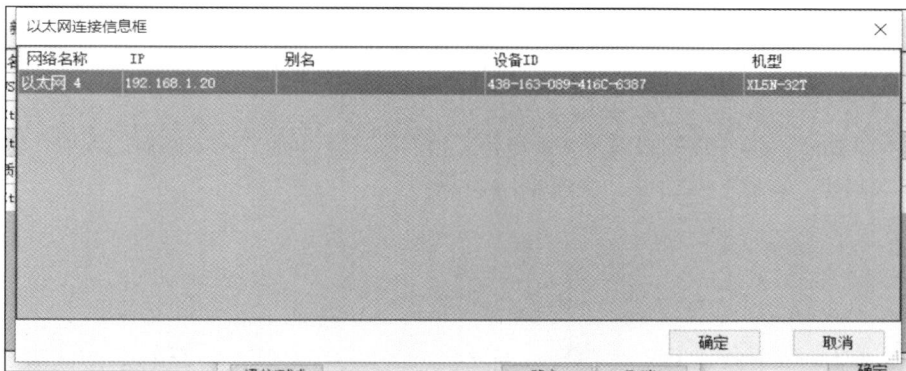

图 4-15 扫描 IP 地址的结果

3. 本机 IP 地址配置并建立连接

（1）本机 IP 地址配置

按照 3.2.3 小节的方法配置本机 IP 地址为"192.168.1.50"，子网掩码为"255.255.255.0"，默认网关不填写。选中"使用下面的 DNS 服务器地址"单选按钮，无须配置首选及备用 DNS 服务器。操作步骤如图 4-16 所示。

（2）PLC 与 PC 建立连接

在"通信配置"对话框中，双击"Ethernet_Modbus_Default"，在弹出的"通信配置"对话框中输入设备的 IP 地址及本机的 IP 地址，单击"确定"按钮退出"通信配置"对话框，如图 4-17 所示。单击"Ethernet_Modbus_Default"右侧的连接状态，显示"已连接"则表示连接成功，此时再单击右侧的使用状态，

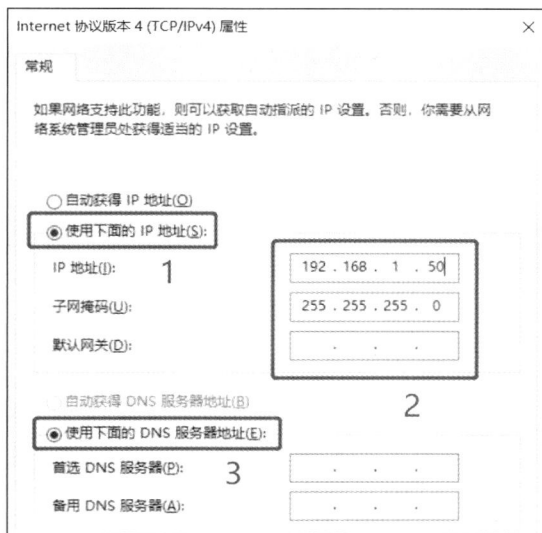

图 4-16 在"Internet 协议版本 4(TCP/IPv4)属性"对话框中的操作步骤

显示"使用中"则表示通信配置完成，最后单击"确定"按钮关闭对话框。

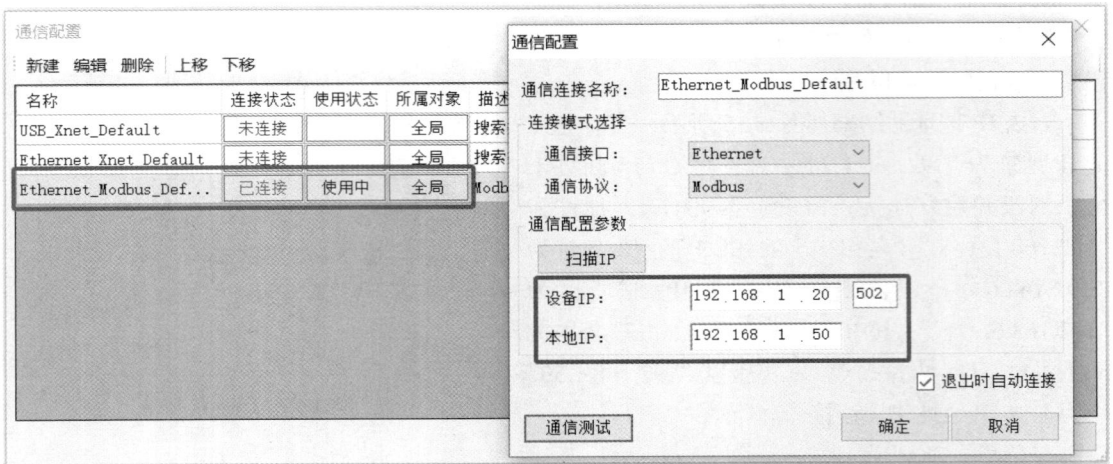

图 4-17　通信配置

（3）PLC IP 地址配置

在图 4-12 所示界面左侧的目录树中，单击"PLC 配置"下的"以太网口"选项，软件会弹出"PLC 1-以太网口　设置"对话框，如图 4-18 所示。

图 4-18　"PLC1 以太网口　设置"对话框

选中"使用下面的 IP 地址"，此时"IP 地址"等项目会变为可编辑状态，配置 IP 地址为192.168.1.20，子网掩码为 255.255.255.0，默认网关为 192.168.1.254，单击"写入 PLC"按钮，待PLC 写入完成，单击"确定"按钮关闭对话框。PLC 以太网口参数设置如图 4-19 所示。

在 PLC IP 地址写入完成后，此时 PLC 的 IP 地址已为"192.168.1.20"。

4．通信参数配置

（1）主站配置

在图 4-12 所示界面左侧的目录树中，单击"PLC 配置"下的"CANOpen"选项，软件会弹出"CANOpen 参数配置"窗口，如图 4-20 所示。

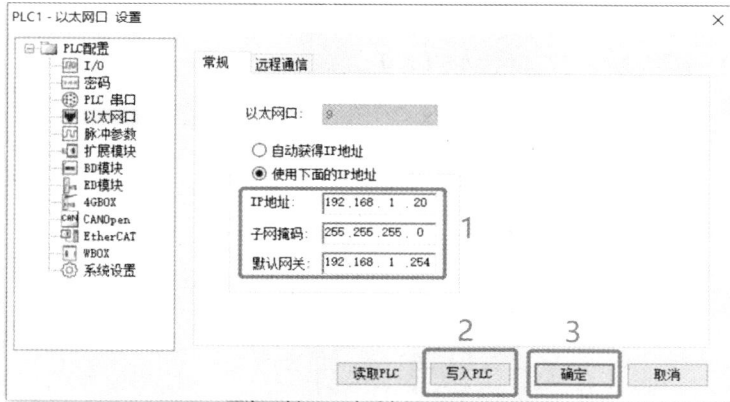

图 4-19　PLC 以太网口参数设置

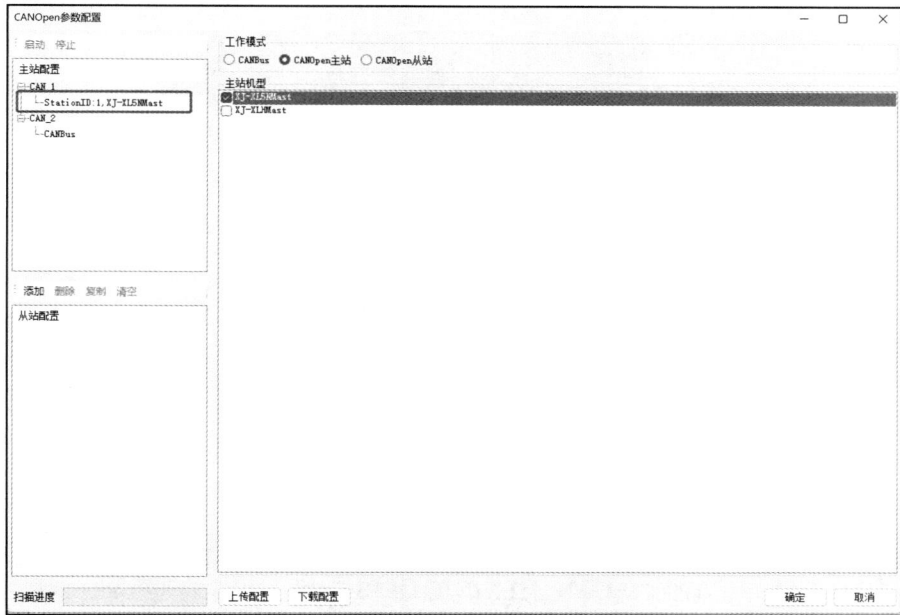

图 4-20　"CANOpen 参数配置"窗口

　　单击图 4-20 所示界面左侧的"StationID:1,XJ-XL5NMast"选项，在右侧弹出的"基础参数"界面中，单击"波特率"右侧的向下箭头，在打开的下拉列表中选择"500"，其他参数使用默认配置，如图 4-21 所示。

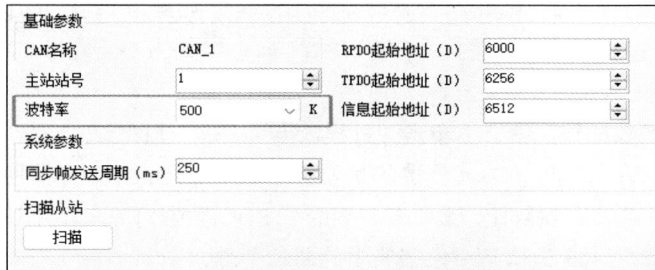

图 4-21　"基础参数"界面

（2）从站配置

单击"CANOpen 参数配置"窗口左侧"从站配置"上方的"添加"按钮，在弹出的"选择设备文件"窗口中，首先单击"XINJE-DF3E CAN Drive Rev1.0"，其次单击下方的"添加"按钮，最后单击"关闭"按钮，如图 4-22 所示。

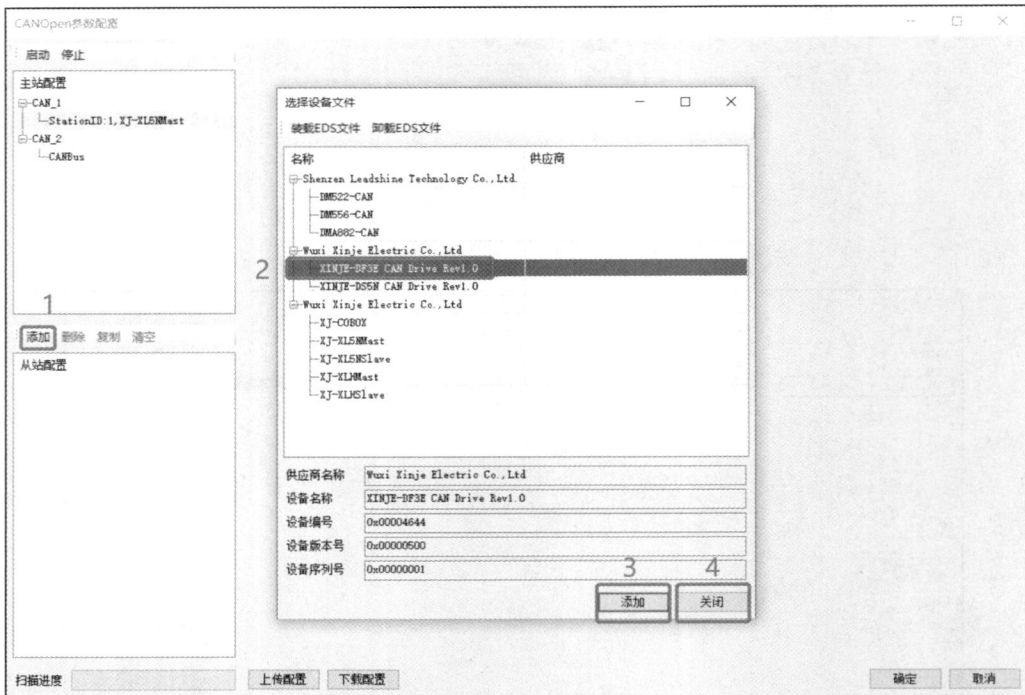

图 4-22　添加 CANOpen 从站

此时可以看到，"从站配置"下方多出了一个"—CAN_1:2,XINJE-DF3E CAN Drive Rev1.0"项目，这就是刚刚添加的 CANOpen 从站，如图 4-23 所示。

单击"从站配置"下方的"—CAN_1:2,XINJE-DF3E CAN Drive Rev1.0"，窗口右侧会自动弹出寄存器配置的界面，单击"常规"，在"常规"选项卡中可配置从站站号，可选择使用心跳保护、节点守护或都不使用，并配置心跳生产或守护间隔时间。本实例设置从站站号为 2，选择心跳保护功能并配置心跳生产时间为 500ms，如图 4-24 所示。

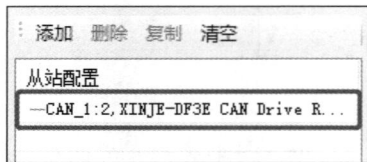

图 4-23　添加的 CANOpen 从站

由于配置的从站站号为 2，因此伺服驱动器的站号也应配置为 2，将伺服驱动器的拨码"2"向下拨置为 ON 即可完成配置，并将拨码"9""10"向下拨置为 ON 使得 CAN 的终端电阻有效，如图 4-25 所示。

在"CANOpen 参数配置"窗口下单击"过程数据"，在"过程数据"选项卡（见图 4-26）中，左侧框选的是 PLC 寄存器地址，中间框选的是要绑定的 CANOpen 寄存器地址，CANOpen 寄存器配置完成即可与 PLC 寄存器绑定。选项卡右侧的"TPDO 数据对象"索引 1800～1803 和"RPDO 数据对象"索引 1400～1403 为从站对象字典中的通信参数索引。

图 4-24　"常规"选项卡

图 4-25　伺服驱动器拨码

　　如图 4-27 所示，PLC 的"RPDO 数据对象"与伺服驱动器的"TPDO 数据对象"相对应；同理，PLC 的"TPDO 数据对象"与伺服驱动器的"RPDO 数据对象"相对应。可简单理解为，一个对象输出信号，当输出信号到达另一个对象时，可作为另一个对象的输入信号。

　　首先单击"过程数据"选项卡中的"RPDO 数据对象"，其次单击右侧"TPDO 数据对象"下的"1800"索引项（不勾选左侧的复选框），最后单击右侧下方的"添加"按钮，如图 4-28 所示。

　　在弹出的"选择 PDO 条目"对话框中，单击"6041"索引项，再单击"添加"按钮，即完成了"6041"索引项的添加，如图 4-29 所示。接着单击"6061"索引项，并再次单击"添加"按钮，最后单击"关闭"按钮。该对话框中的可选项即对象字典，可根据"索引:子索引"来判断索引的区域，2000～5FFF 为制造商特定子协议区域，可由制造商自定义内容；6000～9FFF 为标准的设备子协议区域，一般情况下内容不可修改。

图 4-26 "过程数据"选项卡

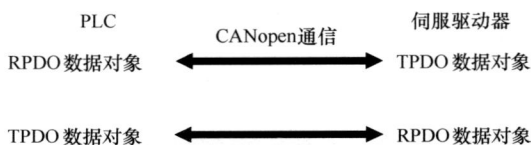

图 4-27 PLC 的数据对象与伺服驱动器的数据对象的对应关系

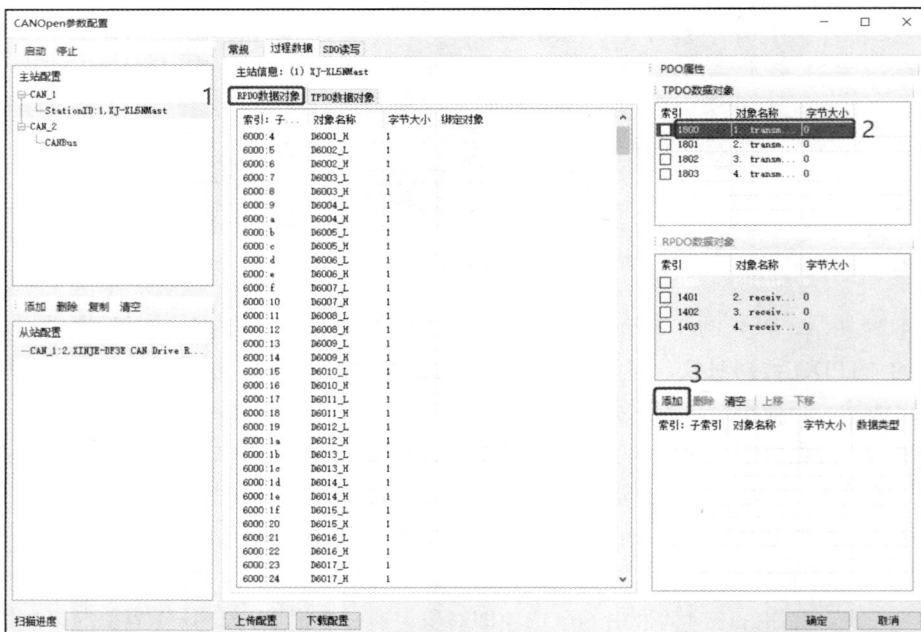

图 4-28 添加寄存器步骤

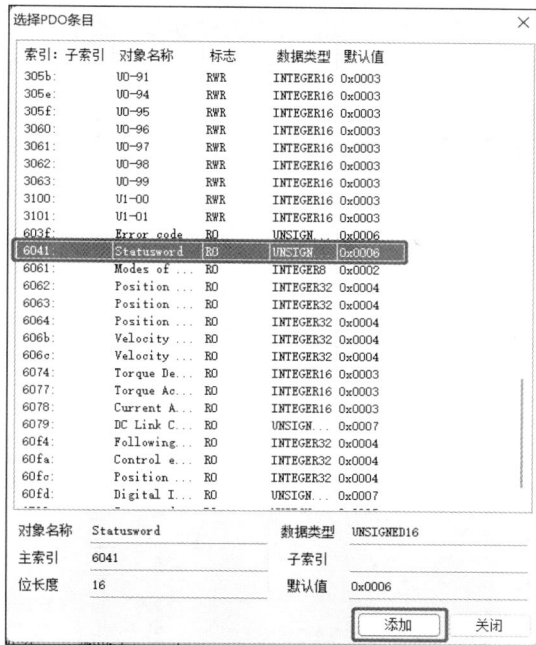

图 4-29　添加索引项

　　此时在右侧下方可以看到，已经添加了"6041"和"6061"两个索引的寄存器，如图 4-30 所示。

　　在"过程数据"选项卡中，勾选"TPDO 数据对象"栏目下的"1800"索引项对应的复选框，软件会将刚刚添加的驱动器寄存器与 PLC 寄存器绑定，如图 4-31 所示。

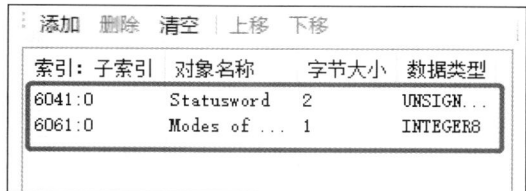

图 4-30　添加的寄存器

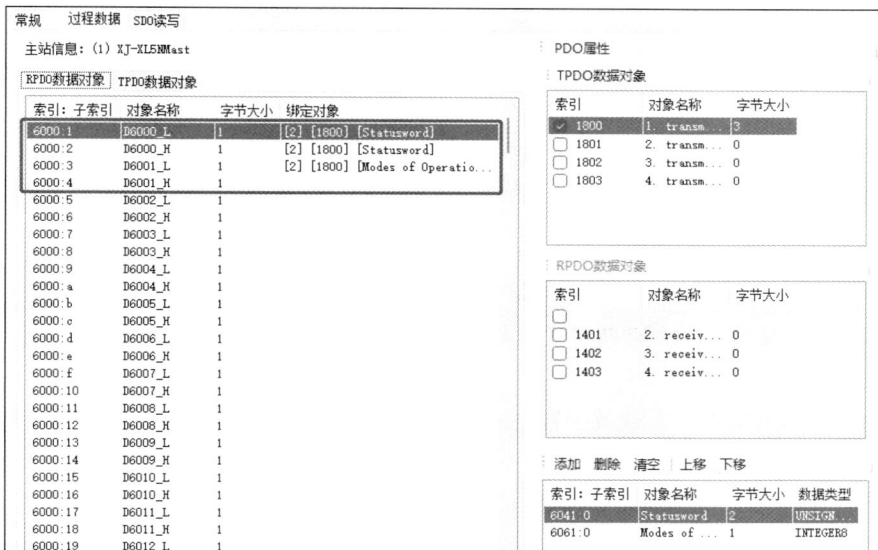

图 4-31　寄存器绑定

继续按照上述方式添加寄存器并将其与 PLC 寄存器绑定，PLC 的 "RPDO 数据对象" 所添加的驱动器寄存器索引如表 4-10 所示。配置 PLC 的 "RPDO 数据对象" 的最终效果如图 4-32 所示。

表 4-10　PLC 的 "RPDO 数据对象" 所添加的驱动器寄存器索引

RPDO 数据对象	驱动器寄存器	说明	单位
1800	0x6041	状态字	
	0x6061	模式查询	
1801	0x6063	内部实际位置	指令单位
	0x6064	位置反馈(电机实际位置)	指令单位
1802	0x606c	速度反馈	指令单位/s
	0x6077	实际转矩	
1803	0x60f4	实际跟随误差值	指令单位

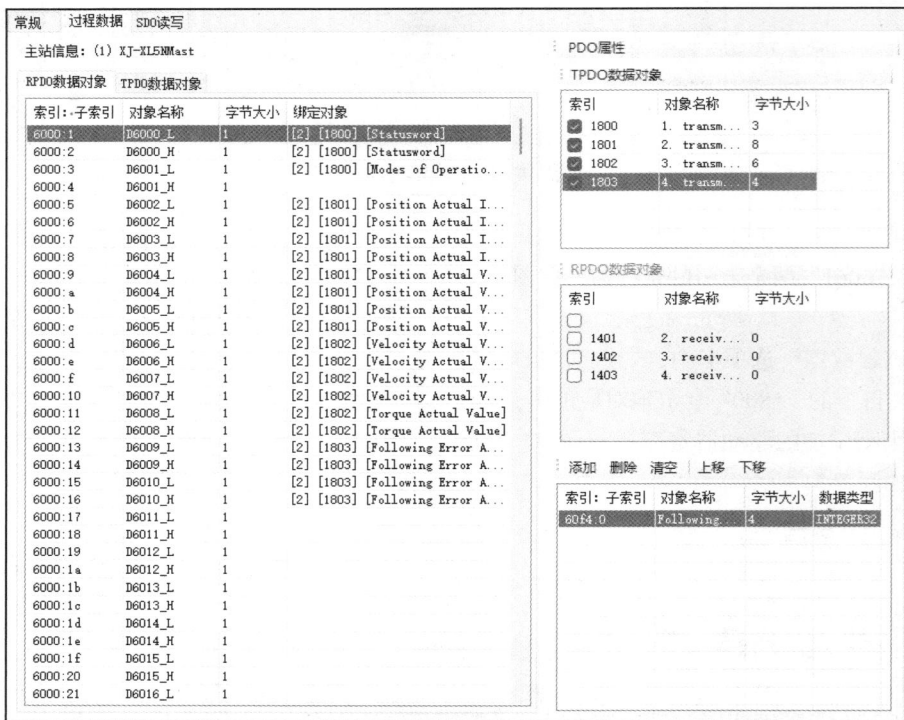

图 4-32　配置 PLC 的 "RPDO 数据对象" 的最终效果

接下来配置 PLC 的 "TPDO 数据对象"，方法同配置 "RPDO 数据对象" 是一样的，PLC 的 "TPDO 数据对象" 所添加的驱动器寄存器索引如表 4-11 所示。配置 PLC 的 "TPDO 数据对象" 的最终效果如图 4-33 所示。

至此，CANOpen 的通信参数就配置完成了。配置完成后在 "CANOpen 参数配置" 窗口中单击 "下载配置" 按钮，待配置下载完成后，单击 "确定" 按钮关闭窗口，如图 4-34 所示。

根据以上配置结果，驱动器寄存器与 PLC 寄存器的绑定关系及参数信息如表 4-12 所示。

表 4-11　PLC 的"TPDO 数据对象"所添加的驱动器寄存器索引

TPDO 数据对象	驱动器寄存器	说明	单位
1400	0x6040	控制字	
	0x6060	操作模式	
	0x607a	给定位置	指令单位
1401	0x6081	给定内部速度	指令单位/s
	0x60ff	给定速度	指令单位/s
1402	0x6083	内部加速度	指令单位/s^2
	0x6084	内部减速度	指令单位/s^2
1403	0x60c5	最大加速度	指令单位/s^2
	0x60c6	最大减速度	指令单位/s^2

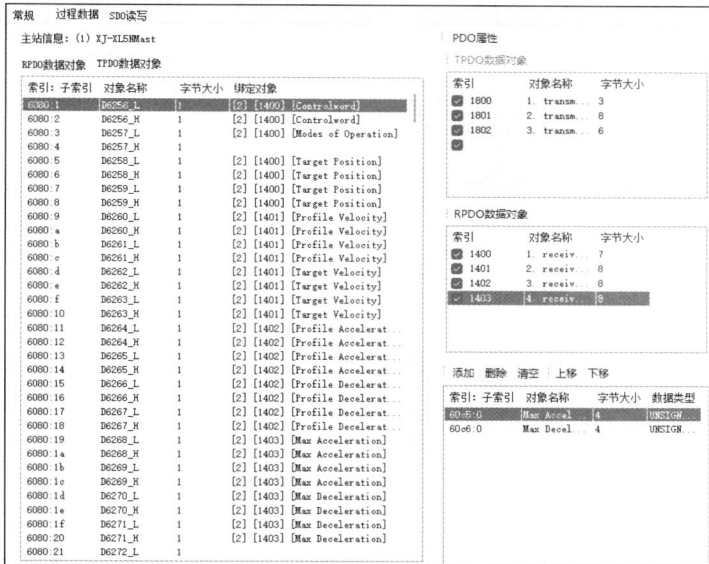

图 4-33　配置 PLC 的"TPDO 数据对象"的最终效果

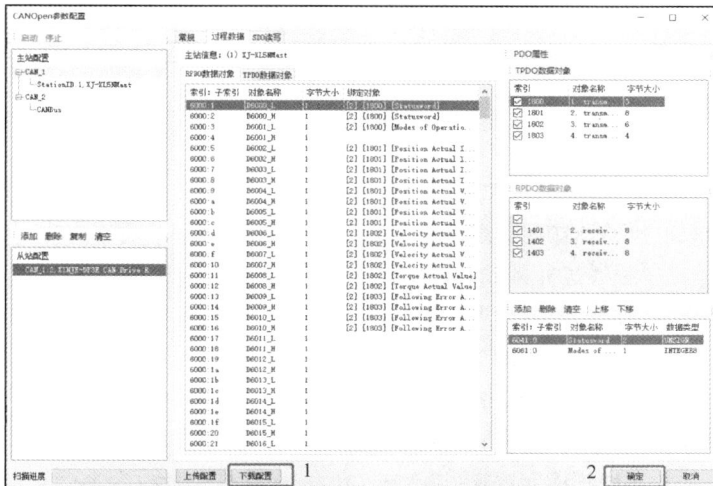

图 4-34　下载 CANOpen 参数配置

表 4-12　驱动器寄存器与 PLC 寄存器的绑定关系及参数信息

驱动器寄存器	PLC 寄存器	中文说明	英文说明	单位
0x6040	D6256	控制字	Controlword	
0x6060	D6257	操作模式	Modes of Operation	
0x607A	D6258	给定位置	Target Position	指令单位
	D6259			
0x6081	D6260	给定内部速度	Profile Velocity	指令单位/s
	D6261			
0x60FF	D6262	给定速度	Target Velocity	指令单位/s
	D6263			
0x6083	D6264	内部加速度	Profile Acceleration	指令单位/s²
	D6265			
0x6084	D6266	内部减速度	Profile Deceleration	指令单位/s²
	D6267			
0x60C5	D6268	最大加速度	Max Acceleration	指令单位/s²
	D6269			
0x60C6	D6270	最大减速度	Max Deceleration	指令单位/s²
	D6271			
0x6041	D6000	状态字	Statusword	
0x6061	D6001	模式查询	Mode of Operation Display	
0x6063	D6002	内部实际位置	Position Actual Internal Value	指令单位
	D6003			
0x6064	D6004	位置反馈（电机实际位置）	Position Actual Value	指令单位
	D6005			
0x606C	D6006	速度反馈	Velocity Actual Value	指令单位/s
	D6007			
0x6077	D6008	实际转矩	Torque Actual Value	
0x60F4	D6009	实际跟随误差值	Following Error Actual Value	指令单位
	D6010			

4.3.2　CANOpen 应用实例

本小节讲述的是信捷 PLC 通过 CANOpen 协议的 PDO 通信，分别以速度控制模式和位置控制模式控制信捷伺服电机的动作。速度控制模式通过模拟量的输入或脉冲的频率实现对转动速度的控制。位置控制模式一般通过外部输入的脉冲的频率来确定转动速度的大小，通过脉冲的个数来确定转动的角度。这两种模式是工业自动化领域最常用的伺服控制模式。以下是具体的代码及测试步骤。

1. 伺服电机运转（速度控制模式）

（1）PLC 代码编写

要伺服电机通过速度控制模式动作，需先配置控制模式设定寄存器 D6257，

微课

伺服电机运转
（速度控制模式）

控制模式设定对应关系如表 4-13 所示。因此本实验向模式设定寄存器 D6257 写入 3，对应速度控制模式。

表 4-13　控制模式设定对应关系

Bit（位）	控制模式
0	无控制模式分配
1	位置控制模式
3	速度控制模式
4	转矩控制模式
6	原点复位位置模式

在伺服电机了解以何种控制模式驱动后，需要通过控制字及状态字的配合使能并启动。控制字 D6256 的说明如表 4-14 所示，状态字 D6000 的说明如表 4-15 所示。首先向控制字 D6256 写入 6，即 Bit1，Bit2 被置为 1，伺服使能，状态字 D6000.0 被置为 1 表示伺服电机使能成功。伺服电机使能成功后，向控制字 D6256 写入 7，即 Bit0，Bit1，Bit2 被置为 1，向伺服电机发送启动信号，状态字 D6000.1 被置为 1 表示伺服电机接收启动信号成功，可执行操作。再向控制字 D6256 写入 15，即 Bit0，Bit1，Bit2，Bit3 被置为 1，伺服电机开始执行动作。应注意的是，需要配置 D6262～D6271 的给定速度、内部加速度、内部减速度等参数，默认速度为 0，即伺服电机不发生动作。且控制字的 Bit2 在动作期间需置为 1，置为 0 后伺服电机将减速停止。

表 4-14　控制字 D6256 的说明

Bit（位）	说明	描述
0	启动	置为 0：无效。置为 1：有效
1	电压输出	置为 0：无效。置为 1：有效
2	快速停止	置为 0：无效。置为 1：有效
3	允许操作	置为 0：无效。置为 1：有效
4	新的设置点	上升沿触发位置模式运行
5	立即有效	置为 1：正在运动的过程中，改变目标位置（607Ah）、内部加速度（6083）、内部减速度（6084），然后发送控制指令，会立刻按照新的运动参数运行
6	绝对/相对位置选择	置为 0：绝对位置模式。置为 1：相对位置模式
7	故障复位	用于可以复位清除的故障
8	停止复位	置为 1：停止运行，伺服电机减速停止
9～15	预留	

表 4-15　状态字 D6000 的说明

Bit（位）	说明	描述
0	准备启动	
1	启动	
2	允许操作	
3	错误、故障	
4	电压输出	
5	快速停止	

续表

Bit（位）	说明	描述
6	未启动	
7	无	未定义
8	非正常停止	运行过程中触发限位，或者减速停止有效
9	远程控制	置为 1：CANOpen 远程控制模式
10	位置/速度到达	置为 1：到达目标位置或速度
11	内部位置超限	置为 1：位置指令或反馈达到软件内部位置限制
12、13	无	未定义
14	运动参数为 0	置为 0：运动参数有效，必要参数全不为 0。 置为 1：必要参数至少有一个为 0，即给定速度、内部加速度及内部减速度 3 个参数至少有一个参数为 0
15	可触发应答	置为 0：当前运动未完成/不可打断，不可更新目标位置。 置为 1：当前运动已完成/可打断，可更新目标位置

PLC 以速度控制模式控制伺服电机的信捷 PLC 梯形图代码如图 4-35 至图 4-37 所示，先根据图示编写 PLC 梯形图代码并下载，再运行 PLC。

此代码初始给定控制模式、速度、内部加速度、内部减速度参数，并按上述流程写入控制字 D6256，即按顺序依次向控制字 D6256 写入 6→7→15，以伺服电机使能动作。向控制字 D6256 写入 0 可使电机停止运行。代码提供了速度加/减功能，在 HMI 上单击对应按钮后，将当前速度加/减 HMI 上设定的速度变化量，用得到的值覆盖当前速度，即可实现速度加/减的功能。

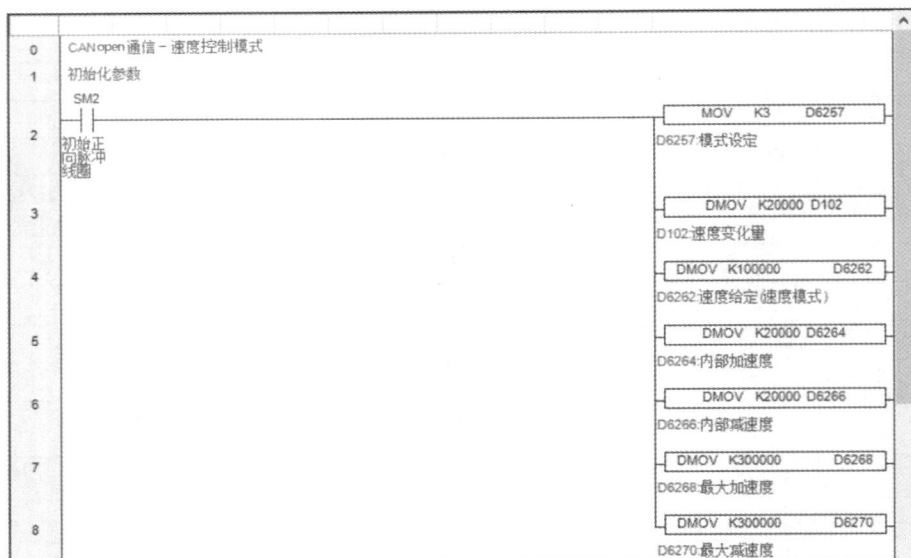

图 4-35　PLC 以速度控制模式控制伺服电机的信捷 PLC 梯形图代码（1）

（2）下载 PLC 程序

单击 " ⬇ " 按钮，PLC 程序进入下载流程。下载过程中会弹出一个对话框用于选择下载方式，单击 "在线下载" 按钮，如图 4-38 所示。

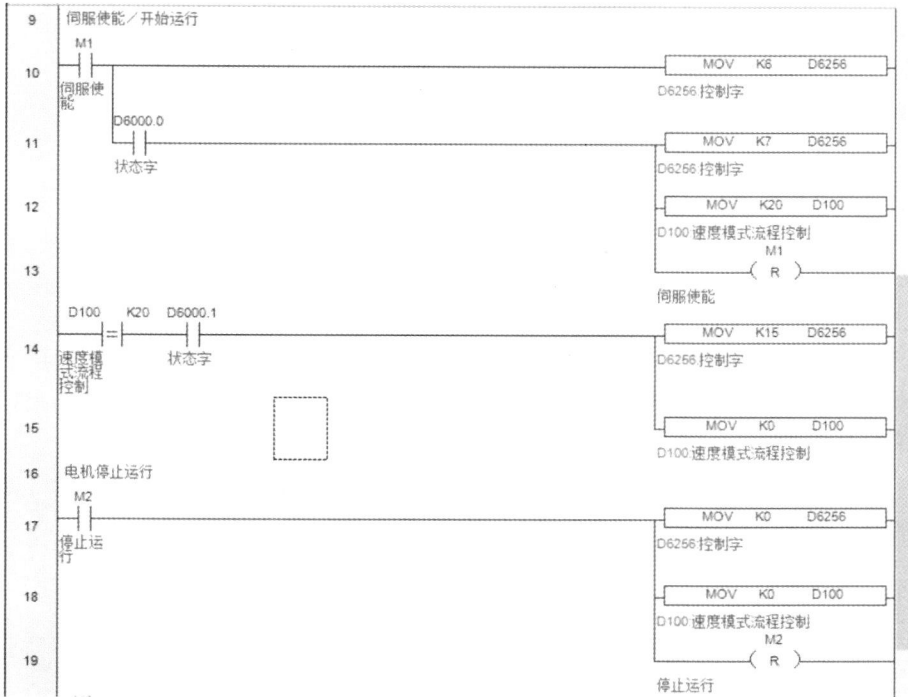

图 4-36　PLC 以速度控制模式控制伺服电机的信捷 PLC 梯形图代码（2）

图 4-37　PLC 以速度控制模式控制伺服电机的信捷 PLC 梯形图代码（3）

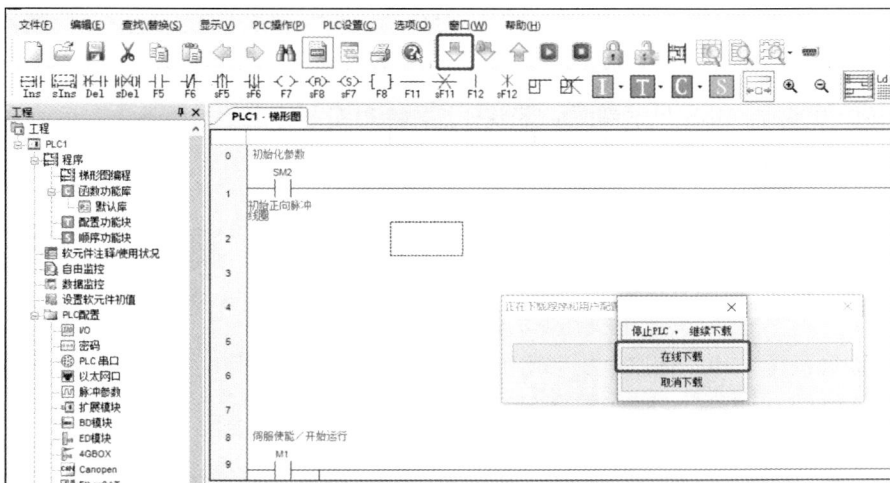

图 4-38　选择下载方式

选择下载方式后，选择需要配置的参数，在弹出的"下载用户配置"对话框中，取消勾选左下角的"选择所有"复选框（在 4.3.1 小节的步骤中已下载配置），单击"确定"按钮，等待下载完成，如图 4-39 所示。

导入程序后断电重启，PLC 会为各参数赋初始值。

（3）编译并载入 HMI 程序

打开 U 盘资料"04 DEMO 程序代码/ 02 CANOpen 程序/ 01 速度控制模式/HMI-速度控制模式"文件，按照 3.2.3 小节的方法配置 HMI 与本机在同一网段，并将本机与 HMI 用网线连接起来，编译 HMI 程序并通过以太网载入 HMI 程序，如图 4-40 所示。

图 4-39　下载用户配置

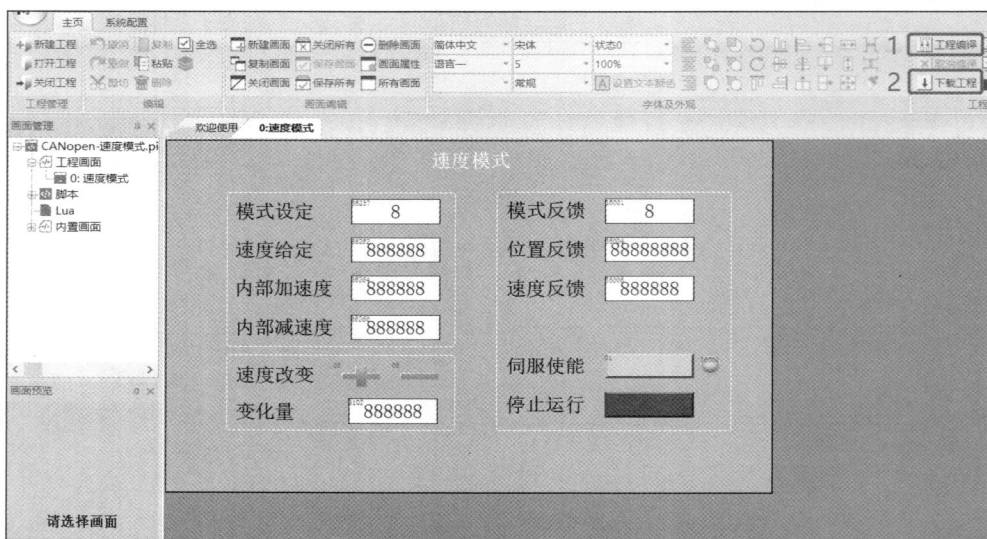

图 4-40　编译 HMI 程序并通过以太网载入 HMI 程序

（4）功能说明

载入 HMI 程序后，HMI 显示画面如图 4-41 所示。PLC 程序上给定了各参数初始值，若 HMI 显示画面上各参数初始值为 0，则表示 PLC 与 HMI 之间存在通信异常。

在图 4-41 所示画面中，各参数及按钮的功能说明如下。

模式设定　3：设定伺服电机动作的控制模式，1 为位置控制模式，3 为速度控制模式。

速度给定　100000：设定伺服电机动作的速度，单位为 P/s，即脉冲/秒。由于伺服电机采用 17 位编码器，因此伺服电机每转一圈所需的脉冲数为 $2^{17}=131072$，当设置速度给定为 131072 时，伺服电机每秒转动一圈。

内部加速度　20000：设定伺服电机动作的内部加

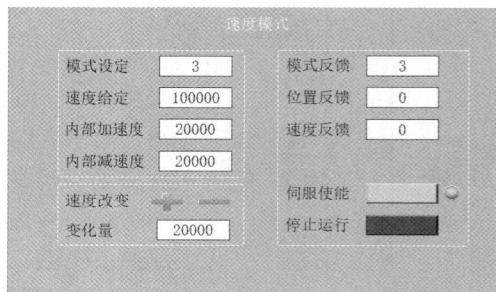

图 4-41　HMI 显示画面

速度，内部加速度设定越大，伺服电机由速度为 0 到最大速度的时间越短。

内部减速度 20000：设定伺服电机动作的内部减速度，内部减速度设定越大，伺服电机由当前速度到速度为 0 的时间越短。

速度改变 变化量 20000：可设定变化量，单击 "+" 按钮将当前速度给定加上变化量得到新的速度，单击 "–" 按钮将当前速度给定减去变化量得到新的速度。

模式反馈 3：反映伺服电机是否接收到 PLC 的指令，模式设定为 3 时，模式反馈也为 3，若模式设定与模式反馈不一致，则表示 PLC 与伺服电机之间的通信存在异常。

位置反馈 0：反映伺服电机当前位置。

速度反馈 0：反映伺服电机当前速度。

伺服使能 ：可通过单击该按钮触发伺服使能动作，并通过指示灯显示伺服电机使能状态，伺服电机处于使能状态时指示灯显示为绿色。

停止运行 ：单击该按钮后伺服电机停止运行。

（5）实训测试

单击 "伺服使能" 按钮，伺服电机以给定的速度开始动作，伺服使能指示灯显示为绿色。可以看到位置反馈在不断变化，实时反馈当前位置。速度反馈逐步趋于速度给定值，直到达到速度给定值时速度反馈趋于稳定。位置反馈及速度反馈在数值上会存在一定程度的波动，这是正常的现象，不影响伺服电机工作性能。伺服电机在速度控制模式下动作的 HMI 画面如图 4-42 所示。

图 4-42　伺服电机在速度控制模式下动作的 HMI 画面

在伺服使能的状态下，增大速度给定至 300000 后，单击 "停止运行" 按钮，伺服电机开始减速停止，直至速度为 0。整个减速停止的过程会持续一段时间，这是由于内部减速度过小，加大内部减速度至 300000 再次触发伺服使能并停止，可以看到伺服电机在短时间内立即停止，同理，加大内部加速度也可使伺服电机更快地达到速度给定值，这也是调整内部加/减速度的意义。在工业控制应用中，加大内部加/减速度可以使伺服电机移动相同距离的动作时长缩短，为满足生产周期的要求，一般情况下要尽可能加大内部加/减速度，但内部加/减速度过大会导致伺服电机动作出现异常甚至报错。减小内部加/减速度可以使伺服电机动作更加平滑，但整体的工作时长会增加。

在速度控制模式下，更改速度给定值至负数即可实现伺服电机反转。本实验在伺服使能状态下，更改速度给定值至–300000，伺服电机由正转减速变为反转。但要注意的是，即使是反转（速度给定值为负数），此时的内部加/减速度仍为正数。

2.　伺服电机运转（位置控制模式）

（1）PLC 代码编写

要驱动伺服电机通过位置控制模式动作，与速度控制模式类似，需要先设定模式，根据表 4-13，向模式设定寄存器 D6257 写入 1，设定为位置控制模式；再按顺序依次向控制字 D6256 写入 6→7→15，以此实现伺服使能并启动。与速度控制模式不同的是，在调试好位置给定、速度给定、内部加速度、内部减速度等参数后，还需

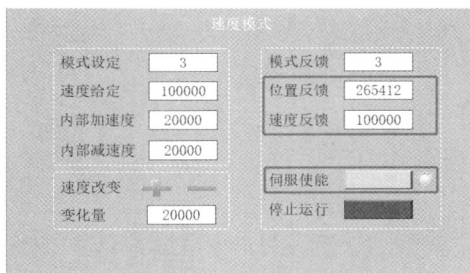

微课

伺服电机运转（位置控制模式）

111

修改控制字，以选定是执行相对位置运动还是绝对位置运动。修改控制字由 0x4F 到 0x5F 实现相对位置运动，由 0x0f 到 0x1f 实现绝对位置运动。

 PLC 以位置控制模式控制伺服电机的信捷 PLC 梯形图代码如图 4-43 至图 4-49 所示，先根据图示编写 PLC 梯形图代码并编译下载，再运行 PLC。

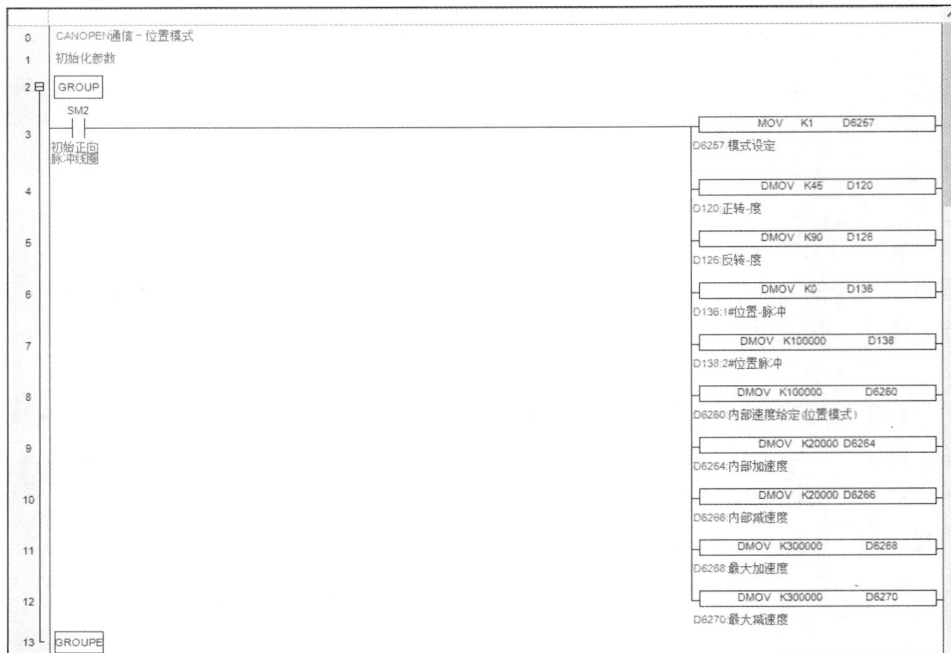

图 4-43　PLC 以位置控制模式控制伺服电机的信捷 PLC 梯形图代码（1）

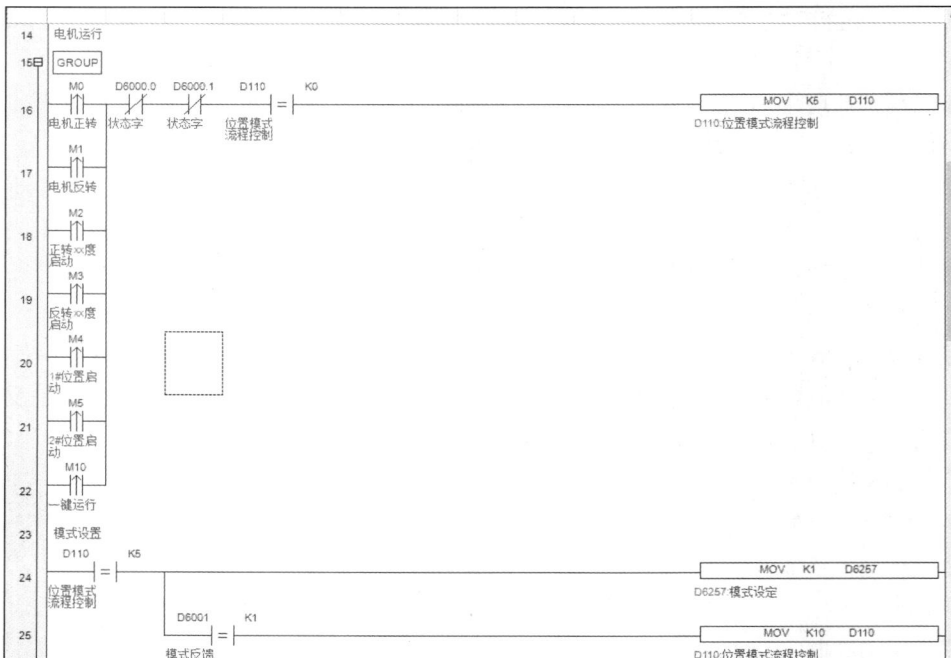

图 4-44　PLC 以位置控制模式控制伺服电机的信捷 PLC 梯形图代码（2）

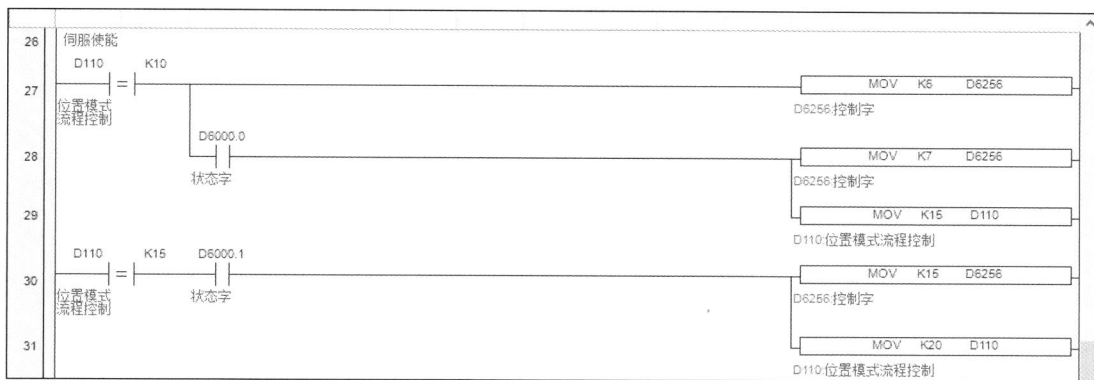

图 4-45　PLC 以位置控制模式控制伺服电机的信捷 PLC 梯形图代码（3）

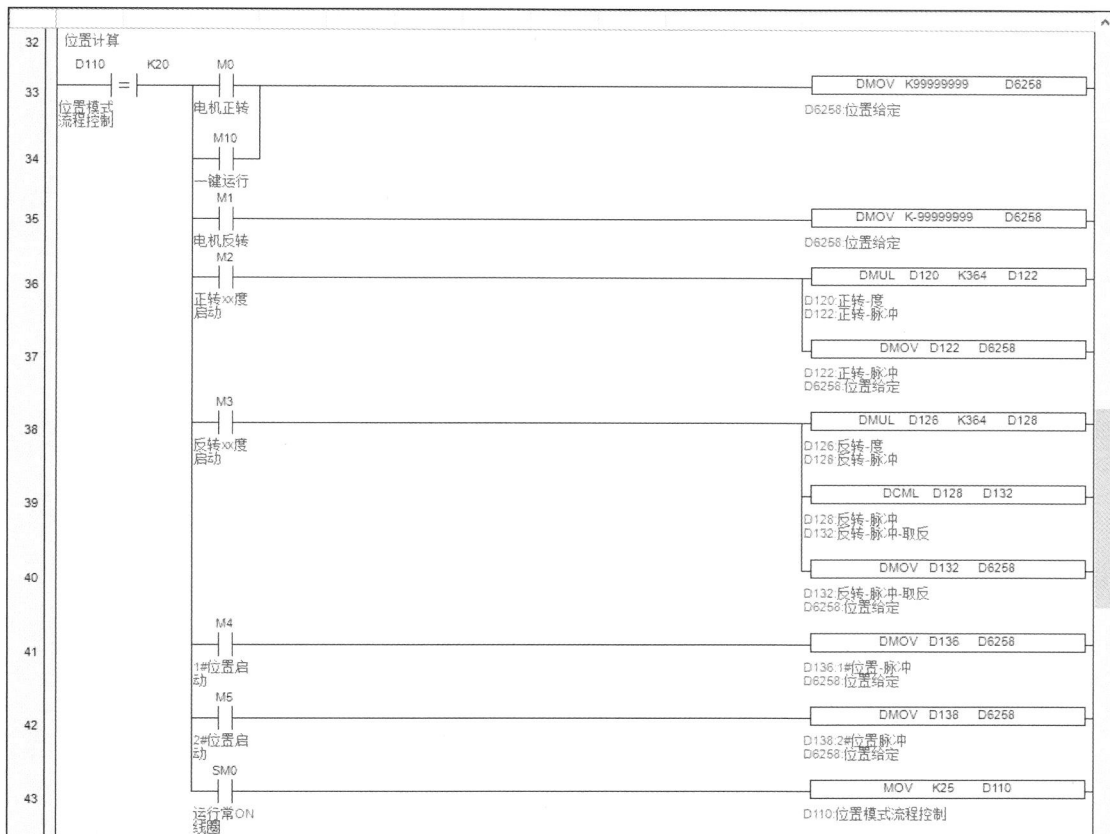

图 4-46　PLC 以位置控制模式控制伺服电机的信捷 PLC 梯形图代码（4）

（2）载入 HMI 程序

在 PLC 代码编写并下载完成后，打开 U 盘资料"04 DEMO 程序代码/ 02 CANOpen 程序/02 位置控制模式/HMI-位置控制模式"文件，按照 3.2.3 小节的方法配置 HMI 与本机处于同一网段，并将本机与 HMI 用网线连接起来，编译 HMI 程序并通过以太网载入 HMI 程序。

载入 HMI 程序后断电重启，PLC 会为各参数赋初值。

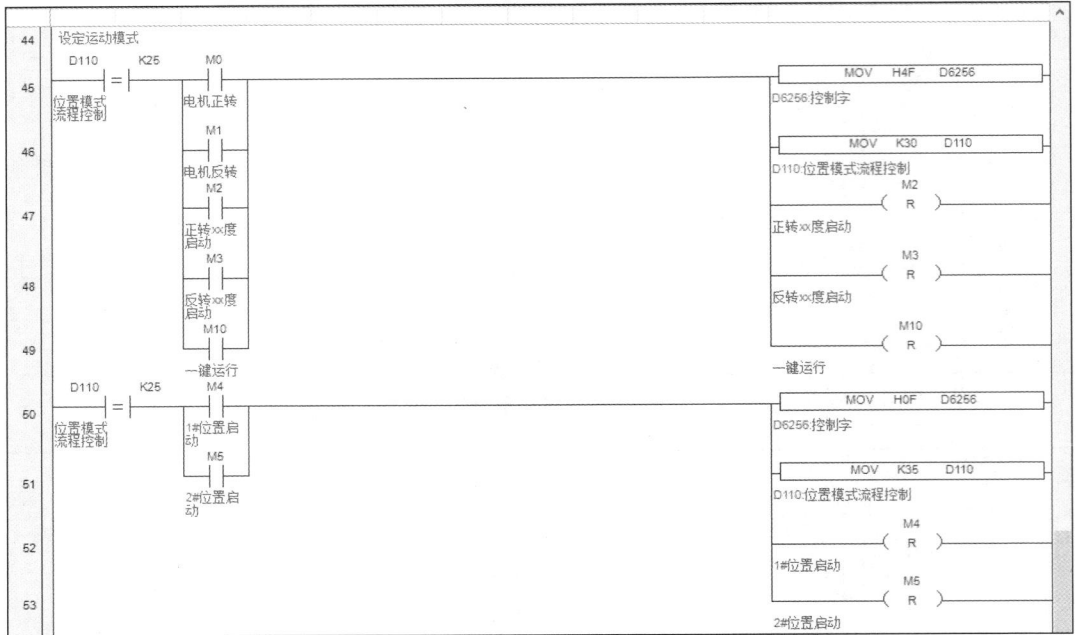

图 4-47　PLC 以位置控制模式控制伺服电机的信捷 PLC 梯形图代码（5）

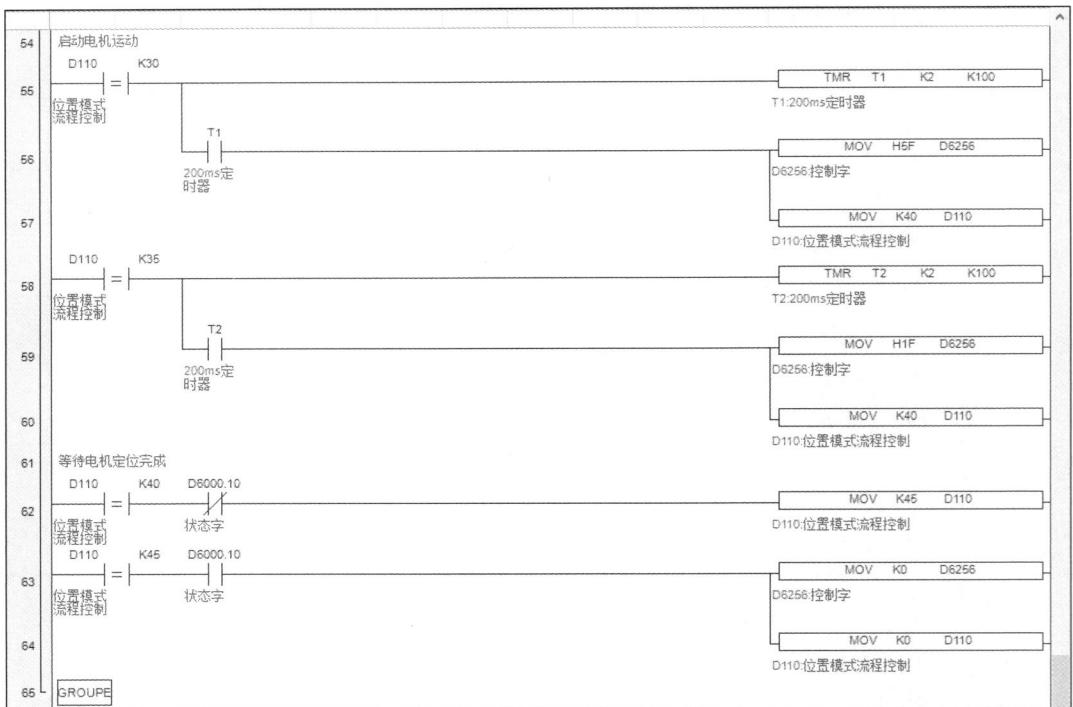

图 4-48　PLC 以位置控制模式控制伺服电机的信捷 PLC 梯形图代码（6）

（3）功能说明

载入 HMI 程序后，HMI 显示画面如图 4-50 所示。PLC 程序中给定了各参数的初始值，若 HMI 显示画面上各参数初始值为 0，则表示 PLC 与 HMI 之间存在通信异常。

```
66    电机停止运行
67┤  GROUP
        M11
68    ├─┤ ├────────────────────────────────────┤MOV  K0    D6256├
      电机停止                                    D6256控制字
      运行
        M0
69    ├─┤ ├─                                     ┤MOV  K0    D110├
      电机正转                                    D110:位置模式流程控制
        M1                                                      M2
70    ├─┤ ├─                                                  ─( R )─
      电机反转                                    正转xx度启动
                                                                M3
71                                                            ─( R )─
                                                  反转xx度启动
                                                                M4
72                                                            ─( R )─
                                                  1#位置启动
                                                                M5
73                                                            ─( R )─
                                                  2#位置启动
                                                                M10
74                                                           ─( R )─
                                                  一键运行
                                                                M11
75                                                           ─( R )─
                                                  电机停止运行
76    GROUPE
```

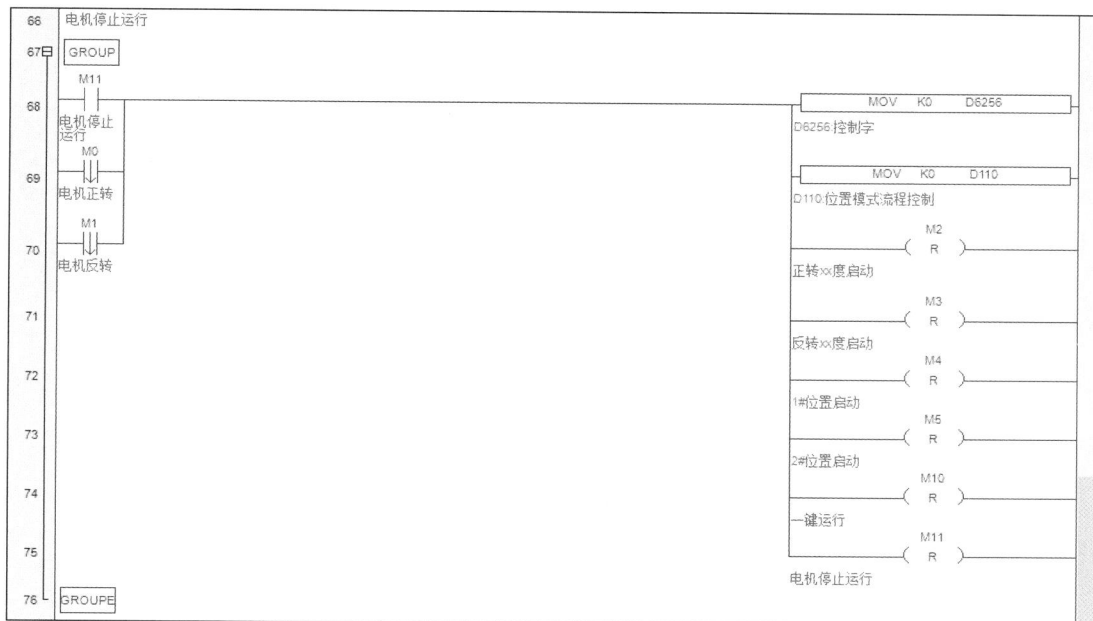

图 4-49　PLC 以位置控制模式控制伺服电机的信捷 PLC 梯形图代码（7）

在图 4-50 所示的画面中，电机正/反转、相对定位、绝对定位功能说明如下，其余功能与速度控制模式一致。

电机正转 电机反转：用于实现电机正/反转，当按下电机正/反转按钮后，电机以给定的速度向正/反方向运动，松开按钮后电机减速停止。

相对定位 正转 45 度 启动 反转 90 度 启动：可设定正/反转角度，并通过"启动"按钮实现相对定位功能，设定的正/反转角度是相对于当前位置的运动角度。与电机正/反转功能不同的是，单击"启动"按钮后可根据设定的角度定位到指定位置后才减速停止。

图 4-50　HMI 显示画面

绝对定位 1#位置 0 启动 2#位置 100000 启动：可设定定位位置，并通过"启动"按钮实现绝对定位功能，设定的定位位置是相对于原点的位置，要使用绝对定位需先建立原点。

（4）实训测试

设定相对定位正转角度为 45 度，并单击"启动"按钮，伺服电机从原点定位到位置反馈为 131072/ 360×45≈16384（伺服电机采用 17 位编码器，每转一圈需 131072 个脉冲）的定位点，如图 4-51 所示。

设定绝对定位的"1#位置"为 0，并单击"启动"按钮，伺服电机定位到"位置反馈"为 0 的定位点，如图 4-52 所示。

由此可直观地看出相对定位与绝对定位的区别：相对定位是相对于当前位置偏移一定的距离，绝对定位是相对于原点偏移一定的距离。

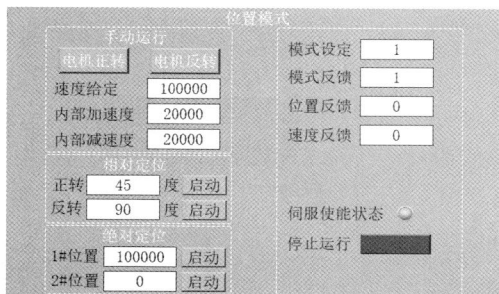

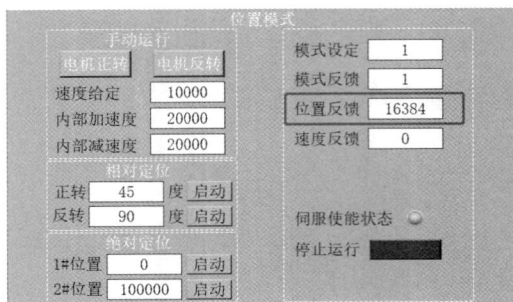

图 4-51　位置控制模式相对定位　　　　图 4-52　位置控制模式绝对定位

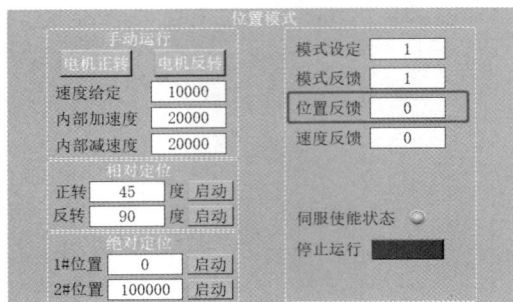

　　与速度控制模式不同的是，在位置控制模式下，伺服电机的正反转不由速度给定值的正负决定，而由当前位置与目标位置的相对关系决定，一般情况下位置控制模式的速度不得小于 0。

【项目小结】

　　本项目主要围绕 CAN 总线、CANOpen 基本概念、CANOpen 在运动控制中的应用进行教学，项目小结如图 4-53 所示。

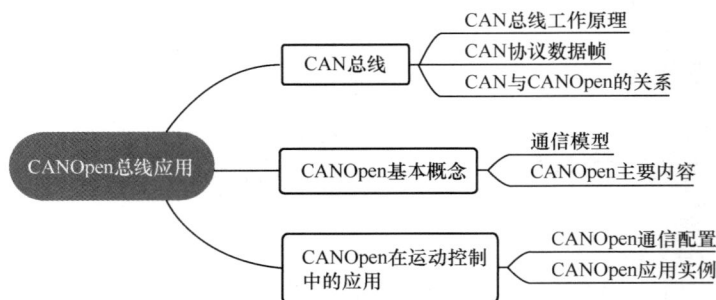

图 4-53　CANOpen 总线应用项目小结

【思考与练习】

　　1. 简述 CAN 与 CANOpen 的关系。
　　2. 用自己的话描述对象字典与服务数据对象（SDO）、过程数据对象（PDO）之间的关系。
　　3. 什么是相对定位？什么是绝对定位？两者的区别是什么？

项目5

PROFINET 网络构建与数据采集

【项目描述】

现场总线、工业以太网、工业无线网络是目前工业互联网领域中存在的 3 种主流通信方式，而且，工业以太网已成为现场总线技术的重要替代。PROFINET 是一种工业以太网协议，广泛应用于工业自动化领域，如汽车制造、机械制造、电子制造、化工等。它提供了一种实时、可靠、高效的通信方式，可满足工业现场高稳定性、高带宽、低延时等多种通信需求，支持灵活的拓扑形式、数据冗余和多种行业专用的规范协议。

【职业能力目标】

- 能够通过西门子 PLC 中的 PROFINET 协议读取 I/O 信号。
- 能够通过修改 GSD 文件更新设备模型配置。
- 能够通过 I-Device 通信主从站模式、远程 I/O 模式的软硬件搭建实现数据交换。

【学习目标】

- 熟悉 PROFINET 基本概念。
- 掌握 PROFINET IO 的软硬件搭建。
- 了解 GSD 文件及文件格式。
- 熟悉 I-Device 通信基本概念。

【素质目标】

通过学习工业以太网 PROFINET 的网络构建，紧扣智能化、网络化发展主题，引导学生注重提高创新思维、战略思维。

【知识链接】

5.1 PROFINET 基本概念

PROFINET 是一种全球领先的工业以太网技术，它为自动化系统提供了一种全新的、高效的总线标准，由国际组织 PI（PROFIBUS & PROFINET International）协会推出。

PROFINET 的开放性使得用户可以在丰富的应用场景下使用它。PROFINET 的设计和推广侧重于易用性，用户在不具有太完善的技术准备和太多的预算的情况下即可上手使用 PROFINET。PROFINET 很好地集成了现有系统，用户很容易从现有的 PROFIBUS 解决方案过渡到 PROFINET 解决方案。

PROFINET 使用故障安全通信的标准行规 PROFIsafe，用一个网络可以同时满足标准应用和故障安全方面的应用需求。PROFINET 支持驱动器配置行规 PROFIdrive，后者为电气驱动装置定义了设备特性和访问驱动器数据的方法，可以用来实现 PROFINET 上的多驱动运动控制通信。通过代理服务器，PROFINET 可以透明地与现有的 PROFIBUS 设备集成，以保护对现有系统的投资，并使现场系统顺利整合。

PROFINET 已广泛应用于汽车行业、食品饮料行业、烟草行业、物流行业等。在很长一段时间内，PROFINET 和 PROFIBUS 将会共存，PROFINET 不会完全取代 PROFIBUS，因为不是所有的工业场合都需要使用 PROFINET 这样先进的技术，PROFINET 更多应用在基础工业和需要使用复杂应用的工业场合。PROFINET 与 PROFIBUS 的区别如表 5-1 所示。

表 5-1　PROFINET 与 PROFIBUS 的区别

技术	最大传输速率	数据传输方式	网络拓扑结构	一致性数据范围	最大数据量	网段长度	主站个数	诊断功能	运动控制	设备的网络定位	使用成本
PROFINET	100Mbit/s	全双工	线型、星形、树形、环形	最大 254 字节	1400 字节	100m	无限制	标准以太网口/IT 工具	响应速度快	能	低
PROFIBUS	12Mbit/s	半双工	线型	最大 32 字节	254 字节	100m	多主站会影响速率	专用接口板/特殊工具	响应速度慢	不能	高

5.1.1　PROFINET 的组成和特点

PROFINET 采用基于通用对象模型（Common Object Model，COM）的分布式自动化系统，它规定了 PROFIBUS 与标准以太网之间开放、透明的通信，提供了一个包括设备层和系统层的系统模型，独立于制造商。

PROFINET 采用"以太网+TCP/IP"作为底层的通信模型，结合 TCP/IP 和应用层的 RPC/DCOM 进行节点之间的通信和网络寻址。它可以同时与传统 PROFIBUS 总线系统和新型的智能现场设备挂接。现有的 PROFIBUS 网段可以通过一个代理设备连接到 PROFINET 网络中使用。传统的 PROFIBUS 设备通过代理与 PROFINET 上的 COM 对象通信，并通过对象链接与嵌入（Object Link and Embedding，OLE）自动化接口实现 COM 对象之间的调用。目前，这些协议还仅用于企业综合自动化网络的中上层通信，是各种现场总线与以太网集成的一种手段。

PROFINET 主要有以下两种通信方式。

（1）PROFINET IO：用于实现控制器与分布式 I/O 之间的实时通信。

（2）PROFINET CBA：用于实现分布式智能设备之间的实时通信。

1.　PROFINET IO

目前提到的 PROFINET 通常指的是 PROFINET IO 通信。PROFINET IO 主要用于工业自动化中分布式系统的控制，在使用它的系统中，设备的角色可以分为 3 类，分别是 I/O 控制器、I/O 设备、I/O 监视器。

- I/O 控制器：PROFINET IO 系统的主站，用以执行自动化控制任务，如与 I/O 设备交换数据、执行用户程序、处理与分析数据等。常见的设备包括 PLC 等。
- I/O 设备：PROFINET IO 系统的从站，一般是现场设备，即分布于现场用于获取数据的模块、传感器及执行机构。受 I/O 控制器的控制及监控，一个 I/O 设备可能包括数个模组或子模组。常见的设备包括驱动器等。
- I/O 监视器：用以组态、编程、下载及诊断个别模组的状态。常见的设备包括 PC、HMI 设备等。

I/O 控制器与 I/O 设备建立连接后，通信双方以生产者及消费者的身份进行实时数据交换。顾名思义，生产者即数据发送方，消费者即数据接收方。I/O 控制器与 I/O 设备都具有既要收数据又要发数据的属性，它们兼具了生产者和消费者双重身份。

I/O 控制器在以生产者的身份运行时，以定义的更新周期将输出数据传输给消费者 I/O 设备；I/O 设备作为输出数据的消费者，启用看门狗以监控接收的数据。I/O 设备在以生产者的身份运行时，同样以定义的更新周期将输入数据传输给消费者 I/O 控制器；I/O 控制器作为输入数据的消费者，也启用看门狗监控接收的数据。消费者在定义的看门狗时间内未接收到生产者发送的数据时，将输出一个通信故障报警，解除当前通信连接，不再进行实时数据传输。此后，I/O 控制器将不断尝试与 I/O 设备重新建立连接，连接建立成功后才可重新进行实时数据传输。

PROFINET IO 提供的设备模型与 PROFIBUS 提供的相同，通过相同的工程系统（如 STEP 7）对设备进行组态，并采用通用站点描述（Generic Station Description，GSD）文件描述属性。现场将 I/O 设备连接至一个 I/O 控制器进行组态。通过具有代理功能的 PROFINET 设备（如 IE/PB 链接器）将现有的 PROFIBUS 系统无缝地集成到 PROFINET 中，以对现有系统加以保护，如图 5-1 所示。

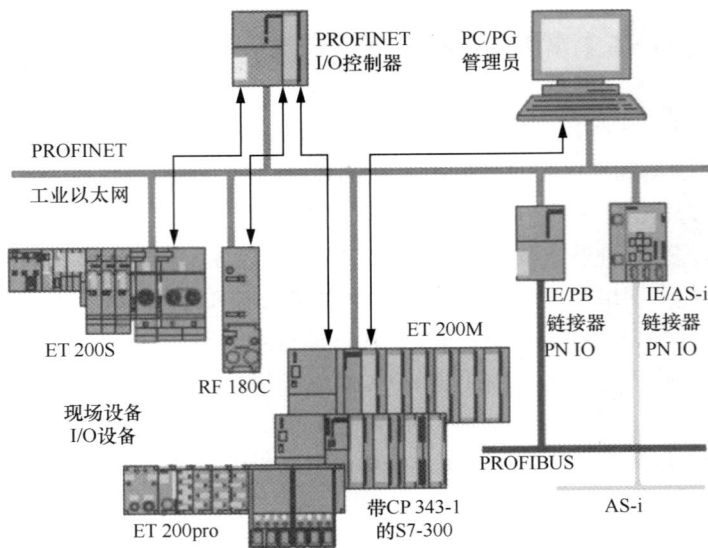

图 5-1　将现有的 PROFIBUS 系统集成到 PROFINET 中

2．PROFINET CBA

PROFINET CBA（Component-Based Automation，基于组件的自动化）在组件中使用统一的通信接口，将不同的控制系统打包为标准组件，它适用于设备及系统之间的通信。PROFINET IO 将现场设备及控制器建立连接，进行数据交换，PROFINET CBA 则提供了多个 I/O 系统之间的标准接口，可以组成更大的系统。

PROFINET CBA 的优势在于设备系统模块化使其操作简单，封装设备使其通信简单，通过 PROFINET 标准它可以在全网范围内直接访问过程数据。它很好地降低了生产制造中多供应商、多控制平台并存而引发的系统复杂性。目前，PROFINET CBA 已经过时，不须赘述。

5.1.2　PROFINET 的优势

PROFINET 具有与同类技术相比最佳的诊断机制，其报警设备、HMI 屏幕、专用工具和标准 IT 协议都可以用于防止停机并协助进行故障排除。PROFINET 在其他方面的优势如下。

- Web 功能的集成：允许通过以太网访问 PROFINET 设备，PROFINET 选择超文本传送协议（Hypertext Transfer Protocol，HTTP）、超文本标记语言（Hypertext Markup Language，HTML）和可扩展标记语言（Extensible Markup Language，XML）等标准技术。设备信息、诊断及报告功能将通过统一的站点进行定义，无须借助工程工具即可轻松查询并识别错误。
- IT 集成：NMT 涵盖了在以太网中进行 PROFINET 设备管理的所有功能，包括设备和网络组态、网络诊断。在 Web 集成方面，PROFINET 采用基于以太网的技术，并且 PROFINET 组件可通过互联网的标准技术访问。
- 网络拓扑：对于组网单元的需求，PROFINET 提供的网络拓扑有线型、星形、树形和环形结构。实际的系统是混合结构，可通过铜缆或光缆构成。

- 网络安装：根据工业环境对以太网的特殊要求，PROFINET 网络安装为设备制造商制定了清洗设备接口规范及布线要求。"PROFINET 安装导则"向设备制造商/操作人员提供了关于以太网网络安装的简单规则。

5.1.3　PROFINET 的主要功能

PROFINET 是一个针对不同需求的完整解决方案，其功能包括 8 个主要的模块，依次为实时通信、分布式现场设备、运动控制、分布式智能、网络安装、IT 标准&安全、故障安全和过程自动化，如图 5-2 所示。

1.　实时通信

在 PROFINET IO 系统中，I/O 设备和 I/O 监视器之间交换的数据可以分为标准数据和实时数据。常见的标准数据包括监视器读取的诊断参数、对设备进行的参数配置等。实时数据主要是 I/O 控制器与 I/O 设备之

图 5-2　PROFINET 主要功能

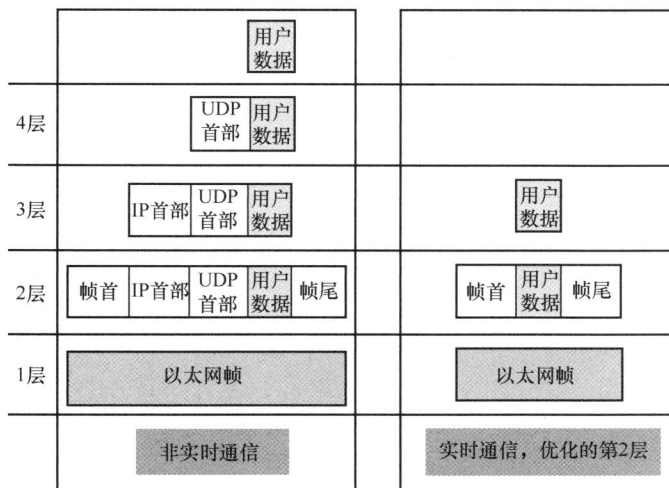

间的循环数据。实时通信分为非同步实时通信（Real Time Communication，RT）和同步实时通信（Isochronous Real Time Communication，IRT）。另外，PROFINET 还可支持 TCP/IP 标准通信。

PROFINET 实时通信在极大程度上将数据帧的长度缩短，它抛弃了 TCP/IP 或用户数据报协议/互联网协议（User Datagram Protocol/Internet Protocol，UDP/IP）部分，使得数据在通信栈的处理时间大大缩短。它采用 IEEE 802.3 优化的第 2 层协议，通过软硬件结合的方式实现协议栈的构建，从而满足不同实时性等级的要求。路由功能因未使用第 3 层协议而无法得到应用。但凭借 MAC 地址，PROFINET 实时通道将各个站点之间的响应时间大大缩短，保证了各站点之间能够在严格要求的时间间隔内完成传输任务。非实时通信和实时通信的模型如图 5-3 所示。

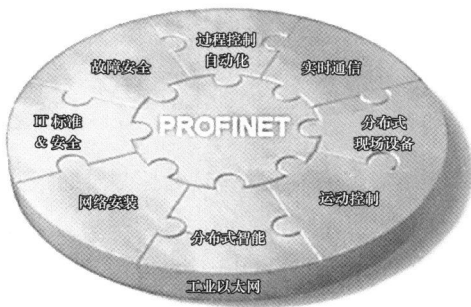

图 5-3　非实时通信和实时通信的模型

（1）RT 通信

RT 通信是目前工业自动化使用最广泛的 PROFINET IO 通信方式。现在，系统对传感器和执行机构的要求更为严格，要求双方之间数据交换的响应时间在 5～10ms 的范围内，目前现场总线技术（如 PROFIBUS-DP）可以达到这个响应时间。

PROFINET 基于工业以太网技术，其报文是以太网报文，由于使用标准通信栈来处理过程数据包，因此需要很可观的时间。对此，PROFINET 提供了一个优化的、基于以太网第 2 层的实时通信通道，它不会将正在发送的数据帧打断，导致数据在网络节点的传输过程中出现延时。该实时通道的应用极大程度地减少了数据在通信栈中的处理时间，因此，PROFINET 在实时性能方面已经等同甚至超越传统现场总线系统，它已经可以满足工业领域 90%以上的应用需求，例如汽车、机械加工等行业。但如果对响应时间要求更为严格的话，就需要选择 IRT 通信。

（2）IRT 通信

在工业控制现场，运动控制对通信实时性要求最高，PROFINET IRT 通信可在 100 个节点下，实现响应时间小于 1ms，抖动误差小于 1μs，能够满足运动控制精准且高速的通信需求。

I/O 控制器和 I/O 设备是否支持 IRT 通信由设备制造商决定，并不要求所有的 I/O 设备都必须支持 IRT 通信，但支持 IRT 通信功能的 I/O 设备通常需要满足更高的硬件要求。

如图 5-4 所示，IRT 通信对时钟同步的要求颇为严格。所有参与 IRT 通信的设备会组成一个 IRT 域，并且在同一个域内所有参与 IRT 通信的设备使用同一个时钟，即与主时钟同步，通常这个主时钟选择 I/O 控制器，也可以选择 I/O 设备。不同的 IRT 域之间不能进行同步数据通信。同一 I/O 系统中的 IRT 设备只能属于同一个 IRT 域，不能分属两个 IRT 域，且 IRT 帧只能在同一个 IRT 域内进行数据交换，不能跨域进行。IRT 域仅对支持 IRT 通信的设备（包括 IRT 交换机）开放。

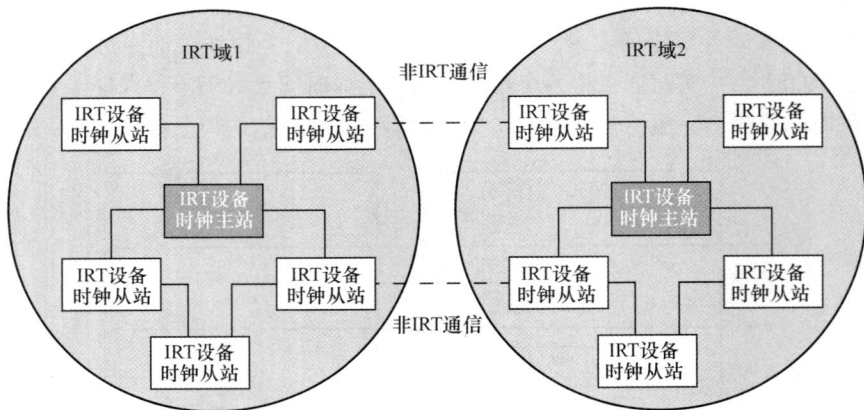

图 5-4　PROFINET IRT 域和时钟同步

（3）TCP/IP 标准通信

PROFINET 基于工业以太网技术，采用 TCP/IP 和 IT 标准。TCP/IP 标准通信的响应时间大约为 100ms，相较于实时通信来说响应时间较长，但也基本能够满足工厂控制级的应用需求。它面向过程自动化。

2. 分布式现场设备

分布式现场设备可以通过集成 PROFINET 接口直接连接到 PROFINET 上。

目前的现场总线系统可以透明地通过代理服务器实现与 PROFINET 的连接。例如，PROFIBUS 网络可以通过 IE/PB 链接器（PROFINET 和 PROFIBUS 之间的代理服务器）透明地集成到 PROFINET 当中。PROFINET 保留了 PROFIBUS 丰富的设备诊断功能。对于其他类型的现场总线，同样可以利用这种方式，通过代理服务器将现场总线网络接入 PROFINET 当中。

3. 运动控制

PROFINET 的 IRT 功能使伺服运动控制系统的控制变得易于实现。

在 PROFINET IRT 通信中，每个通信周期被分成两个不同的部分：一个是实时通道，它是循环的、确定的部分；另一个是标准通道，标准的 TCP/IP 数据的传输在这个通道内进行。

在实时通道中，为实时数据预留了固定循环间隔的时间窗，实时数据始终按照固定的顺序插入，因此，实时数据以固定的时间间隔传输，循环周期内其余的时间用于传输标准的 TCP/IP 数据。两种不同类型的数据可以同时在 PROFINET 上互不干涉地进行传送。凭借独立的实时数据通道，伺服运动控制系统得到了可靠的控制。

4. 分布式智能

随着现场设备智能程度的持续提高，自动控制系统的分散程度逐步提高。工业控制系统由原来的分散式自动化向分布式自动化发展。工厂内具有独立工作能力的工艺模块被抽象为一个封装好的组件，如机械部件、电气/电子部件和应用软件等，各组件之间通过 PROFINET 连接起来。

运用模块化这一成功理念能够明显缩短机器与工厂建设中的组态与调试时间。此外，在使用分布式智能系统或可编程现场设备、驱动系统和 I/O 时，能够将模块化理念扩展并应用在机械应用上，把机械应用扩展成自动化解决方案。同时，生产线上的一台机器也可以定义为生产线或流程的"标准模块"。工艺模块化对于设备和工厂设计人员来说意味着能够更轻易、更好地将设备及车间系统标准化并再利用，使其能够更快速、更灵活地响应不同的客户需求。这是由于设备和厂区能够提前进行预测试，在很大程度上缩短了系统调试时间。系统操作人员同样能够受益于 IT 标准的通用通信，能够更轻易地扩展现有系统。

5. 网络安装

在 PROFINET 网络中，CPU、分布式 I/O 站点作为"点"；连接 CPU 及分布式 I/O 站点的通信线路作为"线"。这些点和线通过交换机的连接搭建出一个 PROFINET 网络。PROFINET 网络的拓扑结构根据连接方式的不同可分为 4 种，分别是线型拓扑结构、星形拓扑结构、树形拓扑结构和环形拓扑结构。

（1）线型拓扑结构

线型拓扑结构是将 PROFINET 设备依次尾首相连，所有设备连接到一条连接介质上。

目前，大多数现场总线（如 PROFIBUS）都采用线型拓扑结构。PROFINET 网络通过交换机建立连接，形成线型拓扑结构。交换机既能用作独立的外围设备，也能用作网络集成。图 5-5 所示为交换机作为网络集成组成的 PROFINET 网络线型拓扑结构。

图 5-5　PROFINET 网络线型拓扑结构

线型拓扑结构的优点是：结构简单，成本低；所需电缆数量少，线缆长度短，易于布线和维护；多节点共用一个信道，信道利用率高。

线型拓扑结构的缺点是：难于增设或删减节点；网络中一个节点的故障将影响到整个网络的运行，且故障节点不容易定位找出，不适用于大型网络。

（2）星形拓扑结构

将 PROFINET 各个设备集成到交换机上，通过交换机将各个设备连接起来，就组成了星形拓扑结构。星形拓扑结构作为 PROFINET 网络的典型拓扑结构，也是现代计算机网络中使用最广泛的结构。在星形网络中，交换机作为网络核心，所有 PROFINET 设备都需连接至交换机。图 5-6 所示为 PROFINET 网络星形拓扑结构。

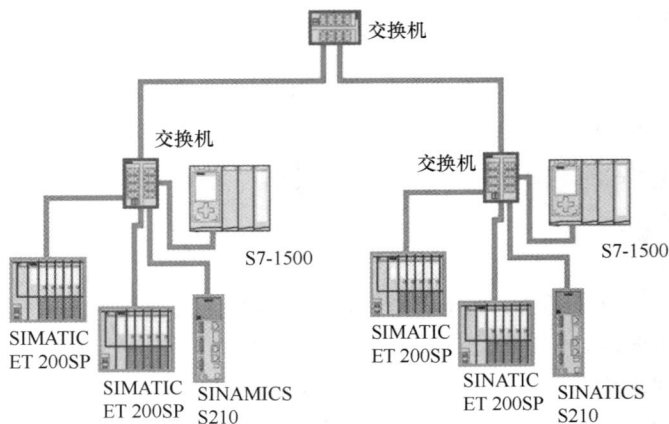

星形拓扑结构的优点是：易于增设或删减节点；网络中一个节点的故障不会影响到整个网络的运行；易于管理、诊断及监控。

星形拓扑结构的缺点是：布线复杂、成本高；交换机作为网络核心，一旦故障将导致整个网络瘫痪。

图 5-6　PROFINET 网络星形拓扑结构

（3）树形拓扑结构

树形拓扑结构同样以交换机作为网络核心，将几个星形拓扑结构通过交换机连接起来就构成树形拓扑结构。图 5-7 所示为 PROFINET 网络树形拓扑结构。

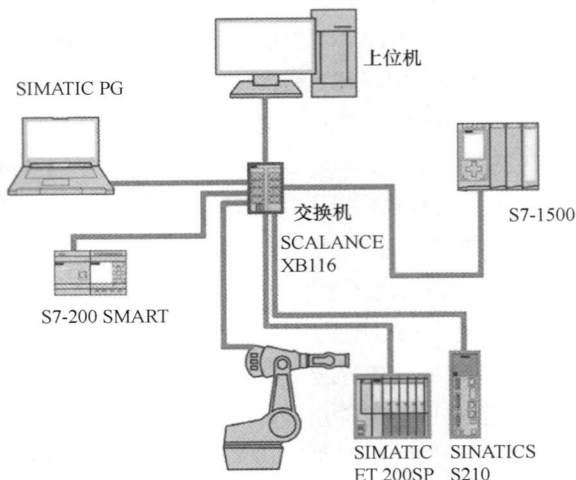

图 5-7　PROFINET 网络树形拓扑结构

树形拓扑结构具有星形拓扑结构的所有优点，同时还具有层次清晰、可靠性高、安全性高的特点，被广泛应用在工厂及企业的网络搭建中。同时，它也具有星形拓扑结构的缺点，即交换机故障将导致分支网络甚至整个网络瘫痪；布线复杂、成本高等。

（4）环形拓扑结构

环形拓扑结构类似于线型拓扑结构，它在线型拓扑结构的基础上将其首尾相连，组成一个封闭的环。

环形拓扑结构的信息传输方向是单向的，且同一时间内只能有一个节点发送数据。由于所有节点都能申请发送数据，这时就需要一个手段加以限制，保证网络中的节点请求不冲突，通常会使用令牌作为限制手段。

环形拓扑结构具有与线型拓扑结构相同的优缺点。它的优点在于布线简单、线路短、成本低，缺点在于单节点故障会导致整个网络瘫痪，难于增设或删减节点。环形网络实际应用场合不多，比较典型的应用是构成冗余环网。图 5-8 所示为两个 S7-1500 CPU 构成的 PROFINET 网络环形拓扑结构。

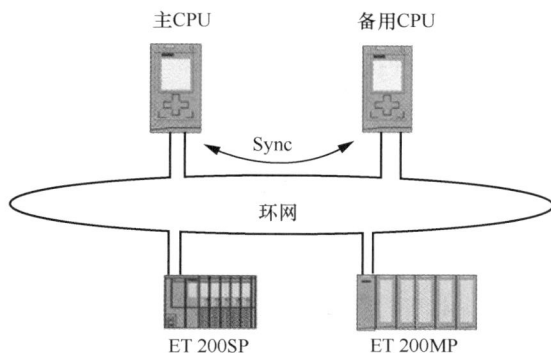

图 5-8　PROFINET 网络环形拓扑结构

这两个 CPU 一个作为主 CPU，另一个作为备用 CPU。在主 CPU 未发生故障时，由它主导执行控制程序，同时同步数据给备用 CPU。当主 CPU 发生故障时，备用 CPU 可接管主 CPU 的工作，主导执行控制程序。

6. IT 标准&安全

PROFINET 能够同时传输实时数据和标准的 TCP/IP 数据。各种成熟的 IT 标准服务［如 HTTP、HTML、简单网络管理协议（Simple Network Management Protocol，SNMP）、动态主机配置协议（Dynamic Host Configuration Protocol，DHCP）和 XML 等］都能够在其传递 TCP/IP 数据的公共通道中使用。在使用 PROFINET 时，能够通过这些 IT 标准服务提高整体网络的管理及维护水平，这也将降低调试及维护的成本。

PROFINET 实现了从现场到管理层的纵向通信集成。一方面，管理层能够更轻易地获取现场的数据。另一方面，原本存在于管理层的数据安全性问题也延伸到了现场。PROFINET 提供了特定的安全机制保障现场控制数据的安全性。通过使用专用安全模块保护自动化控制系统，最大限度地降低自动化通信网络的安全风险。

7. 故障安全

故障安全是过程自动化领域中非常重要的概念。故障安全是指系统在出现故障时，能够复原到安全状态。这里的安全有两层含义：一层含义是操作人员的安全，另一层含义是系统的安全。在过程自动化领域中，系统的故障很容易导致整个过程控制系统瘫痪。故障安全机制的作用是将已经瘫痪的系统自动复原回安全状态，从而保证操作人员和整个过程控制系统的安全。

提到故障安全就不得不提到诊断判断及预测性维护，它们可以预防故障的发生，有效地保障操作人员及整个过程控制系统的安全，并极大程度地提高生产效率。

（1）诊断判断

工厂内的设备在正常情况下都应尽可能地以最大生产率、最小停机时间来运行，这就需要用到 PROFINET 诊断功能，其作用就是将工厂内设备的停机时间降到最短。使用 PROFINET 诊断功能有助于维护人员快速地定位故障源头，判断故障的严重性、类别及找出解决对策，并可预防故障的发生，减少工厂内设备的停机时间。

PROFINET 诊断功能完美满足了维护人员的需求，诊断信息由以下 3 部分构成。

- 诊断来源（diagnosis source）：定位故障源头。
- 严重性（severity）：反映维护的紧迫性。
- 诊断信息（diagnosis information）：表明"问题/原因"并提出"应对措施"。

PROFINET 把故障分为通信错误和外设错误。通信错误与网络相关，如拓扑错误、设备名称或 IP 地址不正确等。外设错误与设备（设备传感器及执行机构）输入和输出有关，如传感器或执行器接线错误、输出功率损失等。外设错误不对通信造成影响，一般由设备检测并通过 PROFINET 报警与报告。通信错误的报告可通过设备、管理交换机及其他网络组件进行。

（2）预测性维护

预测性维护是以状态为依据的维护，是对设备进行连续在线的状态监测及数据分析，诊断并预测设备故障的发展趋势，提前制订预测性维护计划并采取相应措施的行为。因此，状态监测和故障诊断是预测性维护实现的基础。预测性维护的优势在于可降低维修频率、提高资产的稳定性、延长机器寿命、提高合规性和增加对员工的保护。

8．过程自动化

PROFINET 不仅可用于工厂自动化，还可用于过程自动化。工业以太网总线供电及以太网应用在本质安全区域的问题一直是工业界讨论的话题，其标准或解决方案也在逐步形成。

PROFINET 通过代理服务器技术能够将现场总线标准 PROFIBUS 与其他总线标准无缝集成。PROFIBUS 是可覆盖工厂自动化场合到过程自动化应用的现场总线标准，作为集成 PROFIBUS 现场总线解决方案的 PROFINET 已然成为过程自动化领域更为广泛的应用。

5.1.4　PROFINET 集成现场总线

PROFINET 能够集成多种成熟的、正在使用的现场总线，是一种具有"生命力"的现场总线。由于 IT 的应用，PROFINET 方案在保护投资方面将发挥重要作用。PROFINET 能够在不修改现有设备的前提下，将现有的现场总线系统集成，在极大程度上保护了投资者的现有投资。PROFINET 能够将现有的现场总线解决方案无缝转换到基于以太网的 PROFINET。

PROFINET 提供了以下 2 种集成现场总线系统的方法。

- 通过代理服务器的现场总线设备集成。代理服务器在此方法下代表以太网上较低层的现场设备，PROFINET 在代理服务器方案中提供了从现有设备到新安装设备之间的全透明转换。
- 整个现场总线应用集成。一个现场总线段表示一个自包含的 PROFINET 组件，该组件代表的是在较低层现场总线的 PROFINET 设备。较低层现场总线的所有功能以组件的形式保存在代理服务器内，因此这些功能可在以太网上供用户使用。

【项目实施】

5.2　PROFINET IO 通信配置

5.2.1　案例背景

图 5-9 所示是一条激光雷达测试线。工人在线头将激光雷达放到载盘上，流水线将载盘输送至各个工位，机器人抓取载盘放到测试工位对激光雷达进行测试，测试完成后将载盘放回流水线"流"到下个工位，全部工位都测试完成后，工人在线尾上下料工位将测试好的激光雷达取出，由此实现激光雷达全过程的自动测试。

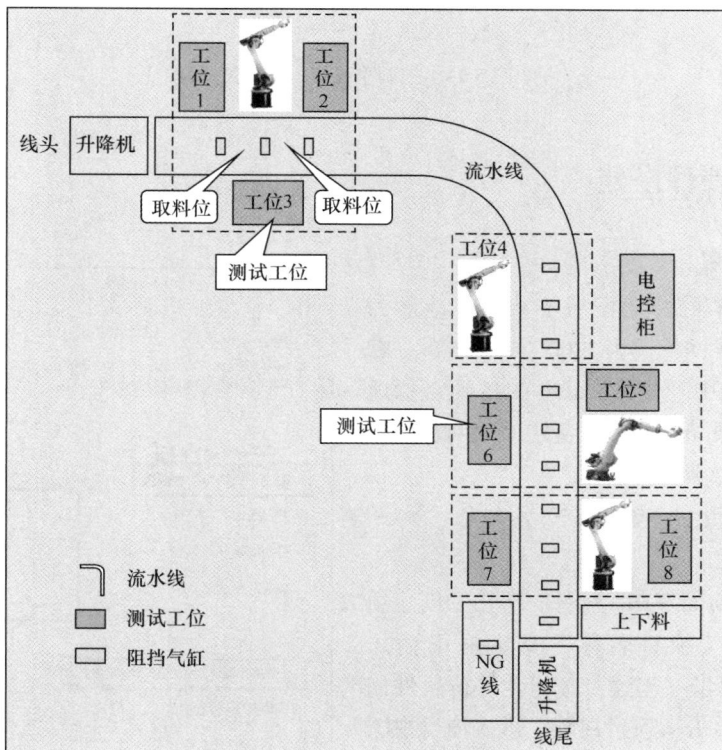

图 5-9　激光雷达测试线

在此测试线中，由于电控柜与各个测试工位相距较远，工位的信号（I/O、模拟量等）无法直接接入电控柜，这时就需要在每个工位配备 PROFINET 模块（本案例使用的是 PN4-0808B）。PLC 通过交换机与 PROFINET 模块连接，PROFINET 模块可以将读取到的 I/O、模拟量等信号传输给 PLC，PLC 也可以通过 PROFINET 模块控制各执行元件，从而实现远距离的设备控制。该测试线

的控制系统如图 5-10 所示。

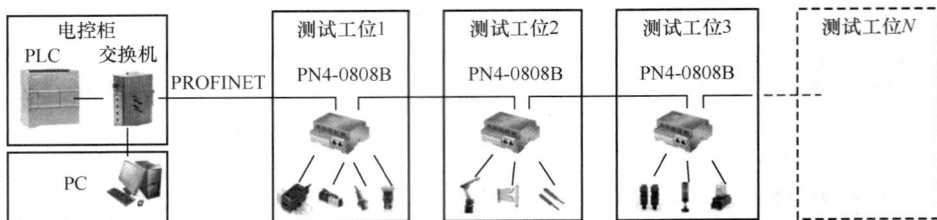

图 5-10 激光雷达测试线的控制系统

下面我们将此控制系统的一个工位（见图 5-11）提取出来作为案例进行演示，掌握这个案例所包含的技能，就可以掌握整个控制系统的配置方法。

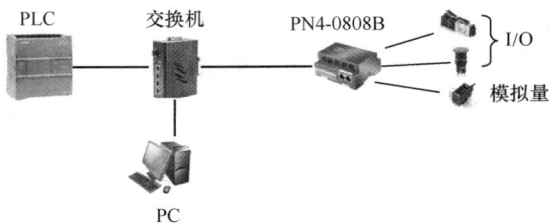

图 5-11 控制系统的一个工位

5.2.2 软硬件搭建

1．网络配置

按 3.2.3 小节的方法配置本机 IP 地址为"192.168.1.50"，子网掩码为"255.255.255.0"，默认网关不填写。选中"使用下面的 DNS 服务器地址"单选按钮，无须配置首选及备用 DNS 服务器。操作步骤如图 5-12 所示。

2．TIA Portal V16 软件初始化

（1）创建项目

打开"TIA Portal V16"软件，单击"创建新项目"，然后在"项目名称"文本框中输入"PROFINET"，单击"创建"按钮，等待软件创建项目完成，再单击"项目视图"进入项目视图界面。操作顺序如图 5-13 所示。

（2）添加 GSD 文件

单击菜单栏中的"选项"，在打开的菜单中选择"管理通用站描述文件（GSD）"选项，如图 5-14 所示。

图 5-12 在"Internet 协议版本 4(TCP/IPv4)属性"对话框中的操作步骤

在"管理通用站描述文件"对话框中，单击"源路径:"后面的"..."按钮，选择保存 GSD文件的路径，即 U 盘资料"04 DEMO 程序代码/03 PROFINET 程序/01 GSD 文件"，软件会自动

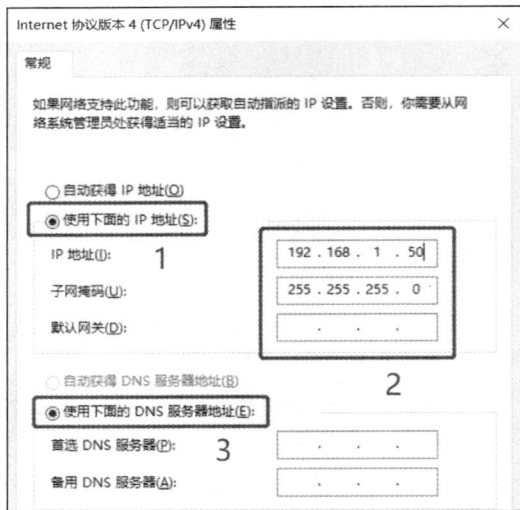

识别出可安装的 GSD 文件，选择"GSDML-V2.3-Sdot-PN4-0808B-20181125"文件，单击"安装"按钮即可，如图 5-15 所示。

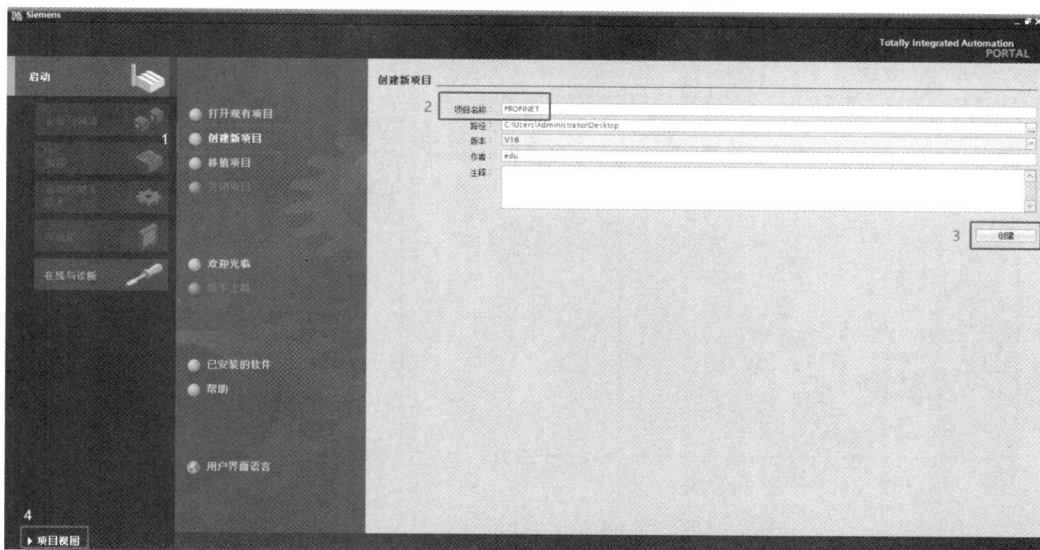

图 5-13　创建项目操作顺序

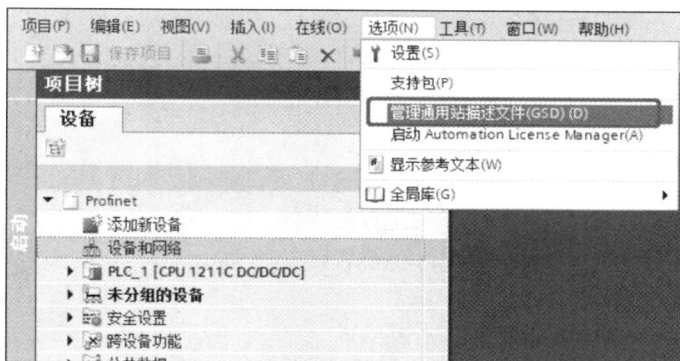

图 5-14　选择"管理通用站描述文件(GSD)"选项

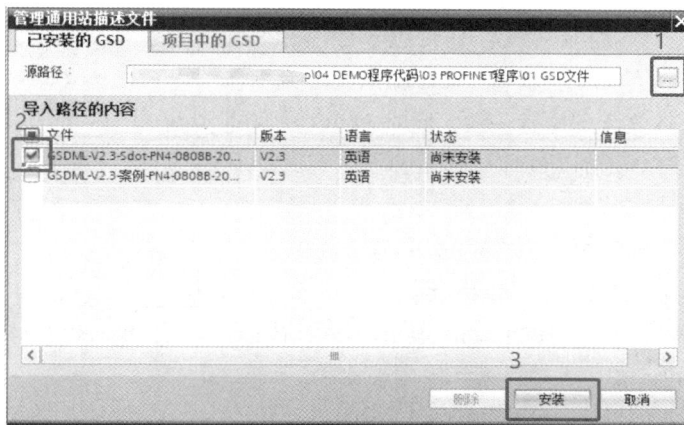

图 5-15　"管理通用站描述文件"对话框

（3）添加 PLC 设备、PROFINET 模块

双击"设备和网络"，如图 5-16 所示，进入网络组态界面。

在界面右侧的目录中，找到搜索栏，在搜索栏中输入"6ES7 211-1AE40-0XB0"，单击" "按钮，找到对应的 PLC 设备，双击该设备将其配置至网络组态中，如图 5-17 所示。

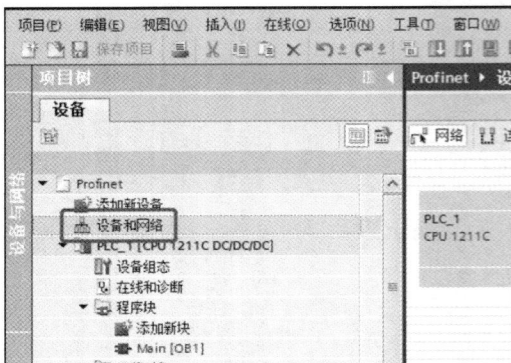

图 5-16　设备和网络

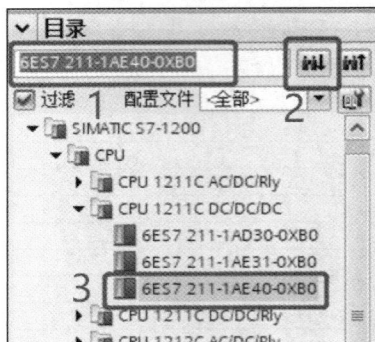

图 5-17　搜索并配置 PLC 设备

在右侧的目录中的搜索栏中输入"PN4-0808B"，单击" "按钮，找到对应的 PROFINET 模块，双击该设备将其配置至网络组态中，如图 5-18 所示。

配置完成后，可以看到 PLC 设备及 PROFINET 模块已经添加到网络组态中，右击 PN4-0808B 模块的小方框，在弹出的快捷菜单中选择"分配给新 IO 控制器"选项，如图 5-19 所示。

在弹出的"选择 IO 控制器"对话框中，选择配置的 PLC 接口，单击"确定"按钮后，PLC 与 PN4-0808B 模块将实现数据通信，如图 5-20 所示。

（4）地址表确认

单击 PLC_1 与 PNIO 的连接线，单击"常规"，在"常规"选项卡中单击"地址总览"，在右侧即可显示地址总览表，如图 5-21 所示。类型 I 为输入，类型 O 为输出。可以看出数字输入大小为 1 字节，占 8 位；数字输出大小为 1 字节，占 8 位。与 GSD 文件的配置一致，此时 PNIO 模块的 IO 已经全部映射到 PLC_1 的 I/O 地址单元了。

3．编写程序

在 Main 程序块中编写图 5-22 至图 5-26 所示的程序。

4．配置 PROFINET、PLC 模块

在下载程序之前，需要配置好 PROFINET 及 PLC 模块，否则 PLC 可能会报错。首先查看设备的固件版本。

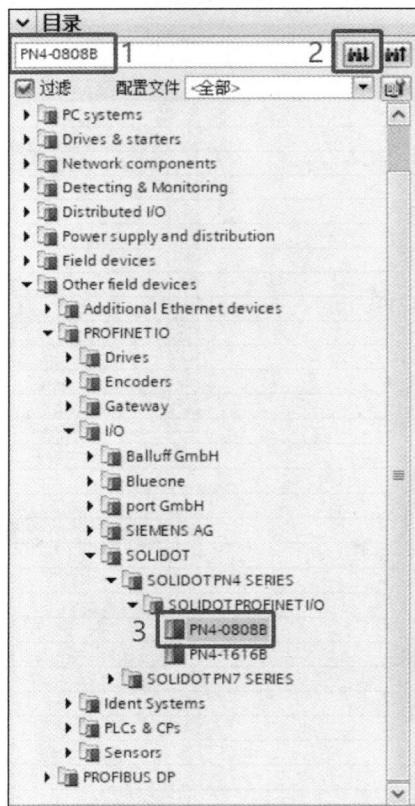

图 5-18　配置 PROFINET 模块

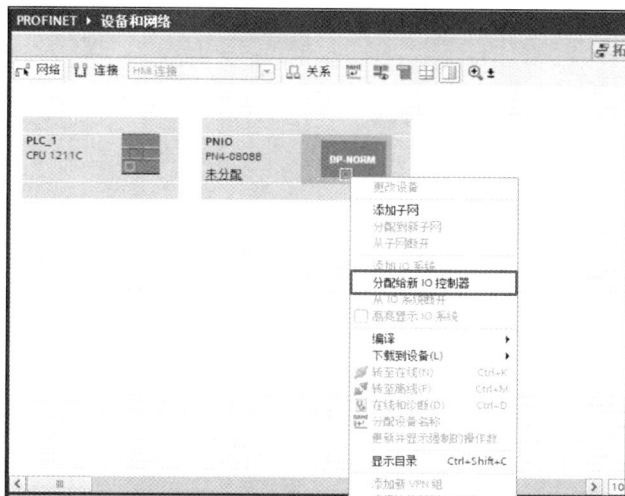

图 5-19　分配给新 IO 控制器

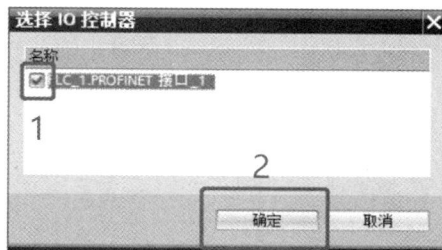

图 5-20　选择 IO 控制器

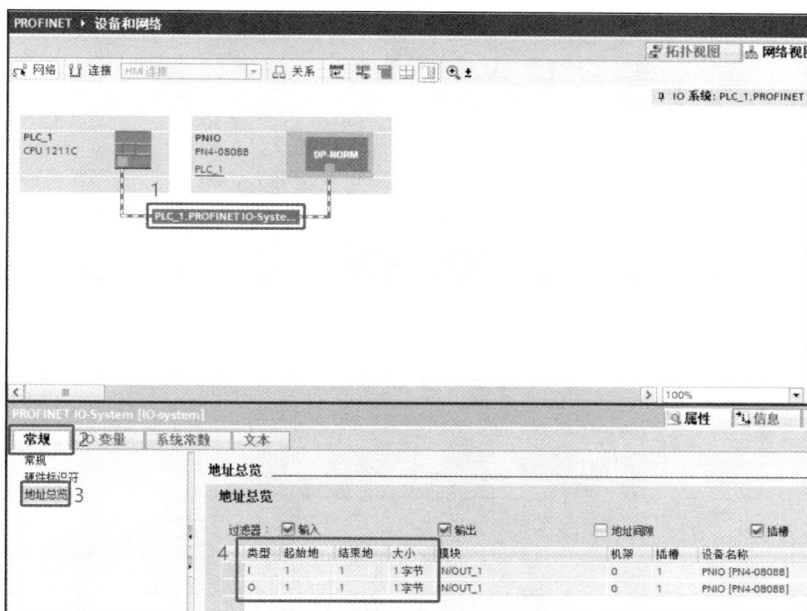

图 5-21　地址总览表

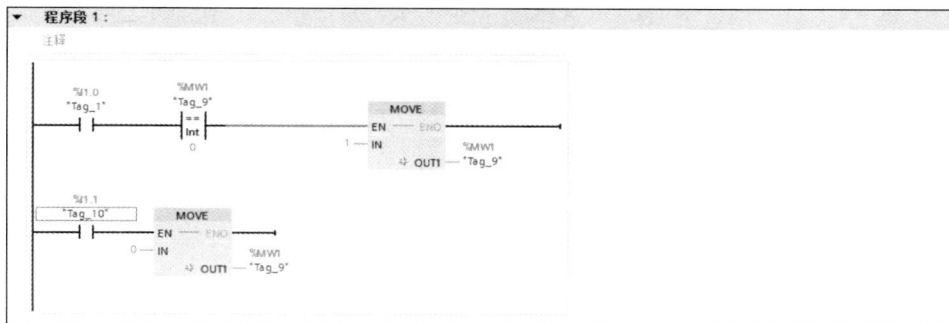

图 5-22　PROFINET IO 程序段（1）

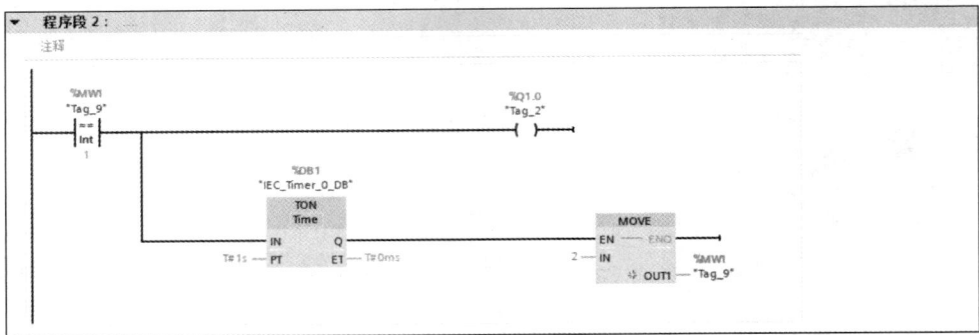

图 5-23　PROFINET IO 程序段（2）

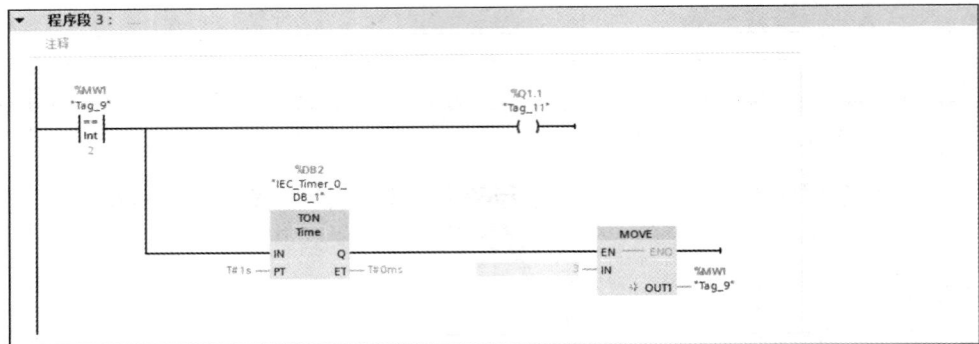

图 5-24　PROFINET IO 程序段（3）

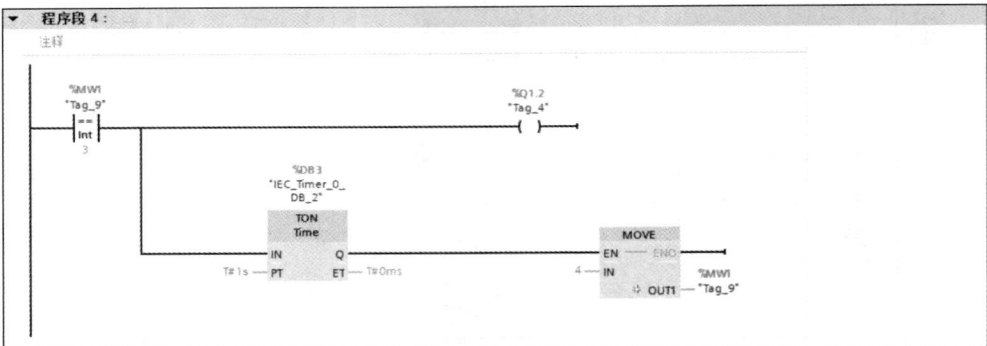

图 5-25　PROFINET IO 程序段（4）

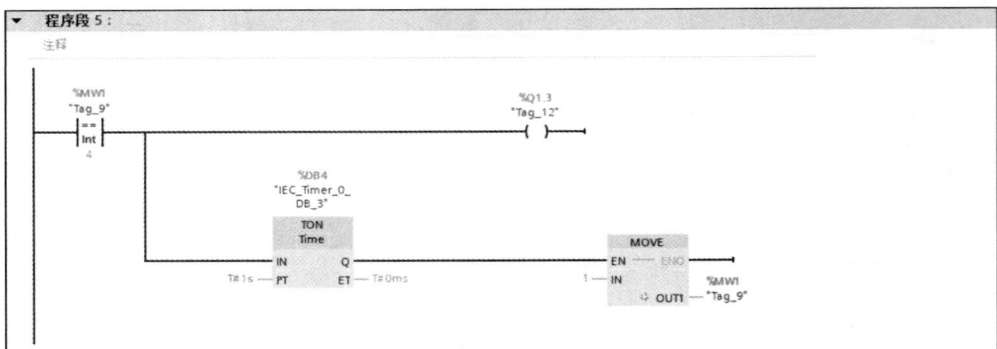

图 5-26　PROFINET IO 程序段（5）

（1）配置 PROFINET 模块

在项目树中找到"未分组的设备"，单击展开。右击"PNIO[PN4-0808B]"，在弹出的快捷菜单中选择"属性"选项，如图 5-27 所示。

在 PNIO 属性对话框中，单击"常规"，再单击"PROFINET 接口[X1]"，在下拉列表中选择"以太网地址"选项，配置 IP 地址为"192.168.1.11"，子网掩码为"255.255.255.0"，单击"确定"按钮，如图 5-28 所示。

（2）配置 PLC 模块

选择"PLC_1"，单击" 转至在线 "按钮，使本机与 PLC 建立连接。在弹出的"转至在线"对话框中配置"PG/PC 接口的类型"为 PN/IE，"PG/PC 接口"为之前与交换机连接的网口（本实验以"Realtek PCIe GbE Family Controller"为例），"接口/子网的连接"配置为插槽"1 X1"处的方向。选择"显示所有兼容的设备"。参数配置完成后单击"开始搜索"按钮，"选择目标设备"栏下会显示识别的 PLC 设备，选择"PLC_1"设备并单击"转至在线"按钮，如图5-29所示。

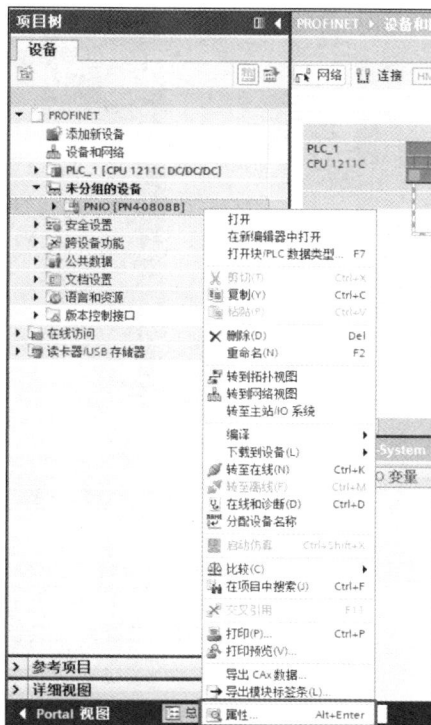

图 5-27　选择"属性"选项

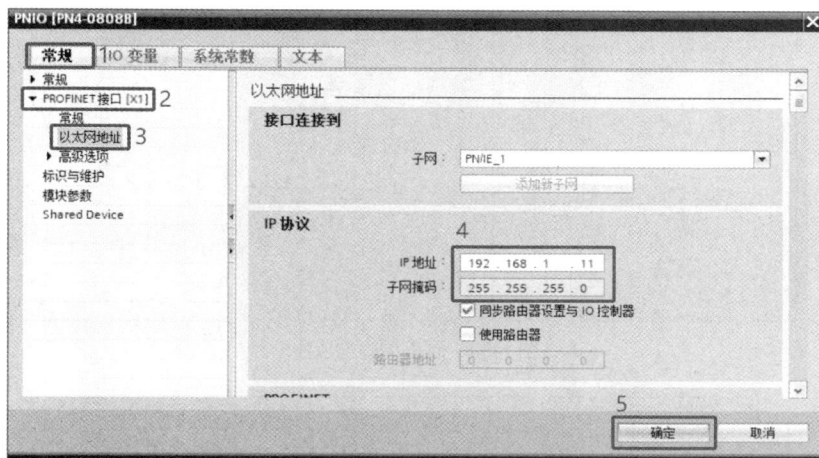

图 5-28　PNIO 以太网地址配置

在项目树中找到"在线访问"选项，单击展开。在之前配置的网口中找到 PLC_1，双击"在线和诊断"选项。右侧界面中单击"诊断"，展开选项后选择"常规"，可以看到设备的固件版本为 V4.2.1，如图 5-30 所示。

在知道设备的固件版本后，可更改默认的固件版本配置。更改固件版本配置需在离线模式下进行。单击" 转至离线 "按钮进入离线模式。右击"PLC_1[CPU 1211C DC/DC/DC]"模块，在弹出的快捷菜单中选择"属性"选项，如图 5-31 所示。

133

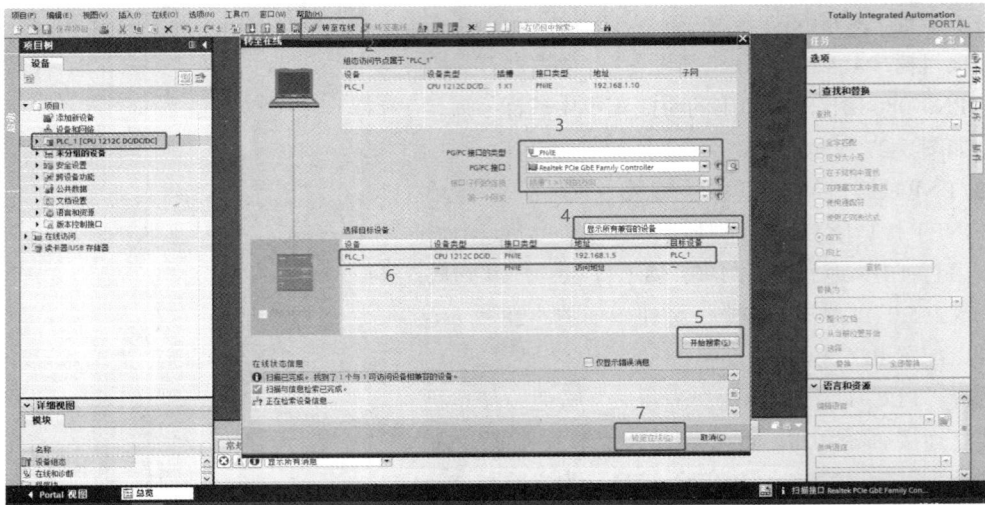

图 5-29　将 PLC 设备转至在线

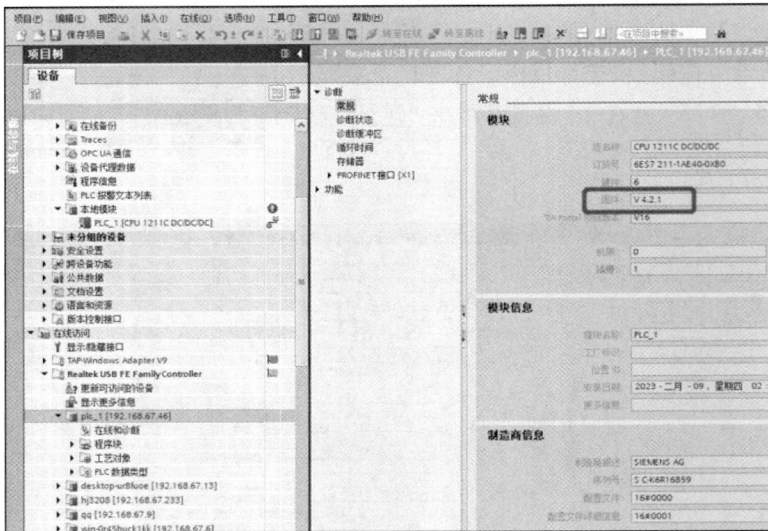

图 5-30　设备的固件版本

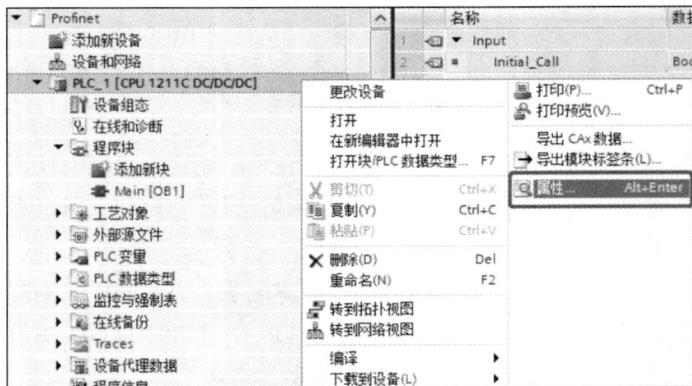

图 5-31　选择"属性"选项

在"PLC_1[CPU 1211C DC/DC/DC]"对话框中，单击"常规"，再单击"常规"，在下拉列表中选择"目录信息"选项，再单击"更改固件版本"按钮，如图 5-32 所示。

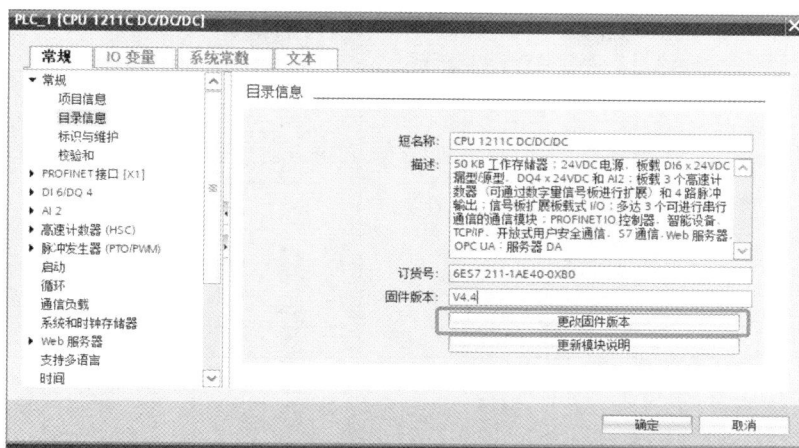

图 5-32　更改固件版本

默认当前设备固态版本为 V4.4，根据之前看到的固态版本，将新设备固态版本更改为与之相同的版本，以本实验为例，将新设备固件版本更改为 V4.2，如图 5-33 所示。

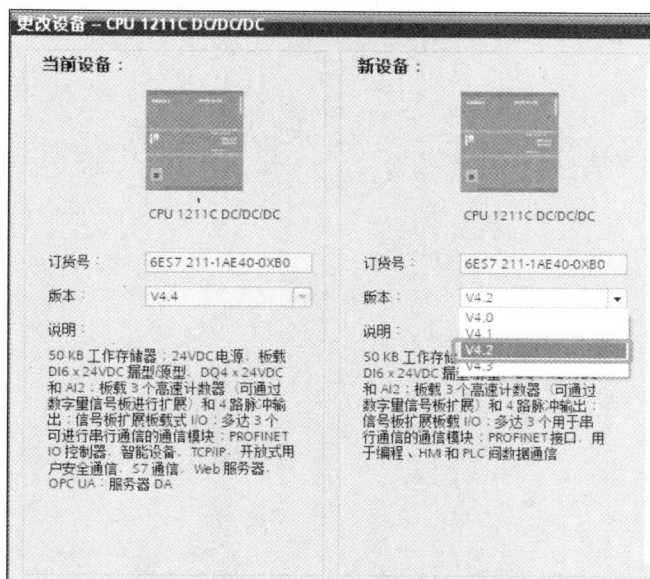

图 5-33　将新设备固件版本更改为 V4.2

在固件版本配置完成后，需要为 PLC 分配一个 IP 地址，使 PLC 与 PROFINET 模块能处在同一个网络中。在 PLC 属性对话框中，单击"常规"，再单击"PROFINET 接口[X1]"，在下拉列表中选择"以太网地址"选项，配置 IP 地址为"192.168.1.10"，子网掩码为"255.255.255.0"，如图 5-34 所示。

5．下载程序

此时，PLC 及 PROFINET 模块已经配置完成，可以进行程序下载。在项目树下单击"PLC_1

[CPU 1211C DC/DC/DC]"，再单击"🞂"按钮，如图 5-35 所示。

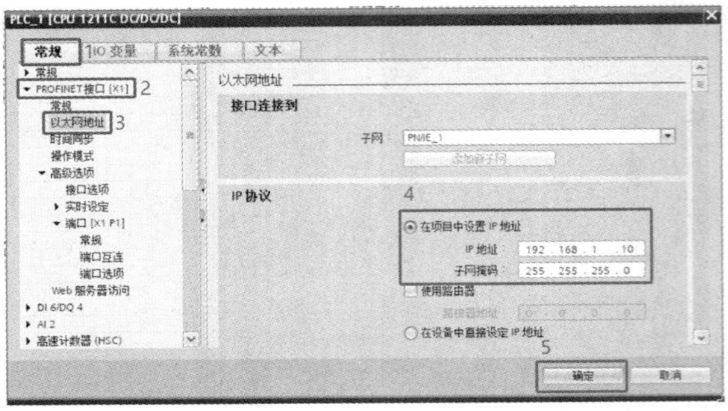

图 5-34　PLC 以太网 IP 地址配置

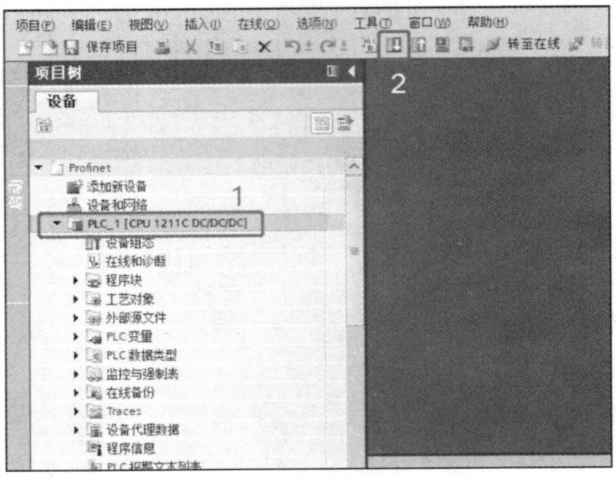

图 5-35　程序下载

转至在线方式完成本机与 PLC 的连接，并在"扩展下载到设备"对话框中单击"下载"按钮，如图 5-36 所示。

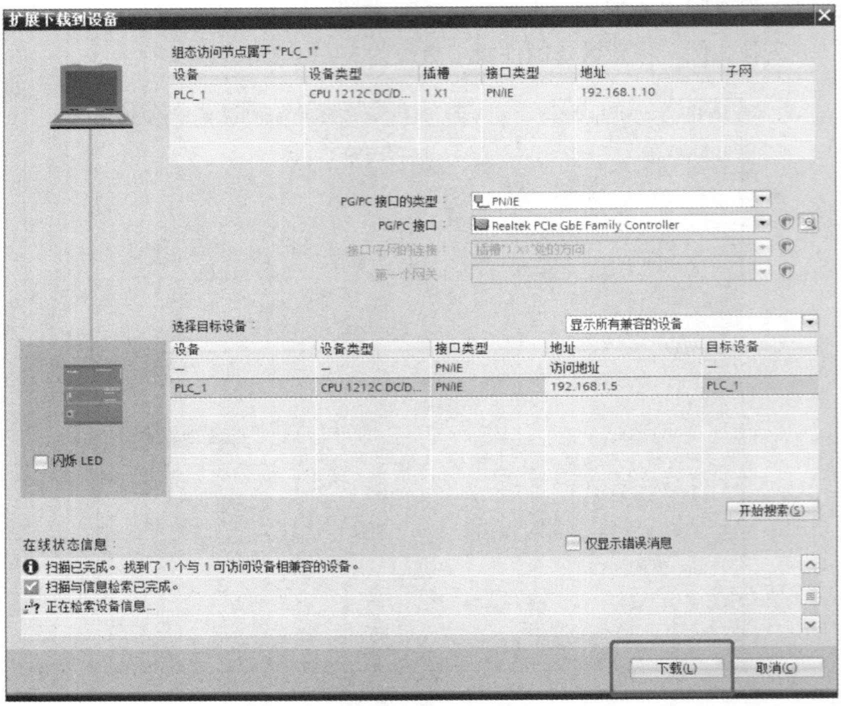

图 5-36　扩展下载到设备

在弹出的"下载预览"对话框中，选择"停止模块"选项后下拉列表中的"全部停止"，再单击"装载"按钮，即可下载程序，如图 5-37 所示。

6．测试结果

单击"🞂🞂"按钮，即可进行在线监控，如图 5-38 所示。在线监控可显示输入与输出的状态变化。

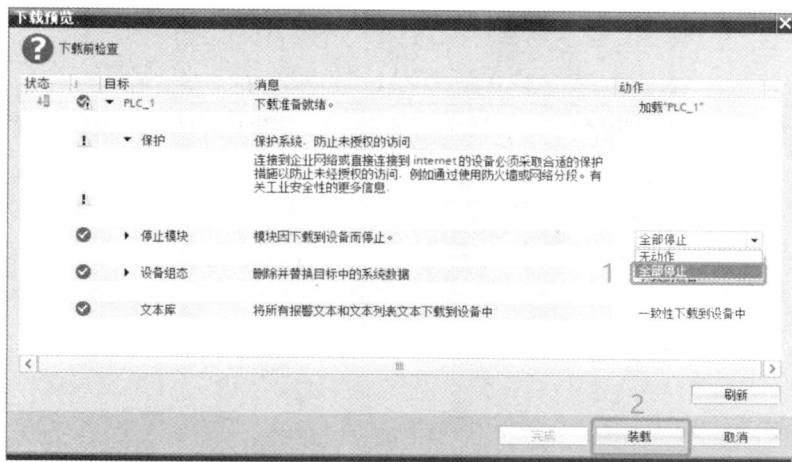

图 5-37   下载预览

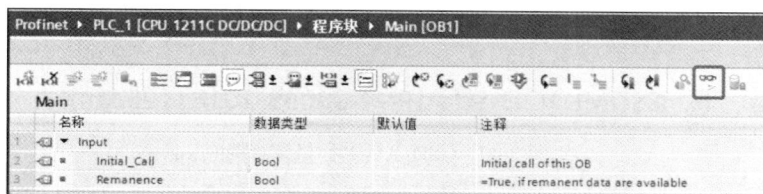

图 5-38   在线监控

在实际工厂的生产环境中，设备往往需要使用流程指示灯来提示当前设备运行到哪一道工序。本实验模拟并实现了工厂的流程指示灯功能，每隔1s 点亮一个指示灯。按下第一个按钮（"启动"按钮），I1.0 得电，自动流程开始执行，每隔 1s 从左向右依次点亮指示灯，并定义第二个按钮为"停止"按钮，按下该按钮流程自动结束执行，指示灯停止闪烁，如图 5-39所示。

图 5-39   实验结果

GSD 模型配置文件

5.3 GSD 模型配置文件

5.3.1   GSD 文件介绍

与 PROFIBUS 相同，PROFINET IO 设备只有使用 GSD 文件来描述设备模型特性，才能够被集成到工业控制系统中。工程软件下载系统组态的依据是 GSD 文件的描述，下载成功后，PROFINET IO 设备与 I/O 控制器（如 PLC）开始进行周期性 I/O 数据交换。GSD 文件的应用如表 5-2 所示。

PROFINET IO 设备的 GSD 文件通过 GSDML 进行描述。GSDML 的全称为"General Station Description Markup Language"，中文名称为"通用站描述标记语言"，是一种 GB/T 19659.1—2005《工业自动化系统与集成 开放系统应用集成框架 第 1 部分：通用的参考描述》标准的基于 XML

的描述标记语言。PROFINET IO 设备的 GSD 文件能够通过标准 XML 编辑器进行编写。

表 5-2　GSD 文件的应用

工作站	组态 PROFIBUS DP 主站	组态 PROFIBUS DP 从站	组态 PROFINET IO 控制器	组态 PROFINET IO 设备
是否需要使用 GSD 文件	否	是	否	是

5.3.2　GSD 文件格式

1. 文件命名

PROFINET 的 GSD 文件用 XML 进行描述，同时使用.xml 作为扩展名。根据规定，PROFINET IO 设备的 GSD 文件名称格式为"GSDML-[版本号]-[制造商名称]-[设备组名称]-[该版本 GSD 文件的发布日期].xml"，示例如图 5-40 所示。

⊙ GSDML-V2.3-Sdot-PN4-0808B-20181125.xml

图 5-40　GSD 文件名称格式示例

在图 5-40 所示示例中，文件名以"GSDML"开头，"V2.3"为版本号，"Sdot"为制造商名称，"0808B"为设备组名称，"20181125"为该版本 GSD 文件的发布日期。

2. 文件结构

GSD 文件的第一行应包含 XML 的版本及编码，固定格式如下。

```
1. <?xml version="1.0" encoding="UTF-8"?>
```

- xml：表明该文件为 XML 文件。
- version="1.0"：表明该文件采用 XML 1.0 标准。
- encoding="UTF-8"：表明该文件采用的字符集，默认值为 UTF-8。

根元素 ISO15745Profile 作为整个 GSD 文件的基础元素，必须声明元素的命名空间，如以下代码所示。

```
1. <ISO15745Profile
2. xmlns="http://www.profibus.com/GSDML/2003/11/DeviceProfile"
3. xsi:schemaLocation="http://www.profibus.com/GSDML/2003/11/DeviceProfile ..\XSD\
   GSDML-DeviceProfile-V2.32.xsd"
4. xmlns:xsi="http://www.w3.org/2001/XMLSchema-instance">
```

- xmlns：表明根元素 ISO15745Profile 的默认命名空间。
- xsi:schemaLocation：指明 XSD 文件的路径，不同架构版本的 XSD 文件的路径不同。
- xmlns:xsi：表明 XSD 文件的命名空间。

ISO15745Profile 是 GSD 文件的根元素，它由行规头部（ProfileHeader）和行规体（ProfileBody）两部分组成，整个 GSD 文件的结构如图 5-41 所示。

（1）行规头部

行规头部用 ProfileHeader 元素标记，包括规则的标识、版本、名称及 ISO15745 的相关信息，这部分内容在正常情况下无须修改，在此不进行具体说明。这部分内容的代码如下。

```
 1. <ProfileHeader>
 2. <ProfileIdentification>PROFINET Device Profile<
    /ProfileIdentification>
 3. <ProfileRevision>1.00</ProfileRevision>
 4. <ProfileName>Device Profile for PROFINET Devices
    </ProfileName>
 5. <ProfileSource>PROFIBUS Nutzerorganisation e. V.
    (PNO)</ProfileSource>
 6. <ProfileClassID>Device</ProfileClassID>
 7. <ISO15745Reference>
 8. <ISO15745Part>4</ISO15745Part>
 9. <ISO15745Edition>1</ISO15745Edition>
10. <ProfileTechnology>GSDML</ProfileTechnology>
11. </ISO15745Reference>
12. </ProfileHeader>
```

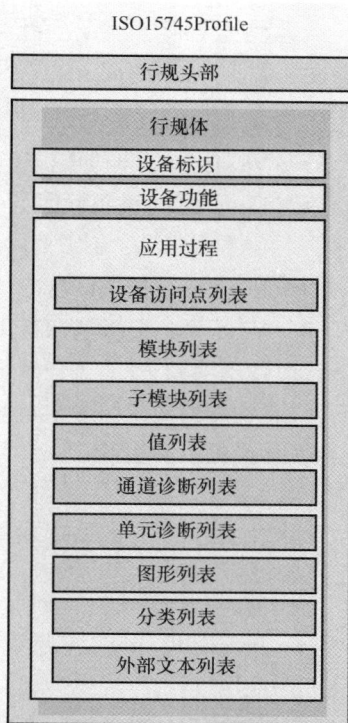

图 5-41　整个 GSD 文件的结构

（2）行规体

行规体包含 PROFINET IO 设备（从站）的真实数据，由设备标识（DeviceIdentity）块、设备功能（DeviceFunction）块、应用过程（ApplicationProcess）块这 3 个部分组成，如图 5-42 所示。

- 设备标识块：包含用于确认该设备的标识信息。
- 设备功能块：包含用于描述设备功能的数据。PROFINET 设备需分配一个功能类，GSDML 规范定义了枚举值，包括常规、驱动器、开关设备、I/O、阀门、控制器、HMI、编码器、NC/RC、网关、PLC、识别系统、PA 配置文件、网络组件、传感器。
- 应用过程块：这是整个 GSD 文件的主要部分，包含设备访问点列表、模块列表、子模块列表、值列表等 PROFINET IO 设备的数据。

① 设备标识。

设备标识包括该 PROFINET IO 设备的供应商标识、设备标识及描述信息等，如图 5-43 所示。

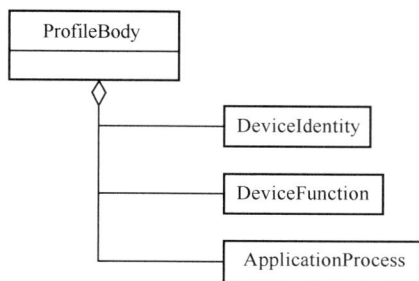

图 5-42　行规体组成

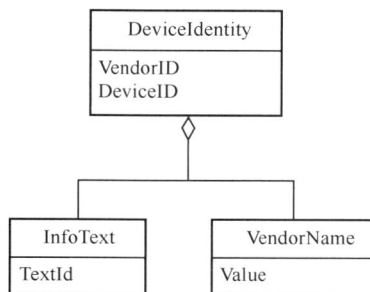

图 5-43　设备标识的构成

具体代码示例如下。

```
1. <DeviceIdentity DeviceID="0x3100" VendorID="0x01E3">
2. <InfoText TextId="HJ3200_VEND_IDNT"/>
3. <VendorName Value="Blueone"/>
4. </DeviceIdentity>
```

- VendorID（供应商标识）：16 位，由制造商向 PI 协会申请授权。
- DeviceID（设备标识）：16 位，用于 I/O 现场设备的详细区分，由制造商定义，不需要向 PI 协会申请授权。
- InfoText（描述信息）：用于描述产品信息。
- VendorName（供应商名字）：可以自己修改，根据供应商名字填写。

② 设备功能。

设备功能的构成如图 5-44 所示。

具体代码示例如下。

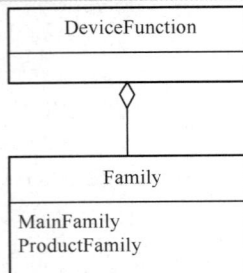

图 5-44　设备功能的构成

```
1. <DeviceFunction>
2. <Family ProductFamily="Remote/IO" MainFamily="I/O"/>
3. </DeviceFunction>
```

- MainFamily（主系列）：可选项有 Drives、Encoders、Gateway、I/O、Sensors。
- ProductFamily（产品系列）：可以自己修改。

③ 应用过程。

应用过程包括设备访问点列表、模块列表、子模块列表、值列表、通道诊断列表、单元诊断列表、图形列表、分类列表、外部文本列表等。

- 设备访问点列表（Device Access Point List）：分布式 I/O 的接口模块，用以描述 PROFINET IO 设备访问接口，一个 GSD 文件中可以包括多个接口模块的描述。
- 模块列表（Module List）：描述了 PROFINET IO 设备中包含的模块，这些模块既能够作为一种可选择插入的模块（如模块化的 I/O 设备），也能够作为一种永久集成在 I/O 设备中的模块。
- 子模块列表（Sub Module List）：描述了 PROFINET IO 设备中包含的子模块。与模块列表类似，其中的子模块也能够作为一种可选择插入的子模块或永久集成在 IO 设备中的子模块。
- 值列表（Value List）：包含模块所支持的取值。
- 通道诊断列表（Channel Diag List）：包含通道的诊断信息，即通道的错误编号及相关描述。
- 单元诊断列表（Unit Diag List）：包含 PROFINET IO 设备的诊断信息。
- 图形列表（Graphics List）：是 GSD 文件的图形列表，即在组态工具中显示的图形（图标）。
- 分类列表（Category List）：包含 GSD 文件的分类信息，如 DI、DQ、AI 等模块的分类。
- 外部文本列表（External Text List）：包含 GSD 文件所包含的外部文本信息，这些信息可以被其他部分引用，可用于多语言环境。

5.3.3　GSD 文件配置

1. 替换 GSD 文件

进入"设备和网络"界面，将 PN4-0808B 模块与 PLC_1 的连接线及 PN4-0808B 模块删除，如图 5-45 所示。

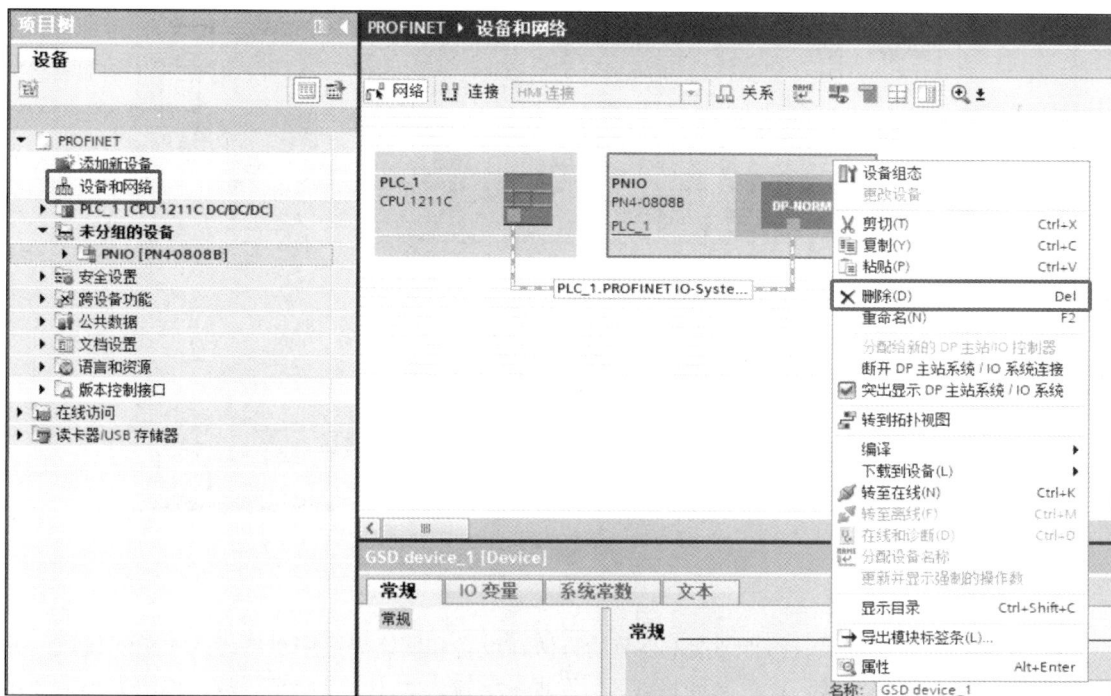

图 5-45　删除链接线及 PN4-1616B 模块

　　单击菜单栏中的"选项"，在打开的菜单中选择"管理通用站描述文件(GSD)"。在弹出的"管理通用站描述文件"对话框中选择已安装文件，再单击"删除"按钮，将已安装的 GSD 文件删除，如图 5-46 所示。

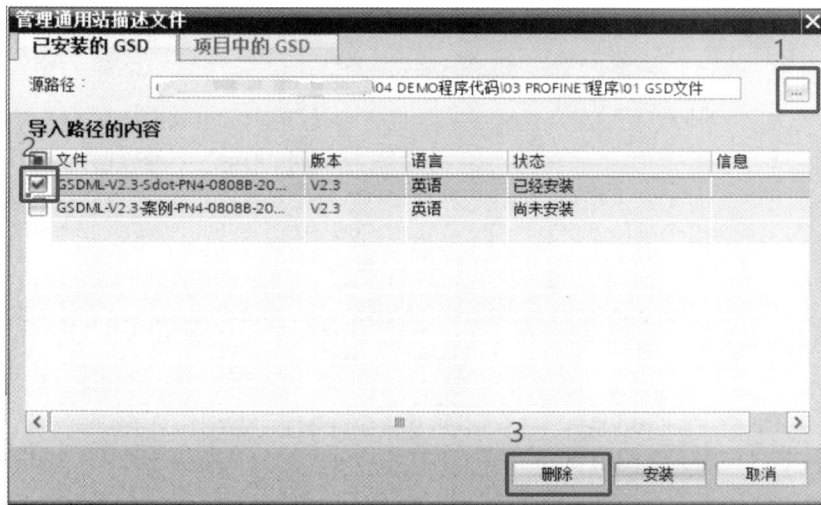

图 5-46　将已安装的 GSD 文件删除

　　在将已安装的 GSD 文件删除后，再次进入"管理通用站描述文件"对话框，在源路径中选择 U 盘资料"04 DEMO 程序代码/03 PROFINET 程序/01 GSD 文件"，选择新的 GSD 文件"GSDML-V2.3-案例-PN4-0808B-20181125"，单击"安装"按钮，等待安装完成，如图 5-47 所示。

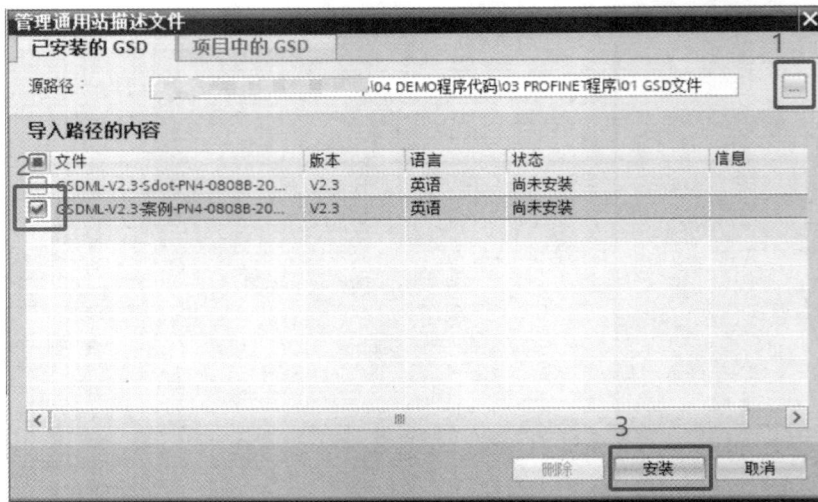

图 5-47　安装新的 GSD 文件

2.　导入更新配置

GSD 文件安装完成后，按照 5.2.2 小节的方法在设备和网络界面中重新导入 PNIO 模块，并将其与 PLC 进行网络连接。查看地址总览表，发现数字输入大小为 2 字节，数字输出大小为 2 字节，如图 5-48 所示。

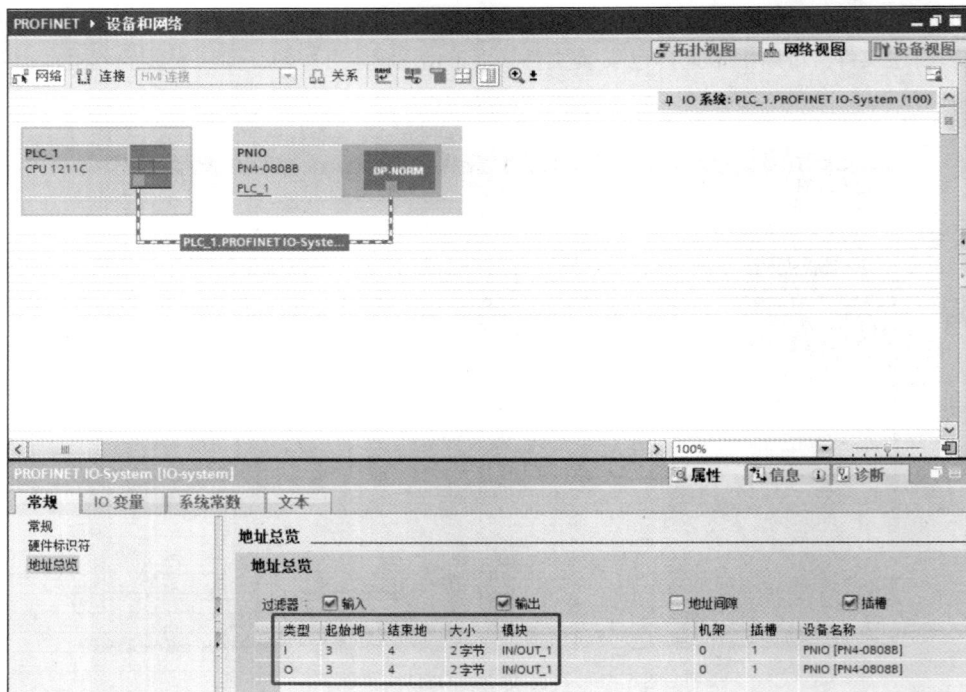

图 5-48　查看地址总览表

将更新的配置下载至 PLC，PLC 将出现错误，原因是目前配置的 GSD 文件与实际硬件配置不符。实际硬件配置为 8 位输入、8 位输出，即数字输入和输出大小都为 1 字节。在实际现场应

用中，配置的组态需与实际硬件配置一致，PLC 会将配置的组态与实际硬件配置进行比对，两者不一致则会出现报错。

3. 代码编写

本实验通过修改配置的 GSD 文件，使其数字输入和输出大小与实际硬件配置一致，导入 PLC 使 PLC 能够正常运行。

以记事本的方式打开 GSD 文件"GSDML-V2.3-案例-PN4-0808B-20181125"，如图 5-49 所示。

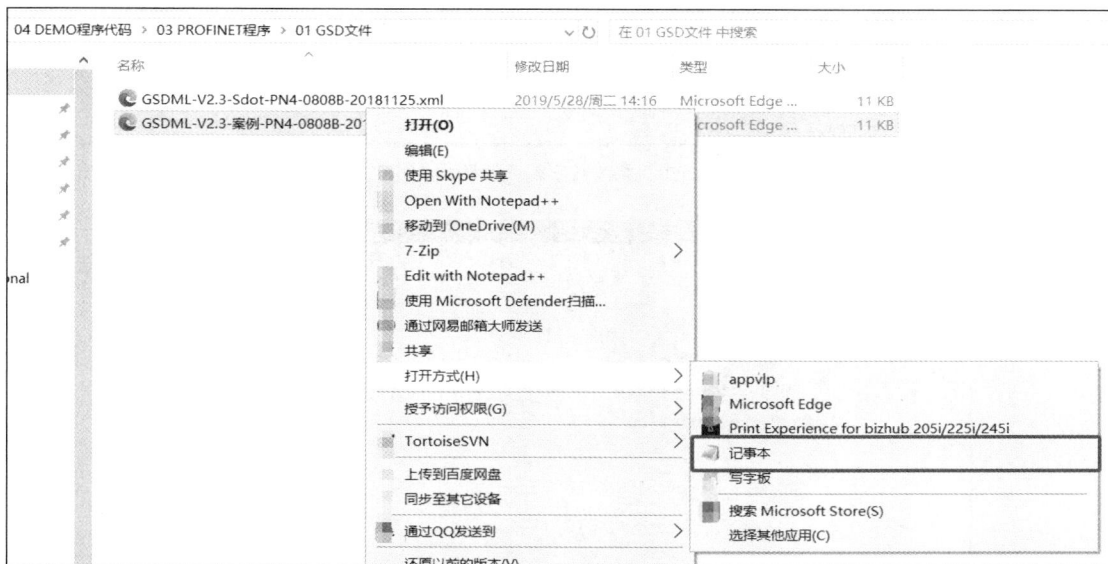

图 5-49　以记事本的方式打开 GSD 文件

在打开的代码中找到"ModuleList"，它描述了 I/O 设备中所有模块的信息。在该模块列表中，<ModuleItem ID="ID_Mod_01" ModuleIdentNumber="0x00000002">是对一个模块的声明，且每个模块的 ID 是唯一的，控制器与 I/O 设备之间通过模块 ID 建立连接。</ModuleInfo>是对软硬件版本信息及模块名称的描述。我们将模块中固定不变的子模块定义为虚拟子模块，这些虚拟子模块的 I/O 数据及记录数据通过<VirtualSubmoduleList>描述。<VirtualSubmoduleItem ID="1" SubmoduleIdentNumber="0x0002" API="0">是对一个子模块的声明，其中，"1"用于外部文本列表中的赋值，"0x0002"是一个子模块的 ID。"IOData"用来描述输入输出数据，"DataItem"用来描述一个子模块的参数数据，通过将"Input"中的"Length='2'"修改为"Length='1'"，把配置的数字输入大小由 2 字节改为 1 字节，即 8 位。将"Output"中的"Length='2'"修改为"Length='1'"，把配置的数字输出大小由 2 字节改为 1 字节，即 8 位。更改完成后保存文件，至此更新的 GSD 文件的数字输入和输出大小已与实际硬件配置的一致。修改的内容如图 5-50 所示。

4. 测试结果

再次替换修改后的 GSD 文件，即删除已安装的 GSD 文件与"设备和网络"配置，按照前文的方法安装修改后的 GSD 文件后重新导入 PNIO 模块，并将其与 PLC 进行网络连接。查看地址总览表，发现数字输入大小为 1 字节，数字输出大小为 1 字节，与实际硬件配置一致，如图 5-51 所示。

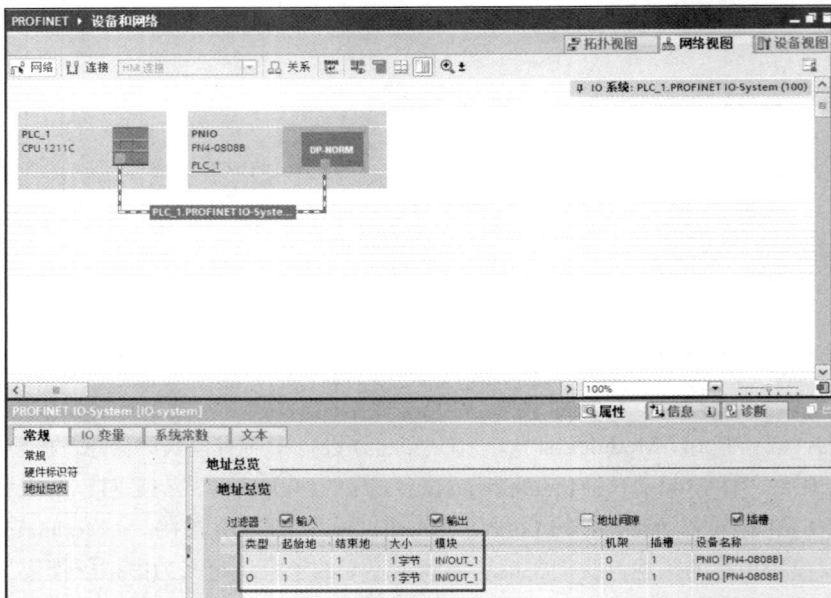

```
<ModuleList>
  <ModuleItem ID="ID_Mod_01" ModuleIdentNumber="0x00000002">
  <ModuleInfo CategoryRef="ID_InOut">
    <Name TextId="TOK_TextId_Module_1IO" />
    <InfoText TextId="TOK_InfoTextId_Module_1IO" />
    <HardwareRelease Value="1.0" />
    <SoftwareRelease Value="1.0" />
  </ModuleInfo>
  <VirtualSubmoduleList>
    <VirtualSubmoduleItem ID="1" SubmoduleIdentNumber="0x0002" API="0">
      <IOData IOPS_Length="1" IOCS_Length="1">
        <Input Consistency="Item consistency">                    2→1
          <DataItem TextId="T_ID_IN_1BYTE" DataType="OctetString" Length="1" UseAsBits="true" />
        </Input>
        <Output Consistency="Item consistency">                   2→1
          <DataItem TextId="T_ID_OUT_1BYTE" DataType="OctetString" Length="1" UseAsBits="true" />
        </Output>
      </IOData>
      <ModuleInfo>
        <Name TextId="TOK_TextId_Module_1IO" />
        <InfoText TextId="TOK_InfoTextId_Module_1IO" />
      </ModuleInfo>
```

图 5-50　修改数字输入和输出大小

图 5-51　查看地址总览表

将更新的配置下载至 PLC，此时 PLC 将恢复正常运行。

5.4　I-Device 通信

5.4.1　I-Device 通信基本概念

在自动控制领域实际应用中，时常会遇到需要在多台 PLC 之间通信的情况，目前可选择的通信方式种类繁多，且它们各有各的优缺点和工作方式，很难在其中进行抉择。本节将为大家介绍一种能够使 PLC 之间的数据以极快的速度传输的通信方式 I-Device。

1. I-Device 介绍

PROFINET 智能设备（I-Device）功能使得 CPU 不仅能够作为智能处理单元控制整个生产流程，同时还能够与其他 I/O 控制器进行数据交互。智能设备功能简化了与 I/O 控制器的数据交换以及对 CPU 的操作。智能设备能够作为 I/O 设备与上层 I/O 控制器进行数据交互，预处理过程将通过智能设备中的用户程序完成。集中式/分布式 I/O 中采集的数据通过用户程序预处理后传输给 I/O 控制器。智能设备功能如图 5-52 所示。

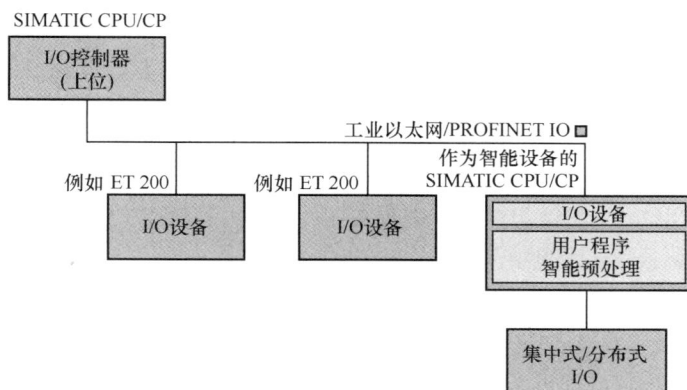

图 5-52 智能设备功能

2. I-Device 的优势

I-Device 实现了使 PLC 之间的数据以极快的速度传输，其传输速率与采用实时通信的 PROFINET 的相同，数据传输时间能够达到 1～2ms。同时，I-Device 设置简单，不要求工程师有极高的技术水平，还内置了诊断功能以便能够更高效地排除 PLC 之间连接的故障。最关键的是，I-Device 的灵活性使其可处理经过安全认证的通信，即能够通过 I-Device 传输 PLC 之间的紧急停止等安全信号。它还具有以下优势。

- 能够减轻 I/O 控制器的负荷，可将计算容量分配给智能设备。
- 能够降低通信负载，过程数据在局部处理。
- 能够管理单独 TIA 项目中子任务的处理。

3. I-Device 应用领域

I-Device 的应用领域包含以下 3 部分。

- 分布式处理。I-Device 把复杂的自动化任务划分为较小的单元/子过程，使复杂的过程易于管理，简化了子任务。
- 单独的子过程。I-Device 设备能够将分布广泛的大量复杂过程划分为具有可管理的接口的多个子过程。这些子过程存储在各个 STEP 7 项目中，这些项目拼接在一起可以合成一个总的项目。
- 各系统部分只能通过一个 GSD 文件对智能设备进行接口描述，而不能通过 STEP 7 项目进行，从而保证用户程序的专有技术的私密性。

5.4.2 I-Device 主从站通信

1. 项目背景

图 5-53 所示的是转子压合设备示意。此设备主要包含两部分——四工位转盘及伺服压力机，其中，四工位转盘由一台 PLC 控制，伺服压力机由另一台 PLC 控制，两台 PLC 之间通过 I-Device 通信并进行简单的 I/O 交互。

在此案例中，因为两台 PLC 同属转子压合设备，在下面的实验中，我们将在一个项目里组态两台 PLC，再通过 PROFINET 接口配置及编程实现 I-Device 通信。以下是具体的操作步骤。

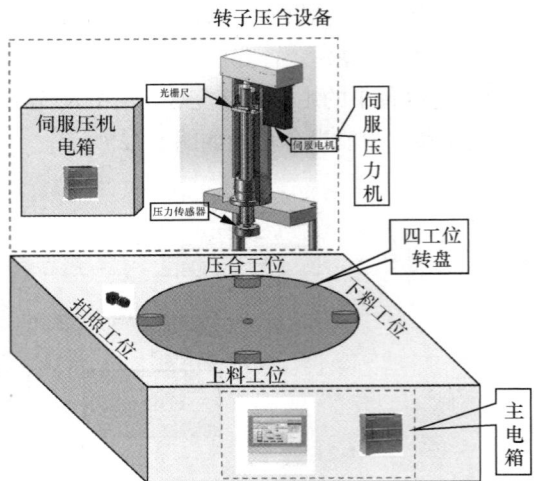

图 5-53　转子压合设备示意

2. 项目创建及配置

参照 5.2.2 小节创建项目的相关步骤操作，创建一个名称为 "iDevice" 的项目，操作顺序如图 5-54 所示。

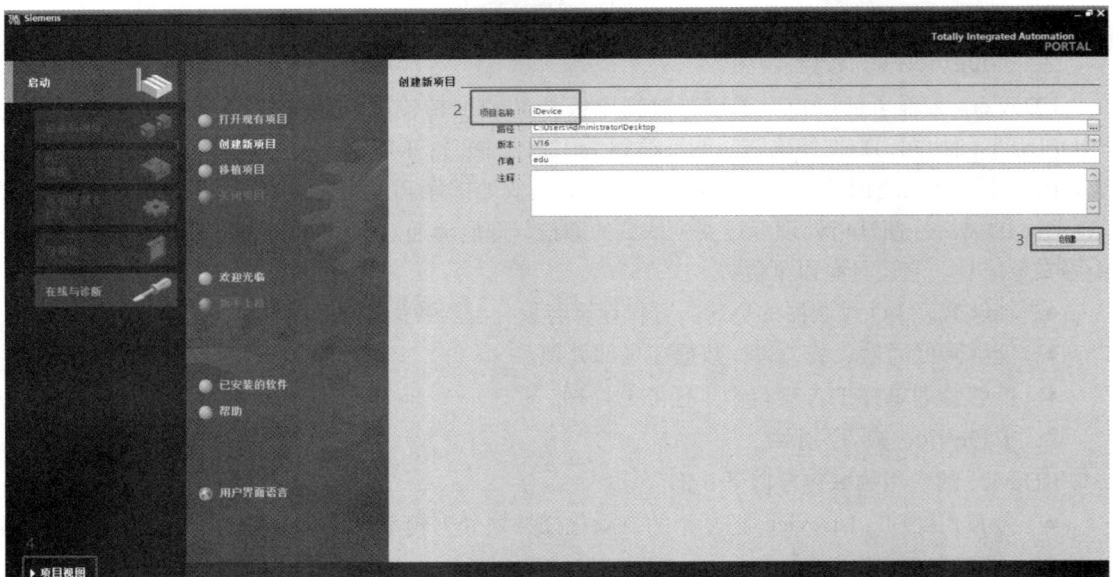

图 5-54　创建项目操作顺序

在项目树中，双击 "设备和网络" 选项，如图 5-55 所示，进入网络组态界面。

在界面右侧的目录中，找到搜索栏，在搜索栏中输入 "6ES7 211-1AE40-0XB0"，单击 "🔍" 按钮，找到对应的 PLC 设备，双击该设备将其配置至网络组态中，如图 5-56 所示。

再次双击该设备，此时网络视图中有两台同型号的 PLC，同时这两台 PLC 也在软件界面左侧的项目树中体现出来，如图 5-57 所示。

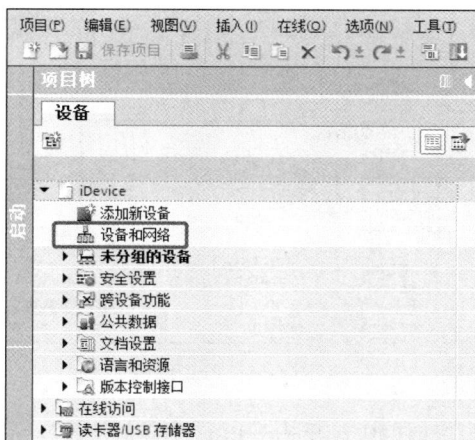

图 5-55　设备和网络

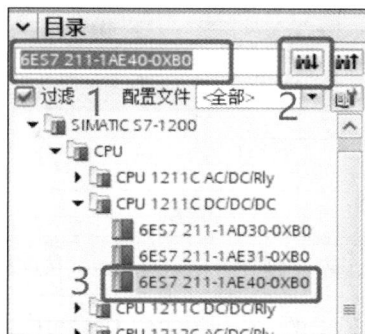

图 5-56　搜索并配置 PLC

图 5-57　两台同型号的 PLC

右击"PLC_1"名称，在弹出的快捷菜单中选择"重命名"，如图 5-58 所示。

在原来"PLC_1"位置输入"Master"，这样原来的 PLC 名称就被改为了"Master"。使用同样的方法将"PLC_2"改为"SmartIO"，左侧项目树里的 PLC 名称也会跟着改变，最终效果如图 5-59 所示。

在"网络"视图中，将鼠标指针移至"Master"的 Ethernet 接口（绿色小方框），按下鼠标左键不放，将鼠标指针拖曳至"SmartIO"的 Ethernet 接口位置后放开鼠标左键，这样就将这两台 PLC 的 Ethernet 接口互连，如图 5-60 所示。

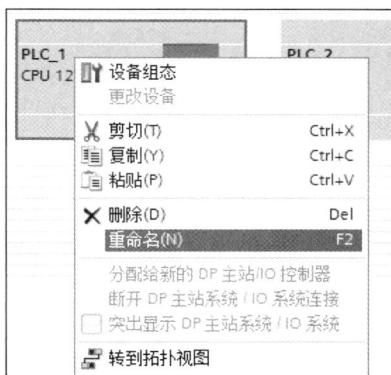

图 5-58　重命名 PLC

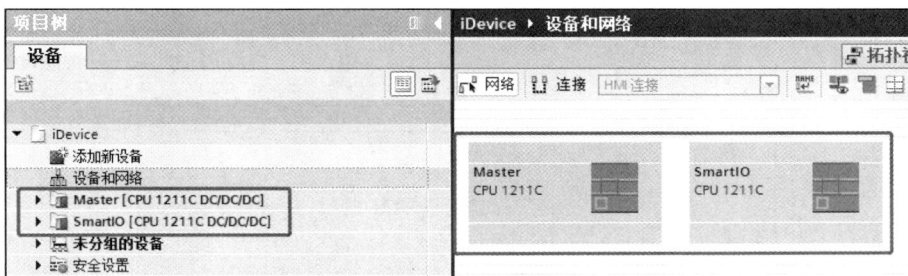

图 5-59　最终效果

在软件界面左侧的项目树中，右击"SmartIO[CPU 1211C DC/DC/DC]"，在弹出的快捷菜单中选择"属性"，如图 5-61 所示。

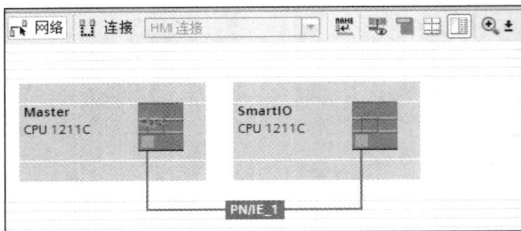

图 5-60　将两台 PLC 的 Ethernet 接口互连

图 5-61　PLC 属性

在弹出的"SmartIO[CPU 1211C DC/DC/DC]"对话框中，单击"PROFINET 接口[X1]"项目下的"操作模式"项目，在右侧的"操作模式"界面中，勾选"IO 设备"复选框，单击"已分配的 IO 控制器"右侧的向下箭头，在打开的下拉列表中选择"Master.PROFINET 接口_1"选项，再勾选"PN 接口的参数由上位 IO 控制器进行分配"复选框，具体配置如图 5-62 所示。

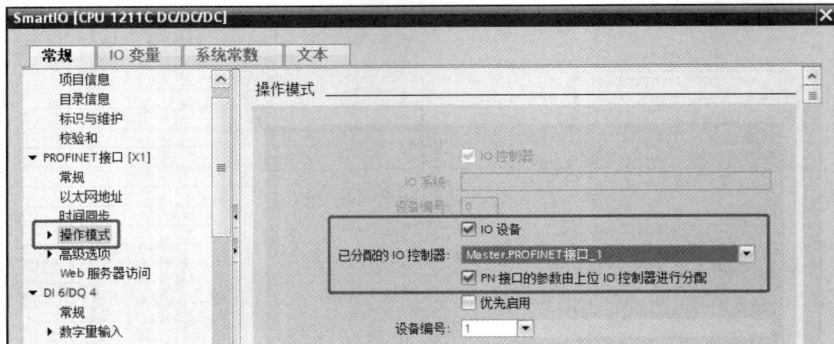

图 5-62　PLC 属性配置——操作模式

展开"操作模式"，单击"智能设备通信"项目，在右侧的"智能设备通信"界面中，双击"<新增>"单元格来配置通信参数，如图 5-63 所示。

双击"<新增>"单元格后，"<新增>"会自动变为"传输区_1"，此时将鼠标指针移动到下方空白单元格处单击，软件会增加一组传输区参数，"<新增>"单元格被自动移动到"传输区_1"的下方，如图 5-64 所示。

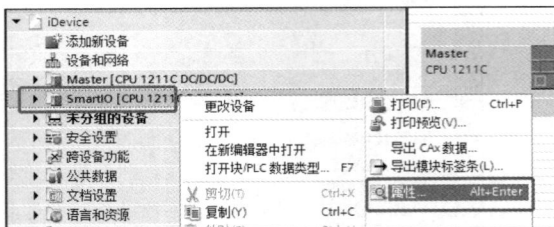

图 5-63　PLC 属性配置——智能设备通信

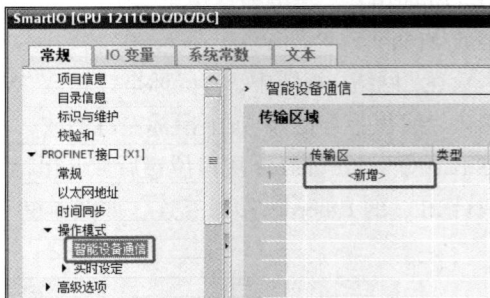

图 5-64　智能设备通信参数

再次双击"<新增>"单元格，增加一组名为"传输区_2"的参数。单击"传输区_2"右侧的箭头 ➜，使它的方向改为朝左，效果如图 5-65 所示，配置好后单击"确定"按钮。

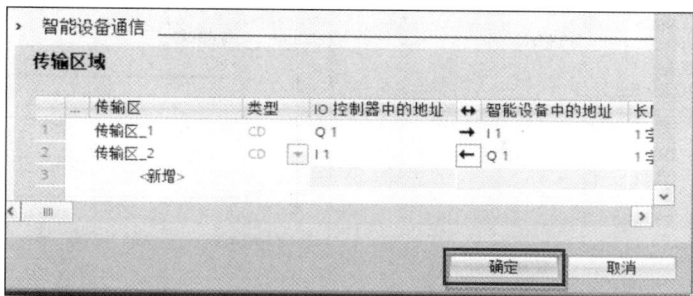

图 5-65　更改箭头方向效果

这两组参数的含义是，当这两台 PLC 上电运行后，IO 控制器（Master PLC）会将 Q1 地址中的内容传送到智能设备（SmartIO PLC）里的 I1 地址中去；同理，智能设备（SmartIO PLC）也会将 Q1 地址中的内容传送到 IO 控制器（Master PLC）里的 I1 地址中去。

3．程序编写

打开 Master PLC 的主程序"Main"，在其中添加两个"MOVE"函数，按图 5-66 所示的方式编写代码。

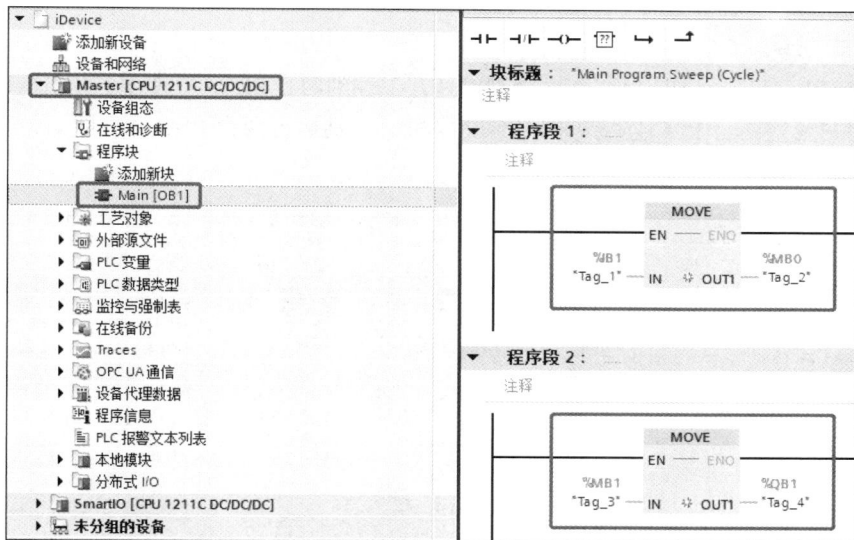

图 5-66　在 Master PLC 的主程序"Main"中添加两个"MOVE"函数

图 5-66 中的"IB1"对应着图 5-65 中"IO 控制器中的地址"下方的 I1，"QB1"对应着图 5-65 中"IO 控制器中的地址"下方的 Q1。通过将"IB1"的值传送至"MB0"，即可在程序中监控智能设备发送过来的"Q1"的值；同时，通过将"MB1"的值传送至"QB1"并最终发送给智能设备，即可起到控制智能设备中"I1"的值的作用。

打开 SmartIO PLC 的主程序"Main"，在其中添加两个"MOVE"函数，按图 5-67 所示的方式编写代码。

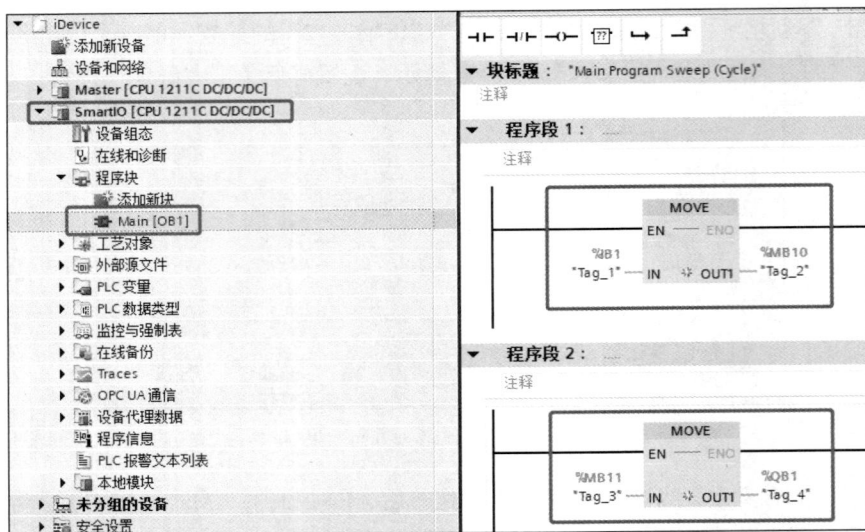

图 5-67　在 SmartIO PLC 的主程序"Main"中添加两个"MOVE"函数

图 5-67 中的"IB1"对应着图 5-65 中"智能设备中的地址"下方的 I1，"QB1"对应着图 5-65 中"智能设备中的地址"下方的 Q1。通过将"IB1"的值传送至"MB10"，即可在程序中监控 IO 控制器发送过来的"Q1"的值；同时，通过将"MB11"的值传送至"QB1"并最终发送给 IO 控制器，即可起到控制 IO 控制器中"I1"的值的作用。

4. 通信测试

将 Master PLC 和 SmartIO PLC 程序分别编译并下载到两台 PLC 中（具体下载步骤请参考 5.2.2 小节），再用网线将两台 PLC 连接到同一台交换机，分别运行两台 PLC 并在线监控"Main"程序，如图 5-68 所示。

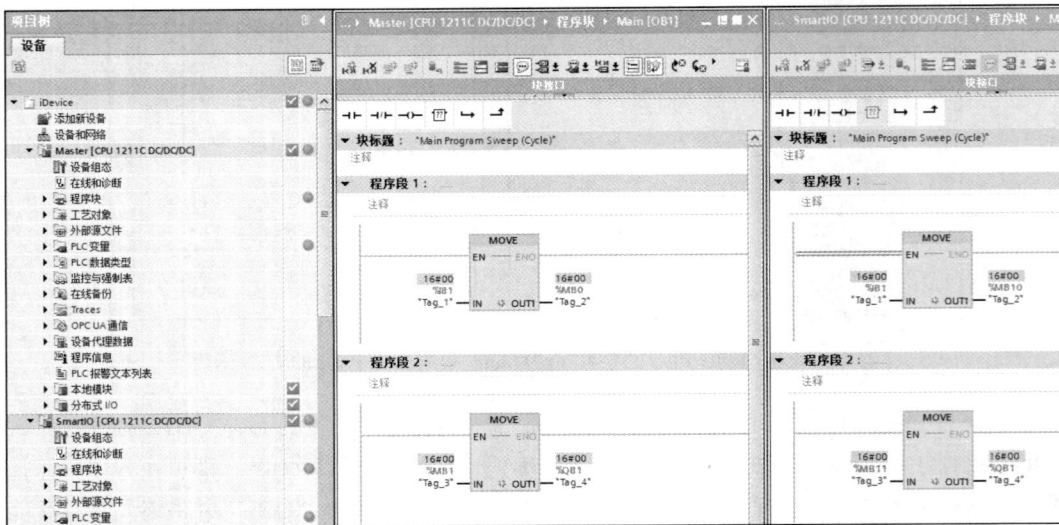

图 5-68　运行两台 PLC 并在线监控"Main"程序

找到 Master PLC 所属的"Main"程序，右击"Tag_3"，在弹出的快捷菜单中选择"修改"→"修改操作数"，如图 5-69 所示。

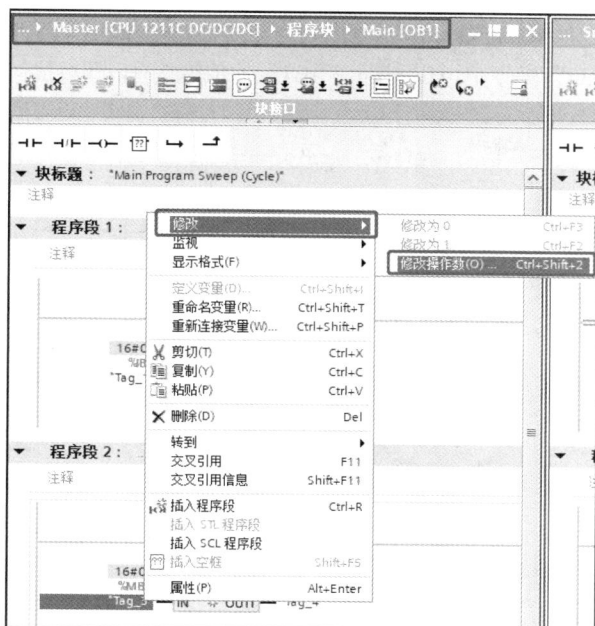

图 5-69 修改操作数

在弹出的"修改"对话框中，更改"修改值"文本框中的内容（本例中以"26"为例），单击"确定"按钮，如图 5-70 所示，这样便将"MB1"的值传送给"QB1"并发送给智能设备。

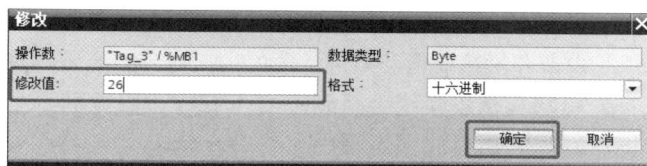

图 5-70 更改"修改值"文本框中的内容

找到 SmartIO PLC 所属的"Main"程序，可以看到"IB1"的值变为刚刚设置的"26"，这个数值即 IO 控制器（Master）通过 I-Device 发送过来的数值，如图 5-71 所示。

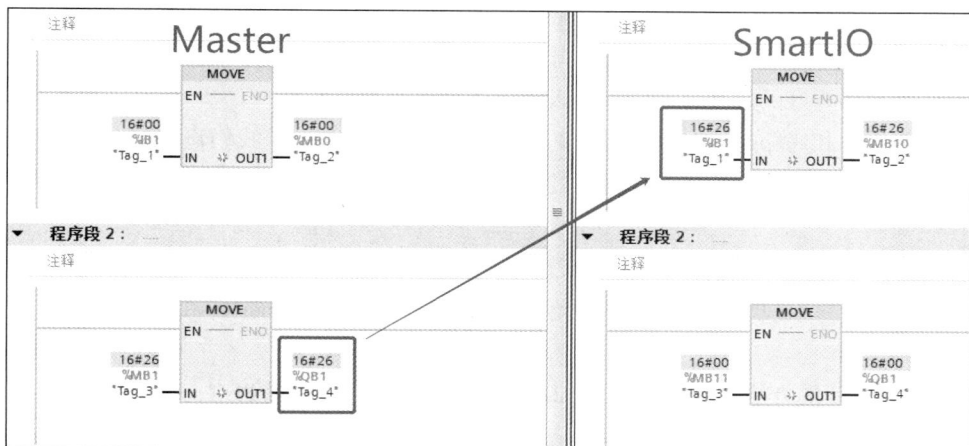

图 5-71 通信测试-Master 发送

151

找到 SmartIO PLC 所属的"Main"程序，修改"Tag_3"的值（本例中以"37"为例），在 Master PLC 所属的"Main"程序中可以看到，"IB1"的值变为刚刚设置的"37"，如图 5-72 所示。

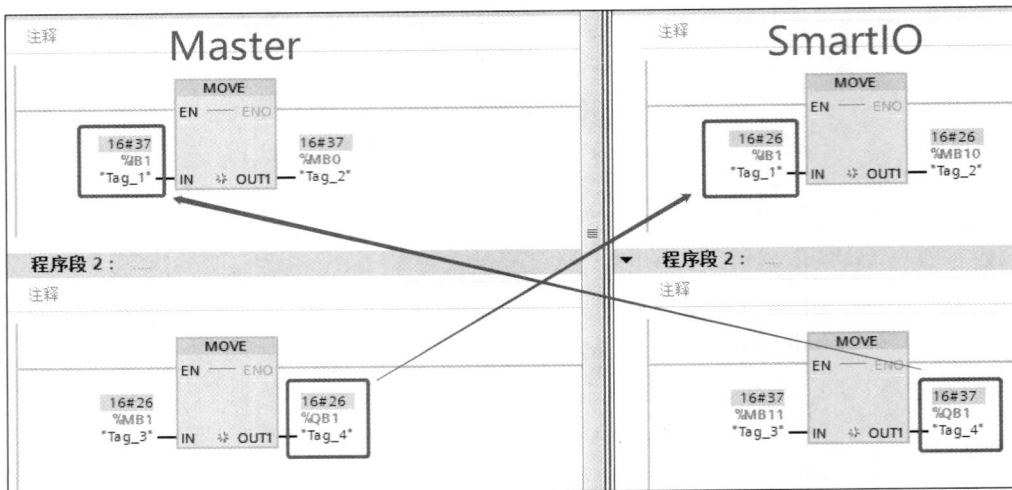

图 5-72　通信测试-Master 接收

5.4.3　I-Device 远程 I/O 通信

1. 项目背景

图 5-73 所示的是点胶设备和烤箱通信的案例，点胶设备通过机器人首先将物料从皮带线上抓到点胶位并点胶，其次将点好胶的物料放入烤箱内烘烤，烘烤完成后机器人将物料取出并放回到皮带线。

在此案例中，点胶设备通过 I-Device 通信读取烤箱的状态，从而确定烤箱哪个炉子是空的、哪个炉子正在烘烤以及哪个炉子已经烤好等待取料。点

图 5-73　点胶设备和烤箱通信的案例

胶设备可以发送命令让烤箱将空的炉子打开，机器人将点好胶的物料放进此炉子中烘烤，也可以发送命令让烤箱将烤好的炉子打开，机器人将烘烤完毕的物料取出。

因为点胶设备和烤箱是两台独立运行的设备，在下面的实验中，我们将点胶设备的 PLC 当作主站，将烤箱的 PLC 配置为远程 I/O，通过在主站导入 GSD 文件的方式访问远程 I/O，以下是具体的操作步骤。

2. 项目创建及配置——远程 I/O

参照 5.2.2 小节创建项目的相关步骤操作，创建一个名称为"SmartIO_Device"的项目，操作顺序如图 5-74 所示。

按照 5.4.2 小节的方法，搜索"6ES7 211-1AE40-0XB0"并配置 PLC，再将该 PLC 重命名为"SmartIO_Device"，如图 5-75 所示。

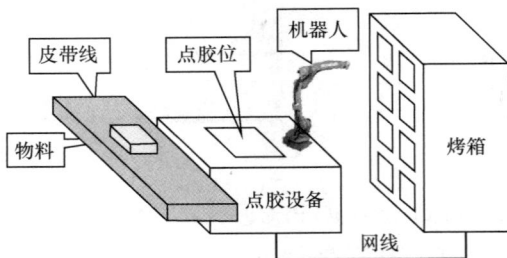

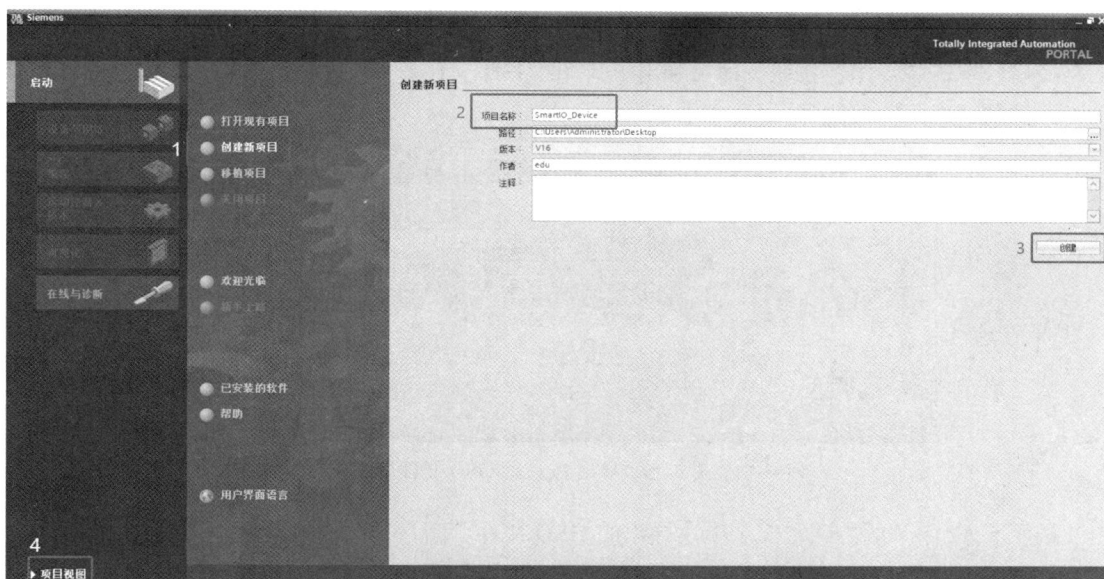

图 5-74 创建项目操作顺序

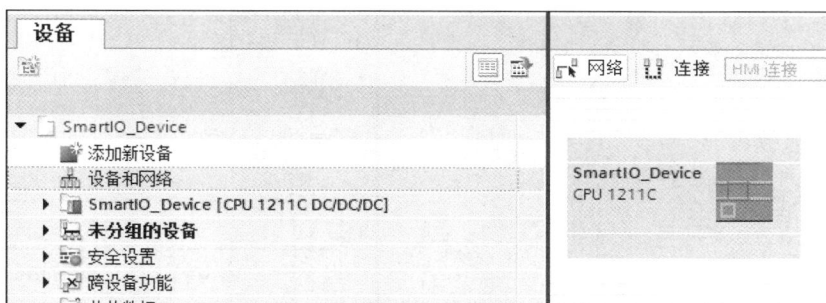

图 5-75 搜索、配置、重命名 PLC

按照 5.4.2 小节的方法，配置此 PLC 的 "PROFINET 接口" 的 "操作模式"，与 5.4.2 小节操作的唯一的区别在于此 PLC 的 "已分配的 IO 控制器" 处选择的是 "未分配" 选项，如图 5-76 所示。

配置完成后单击 "确定" 按钮，再单击菜单栏的 "编译" 按钮进行项目编译。等待编译完成后，再次进入 PLC 的属性对话框，拖动属性对话框右侧的滚动条，找到 "导出常规站描述文件(GSD)" 项目，单击下方的 "导出" 按钮，如图 5-77 所示。

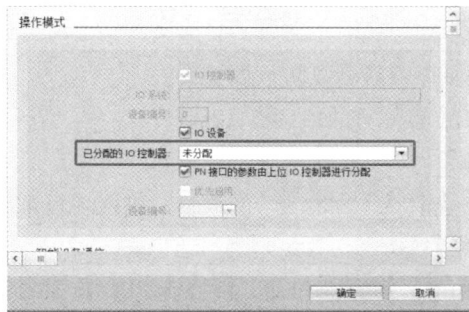

图 5-76 配置操作模式

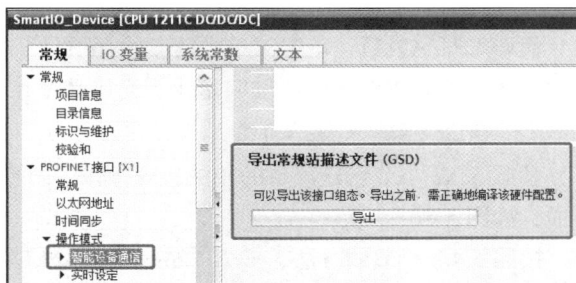

图 5-77 导出常规站描述文件(GSD)

在弹出的"导出常规站描述文件(GSD)"对话框中，不要更改"标识"内容，另外选择合适的路径后，单击"导出"按钮，即可导出 PLC 的 GSD 文件，如图 5-78 所示，最后单击 PLC 属性对话框的"确定"按钮即可。

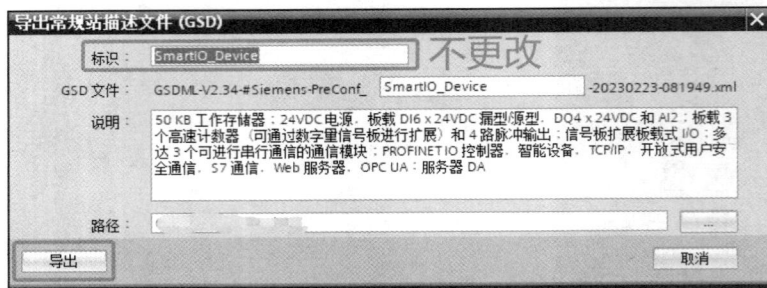

图 5-78　导出 PLC 的 GSD 文件

按照 5.2.2 小节的方法，安装上述导出的 GSD 文件。

打开 SmartIO_Device PLC 的主程序"Main"，在其中添加两个"MOVE"函数，按图 5-79 所示的方式编写代码。

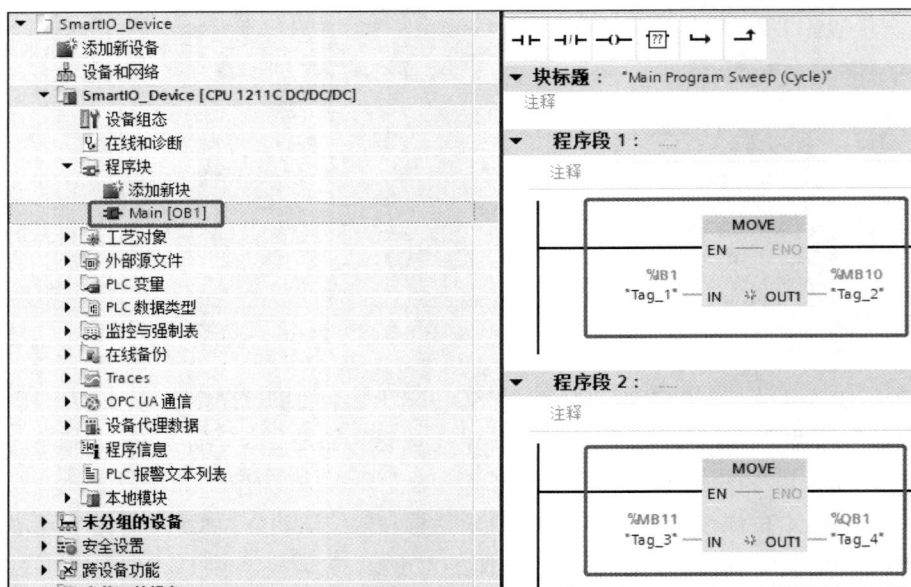

图 5-79　在 SmartIO_Device PLC 的主程序"Main"中添加两个"MOVE"函数

代码编写完成后，单击菜单栏的"保存项目"按钮保存项目，以防数据丢失。

上述步骤完成后，将项目编译并下载到远程 IO PLC（具体方法参考 5.2.2 小节）。

3. 项目创建及配置-主站

参照 5.2.2 小节创建项目的相关步骤操作，创建一个名称为"Master"的项目，进入项目视图界面，如图 5-80 所示。

按照 5.4.2 小节的方法，搜索"6ES7 211-1AE40-0XB0"并配置 PLC，再将该 PLC 重命名为"Master"，如图 5-81 所示。

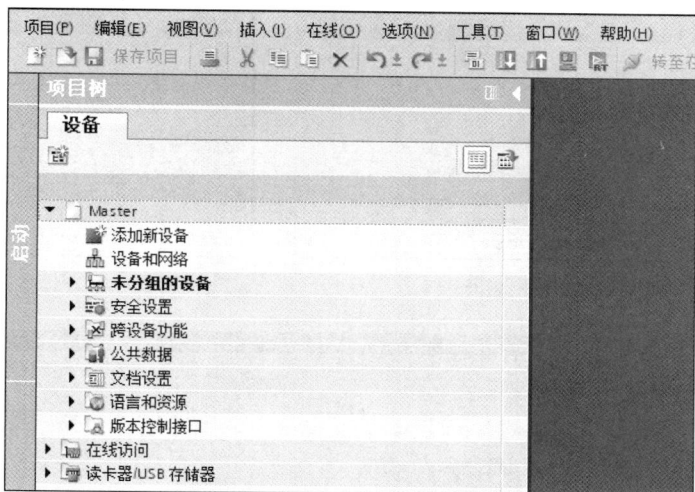

图 5-80 创建好的 Master 项目

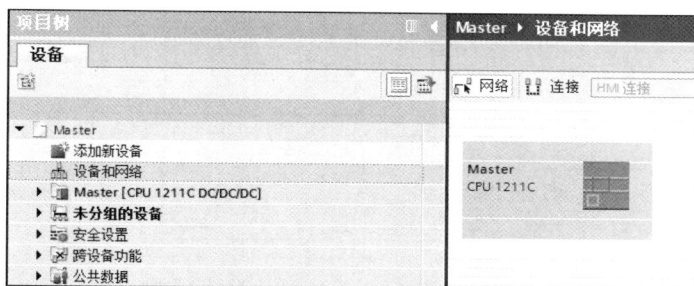

图 5-81 搜索、配置、重命名 PLC

再次配置"SmartIO_Device"模块，模块配置完成后的效果如图 5-82 所示。

单击"SmartIO_Device"下方的"未分配"，在弹出的"选择 IO 控制器"界面中，选择"Master.PROFINET 接口_1"选项，如图 5-83 所示。

这样就将"Master"及"smartio_device"的网口连接到一起了，如图 5-84 所示。

单击"Master.PROFINET IO-System(100)"（两

图 5-82 模块配置完成后的效果

个模块中间的那根白绿交错的线），再单击页面下方的"属性"即可查看连接属性。选择"地址总览"，在右侧可以看到"smartio_device"模块的 IO 地址，如图 5-85 所示。请记下这个地址，稍后编程时会用到。

打开 Master PLC 的主程序"Main"，在其中添加两个"MOVE"函数，按图 5-86 所示的方式编写代码。

注意图 5-86 中的"IB68"与"QB64"是与图 5-85 中的地址相对应的，每个人创建的项目地址会有所不同，应根据实际情况编写。

代码编写完成后，单击软件菜单栏的"保存项目"按钮保存项目，以防数据丢失。

上述步骤完成后，将项目编译并下载到主站 PLC（具体方法参考 5.2.2 小节）。

155

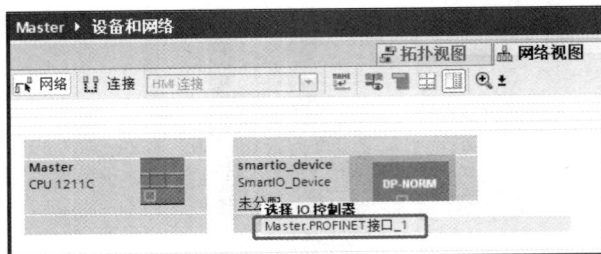

图 5-83　选择 IO 控制器

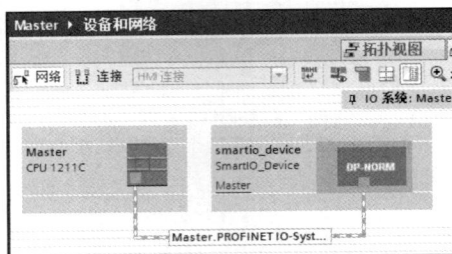

图 5-84　设备网口互连

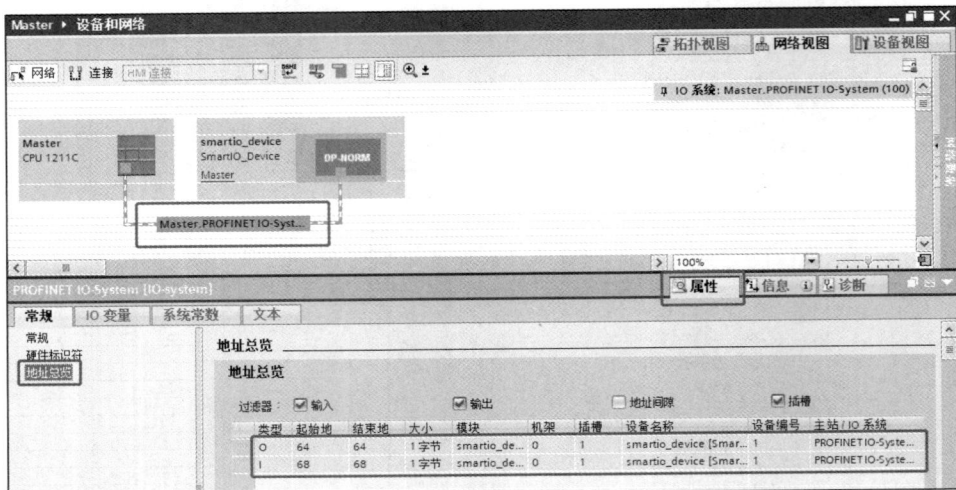

图 5-85　"smartio_device" 模块的 IO 地址

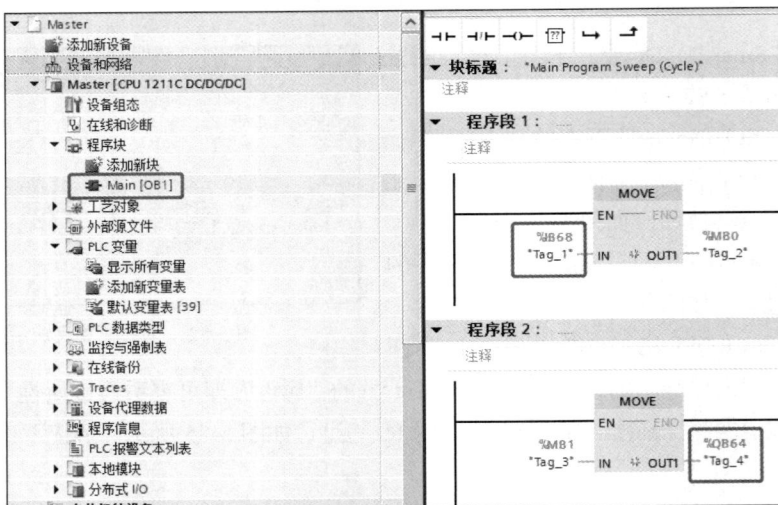

图 5-86　在 Master PLC 的主程序 "Main" 中添加两个 "MOVE" 函数

4. 通信测试

将两台 PLC 接到同一台交换机，分别运行两台 PLC 的程序，按照 5.4.2 小节的方法，修改 Master PLC 里 "MB1" 的值（本例中以 "16" 为例），同时修改 SmartIO_Device PLC 里 "MB11" 的值（本例中以 "35" 为例），从图 5-87 中可以看到，两台 PLC 可以正常实现通信。

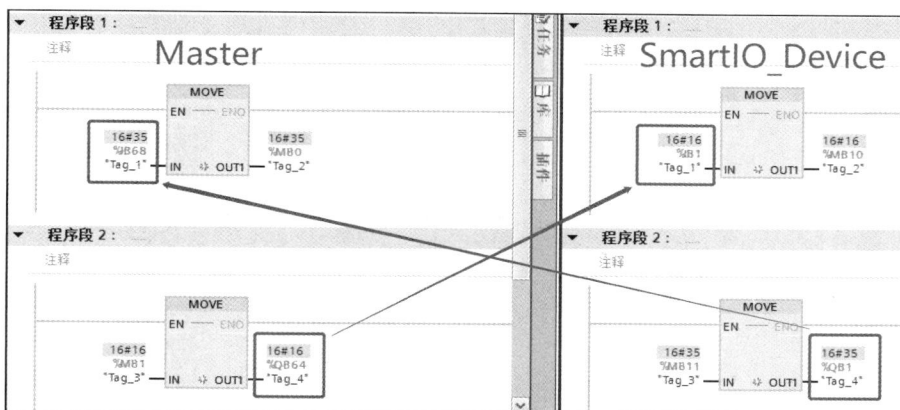

图 5-87 通信测试

【项目小结】

本项目主要围绕 PROFINET 基本概念、PROFINET IO 数据采集、GSD 模型配置文件及 I-Device 通信进行教学，项目小结如图 5-88 所示。

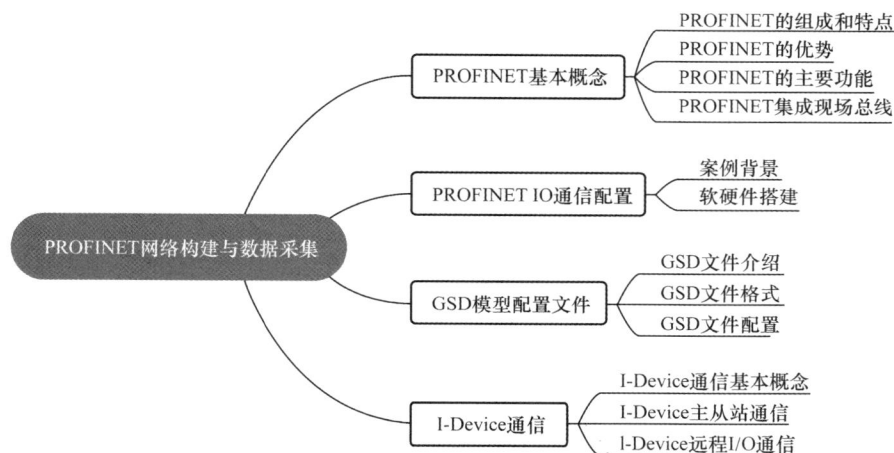

图 5-88 PROFINET 网络构建与数据采集项目小结

【思考与练习】

1. 什么是 PROFINET？它的主要特点是什么？

2. PROFINET 设备的网络拓扑结构有哪些？它们的优缺点分别是什么？

3. 运动控制系统对通信实时性有什么要求？为满足运动控制系统的要求，PROFINET 实时通信技术作了哪些改进？

4. PROFINET 与 PROFIBUS 相较有什么优缺点？

项目6

OPC UA 通信与数据采集

【项目描述】

不同厂商生产的设备使用不同的通信协议，这导致设备之间难以进行通信，给工业网络互联、互通带来了许多挑战，如数据集成困难、系统复杂等。OPC UA 是一种开放式的通信协议。简单来说，它是一种用于不同设备和系统之间通信的技术规范。通过 OPC UA，各种设备和系统可以交流和共享数据，实现更高效的设备互联、架构统一和跨平台集成，为工业系统的高效运作和智能化提供了基础。

【职业能力目标】

- 能够配置西门子 PLC、WinCC 的 OPC UA 数据访问，完成数据读取。
- 能够配置智能网关，开发 Python 服务，完成 OPC UA 数据读取。
- 能够配置 OPC UA 服务器和客户端安全策略、授信证书等。

【学习目标】

- 掌握 OPC UA 信息模型（面向对象），包括地址空间、节点。
- 掌握 OPC UA 服务器和客户端安全配置，包括安全性（身份验证、安全策略）等。

【素质目标】

通过学习 OPC UA 服务器和客户端安全配置，理解网络安全防范的重要性，帮助学生提高认知能力，使其对网络安全有深刻的认知，了解网络安全防范技术在工业网络中的发展趋势。

【知识链接】

6.1　OPC UA 基本概念

微课

OPC UA 基本概念

6.1.1　OPC 技术背景

在 OPC 技术诞生之前，自动化现场设备互联没有一个统一的通信标准，不同的软硬厂商都制订了自己的通信标准。因为通信标准不统一，所以造成了软件与硬件之间、设备与设备之间的通信程序代码无法重复利用，必须为不同的设备开发不同的通信程序，导致成本的大幅上升。因此，业界希望有一个统一的通信标准，提供一种即插即用的软件接口，能够实现不同设备之间、软件和硬件之间的数据交换。

在这种背景下，OPC 技术诞生了。OPC 技术的发展共经历了 OPC Classic（经典 OPC）和 OPC UA 两个阶段。

1. OPC Classic

OPC Classic 是 OPC 技术的早期阶段，"OPC"是英文"OLE for Process Control"的缩写，中文翻译为"过程控制的 OLE"。这里的"OLE"是英文"Object Link and Embedding"的缩写，中文翻译为"对象链接与嵌入"。OLE 技术基于微软公司的 COM/DCOM 技术，因此 OPC Classic 本质上也是基于 COM/DCOM 的过程控制技术。

OPC Classic 提供了一整套在过程控制中用于数据交换的软件标准和接口。OPC Classic 提供的接口如图 6-1 所示。

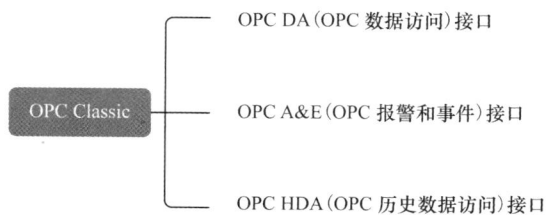

图 6-1　OPC Classic 提供的接口

- OPC 数据访问（OPC Data Access，OPC DA）接口：定义了数据交换的规范，包括过程值、更新时间、数据品质等信息。
- OPC 报警和事件（OPC Alarms & Events，OPC A&E）接口：定义了报警、事件消息、变量的状态及管理的方法。
- OPC 历史数据访问（OPC Historical Data Access，OPC HDA）接口：定义了访问及分析历史数据的方法。

根据过程控制的不同作用，OPC Classic 软件可以分为 OPC 服务器软件和 OPC 客户端软件两大类。

OPC 服务器软件是过程控制的重点，它不仅需要与 PLC、现场设备进行通信，将各种不同的现场总线、通信协议转换成统一的 OPC 协议，并将数据传输到 OPC 服务器接口；还需要与 OPC 客户端软件通过标准 OPC 协议进行通信，为 OPC 客户端提供数据或者将 OPC 客户端的指令发送给 PLC 与现场设备。

OPC 客户端软件只需要通过标准 OPC 协议与 OPC 服务器进行通信，就能将指令与数据发送给 PLC 或现场设备。

图 6-2 所示的是 OPC Classic 软件工作示意。

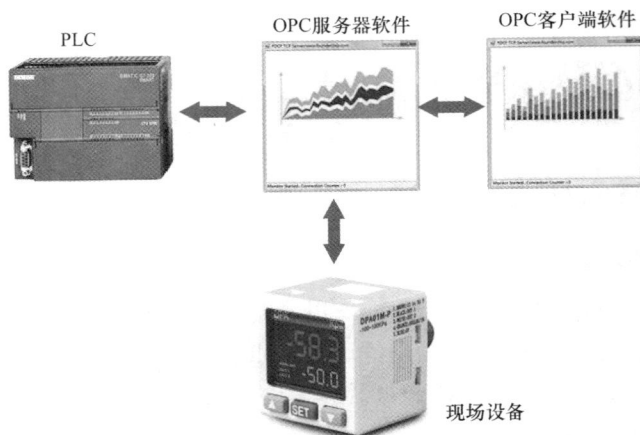

图 6-2　OPC Classic 软件工作示意

OPC 服务器软件在整个系统中处于中介地位，它一方面要联系现场设备与 PLC，另一方面要与 OPC 客户端软件保持通信。这样的好处在于：设备厂商只需要提供一个自己设备的 OPC 服务器软件，其他任何设备或软件只需要编写一个 OPC 客户端软件就能与其通信；因为 OPC 的接口都是统一的，所以很大程度地减少了编程开发和程序维护的工作。

虽然 OPC Classic 在过程控制中表现优异，但是随着技术的发展及一些外部因素的变化，OPC Classic 已经无法满足人们的需求，主要原因如下。

- OPC Classic 依赖微软的 COM/DCOM 技术，然而随着 IT 的发展，微软已经弱化了这种技术，因为这种技术在安全性、跨平台性以及连通性方面都存在很多问题。
- OPC 供应商希望提供一种数据模型将 OPC DA、OPC A&E、OPC HDA 统一起来。
- 为了增强竞争力，OPC 供应商希望将 OPC 技术应用到非 Windows 平台。
- 终端用户希望能在设备硬件的固件程序中直接访问 OPC 服务器软件。
- 一些合作组织希望提供高效的、安全的、用于高水平数据传输的数据结构。

在这种情况下，OPC 技术的推广和管理组织——OPC 基金会（OPC Foundation）在 2008 年推出了 OPC 统一架构（OPC Unified Architecture，OPC UA）。

2. OPC UA

2008 年发布的 OPC UA 将 OPC Classic 规范的所有功能集成到一个可扩展的框架中，独立于平台并且面向服务。OPC UA 具有功能对等性、平台独立性、安全性、可扩展性及信息模型完整性等特性。

（1）功能对等性

OPC UA 实现了 OPC Classic 的所有功能，并增加或增强了如下一些功能。

发现：可以在本地 PC 或网络上查找可用的 OPC 服务器。

地址空间：所有数据（如文件和文件夹）分层显示，允许 OPC 客户端发现、利用简单和复杂的数据结构。

按需：基于访问权限读取和写入数据/信息。

订阅：监视数据/信息，并且当值的变化超出客户端的设定时报告异常。

事件：基于客户端的设定，通知重要信息。

方法：客户端可以基于在服务器定义的方法来执行程序等。

OPC UA 产品和 OPC Classic 产品之间的集成可以通过 COM/Proxy Wrappers 轻松实现。

（2）平台独立性

OPC UA 是跨平台的，不依赖于硬件或软件操作系统；它可以运行在 PC、PLC、云服务器、微控制器等不同的硬件下，支持 Windows、Linux、macOS、Android 等操作系统。

（3）安全性

OPC UA 支持会话加密、信息签名等安全技术，每个 OPC UA 的客户端和服务器都要通过 OpenSSL 证书标识，具有用户身份验证、审计跟踪等安全功能。

（4）可扩展性

OPC UA 的多层架构提供了一个"面向未来"的框架，诸如新的传输协议、安全算法、编码标准或应用服务等创新技术和方法可以在并入 OPC UA 的同时保持对现有产品的兼容性。

（5）信息模型完整性

OPC UA 信息模型框架可以将数据转换为信息。通过完全的面向对象技术，即使是非常复杂的多层次结构也可以被建模和扩展。

OPC UA 还定义了信息模型的访问机制。

- 查找机制（浏览），用于查找实例及其语义。
- 读写实时数据和历史数据的操作。
- 执行方法。
- 通知数据和事件。

对于客户端/服务器通信，可通过服务器获得全方位的信息模型访问权限，并且基于面向服务的体系结构（Service-Oriented Architecture，SOA）的设计范式，服务提供者通过该设计范式接收请求，处理请求并将结果返回给服务请求者。

发布/订阅（Pub/Sub），是数据和事件通知的一种替代机制。在客户端/服务器通信中，每个通知都安全传送给单个客户端，而 Pub/Sub 已针对多对多配置进行了优化。

通过 Pub/Sub，OPC UA 的应用程序不会直接交换请求和响应，而是由发布者将消息发送到面向消息的中间件（Message Oriented Middleware，MOM），订阅者无须知晓。如果订阅者对某些特定数据感兴趣，可以将包含此数据的信息打包处理，同样无须知晓数据的来源。

6.1.2 OPC UA 原理

OPC UA 使用了对象（object）作为过程系统表示数据和活动的基础。

OPC UA 信息模型是节点的网络（network of node），也称为结构化图（graph），由节点（node）和引用组成，这种结构化图称为 OPC UA 的地址空间。这种结构化图可以描述各种各样的结构化信息（对象）。地址空间的要点如下。

- 地址空间是用来给服务器提供标准方式，以向客户端表示对象的。
- 地址空间的实现途径是使用对象（变量和方法的对象，以及表达关系的对象）模型。
- 地址空间中模型的元素被称为节点，为节点分配节点类来代表对象模型的元素。
- 对象及其组件在地址空间中表示为节点的集合，节点由属性描述并由引用相连。
- OPC UA 建模基于节点和节点间的引用。

1. 对象模型

对象包含变量、事件和方法，它们通过引用来互相连接。对象模型如图 6-3 所示。

2. 节点模型

节点由属性描述并由引用相连，节点模型如图 6-4 所示。

- 节点根据用途分属于不同的节点类（NodeClass），一些节点表示实例（/Root/Objects），另一些节点表示类型（/Root/Types）。
- 节点类依据属性和引用来定义。OPC UA 规范定义的节点类称为地址空间的元数据，地址空间中每个节点都是这些节点类的实例。
- 节点是节点类的实例，属性和引用是节点的基本组件。
- 属性（attribute）用于描述节点，不同的节点类有不同的属性（属性集）。节点类的定义中包括属性的定义，因此属性不包括在地址空间中。
- 引用表示节点间的关系。引用被定义为引用类型节点的实例，存在于地址空间中。

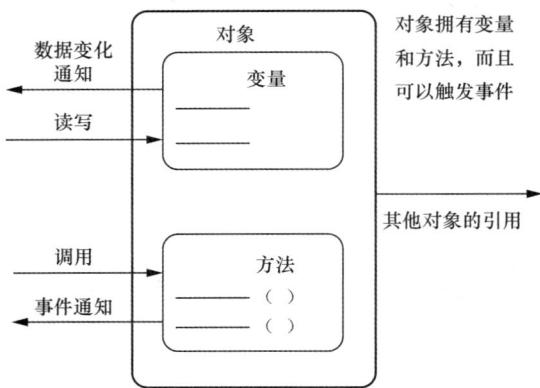

图 6-3　对象模型

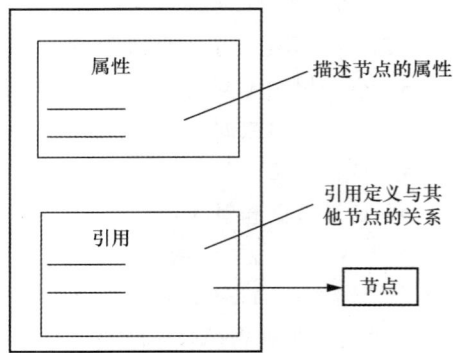

图 6-4　节点模型

节点模型的基本节点类属性如表 6-1 所示。

表 6-1　基本节点类属性

名称	使用	数据类型	说明
NodeId	M	NodeID	明确标识节点
NodeClass	M	NodeClass	标识节点的节点类
BrowseClass	M	QualifiedName	浏览地址空间时的非本地化名称
DisplayName	M	LocalizedText	包含节点本地化名称

续表

名称	使用	数据类型	说明
Description	O	LocalizedText	解释节点的本地化文本
WriteMask	O	Uint32	不考虑权限的写入节点属性的可能性
UserWriteMask	O	Uint32	考虑权限的写入节点属性的可能性

注：WriteMask 和 UserWriteMask 是 32 位无符号整数，M 代表必选项，O 代表可选项。

3. 引用模型

包含引用的节点为源节点，被引用的节点为目标节点。目标节点可以与源节点在同一个地址空间，也可以在另一个 OPC 服务器的地址空间，目标节点甚至可以不存在。引用模型如图 6-5 所示。

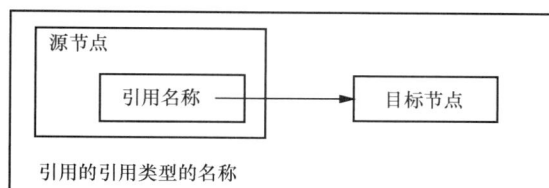

图 6-5　引用模型

4. 类型定义节点

节点是服务器提供的用于对象和变量的类型定义。HasTypeDefinition 用来连接一个实例，该实例的类型由类型定义节点定义。

OPC UA 规范用来为不同厂商的设备和程序提供接口标准化，其一大特点是能够公开复杂的数据和系统。

OPC UA 定义一个具体对象，这个具体对象可以用来描述一个车间、一条生产线、一台设备或一个传感器。具象的事物包含多种信息，而信息以不同的形式统一定义在地址空间中。地址空间是 OPC 服务器用来表示具体事物对象的一个标准方式。一个具体事物，如一台空调，在地址空间中被定义为对象，该对象中所包括的是空调的各种信息，信息以不同形式存在于该对象中。如果有多台空调，将它们逐个定义为对象是不可取的。可以通过定义一个空调的对象类型来描述空调所具有的共性，然后通过把对象设定为该对象类型，来产生多个具有该空调对象类型的实际对象，即进行实例化。在实例化的过程中，可以通过引用来定义一个对象属于特定的对象类型，或者一个对象归属于另一个对象。例如空调被映射成了对象，使用对象类型实例化来产生多个对象，对象和对象类型都存在于地址空间中，它们有一个共同的名字——节点。所以，可以这样理解：地址空间是节点和引用（节点间关系）存在的一个虚拟的空间（其实它是用来表示对象的标准方式）。

同样地，以空调为例，简单讲解一下对象、变量和方法。

- 空调有风扇，有温度传感器，在地址空间中可将其定义为空调对象包含的对象。
- 空调还涉及温度、风速、温度设定点（非实物，一种数学概念）的概念，可以将它们定义为空调对象下的变量。
- 空调还可以开、关，可以将开和关的动作定义为空调对象的方法。
- 空调也许还具有报警功能，能够向外发送通知，则可以将该功能定义为事件。

由此，对象、变量和方法构成了 OPC UA 最重要的节点类别。对象拥有变量和方法，而且可以触发事件。

5. 标准的节点类

标准的节点类有如下几种，如图 6-6 所示。

- 基本节点类：能够派生所有其他节点类。
- 对象节点类：定义对象。
- 对象类型节点类：定义对象类型。
- 变量节点类：定义数据变量。
- 变量类型节点类：定义特性。
- 方法节点类：定义方法，方法没有类型定义，可以绑定到对象上。
- 引用类型节点类：定义引用。
- 视图节点类：定义地址空间中节点子集。

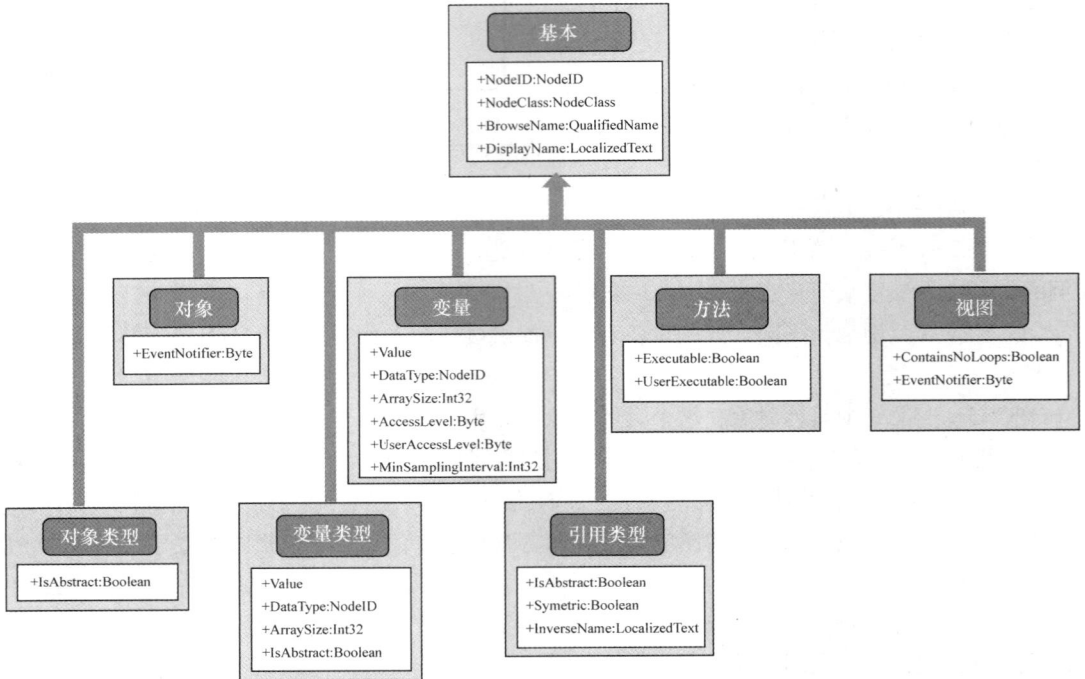

图 6-6　标准的节点类

在 OPC UA 中，最重要的节点类是对象、变量和方法。

（1）节点类为对象

节点类为对象的节点用于（构成）地址空间结构。

- 对象不包含数据，使用变量为对象公开数值。
- 对象可用于分组管理对象、变量或方法（变量和方法总属于一个对象）。
- 对象可以是一个事件通知器（设定 EventNotifier 属性），客户端可以订阅事件通知器来接收事件（事件在地址空间中是不可见的，它被绑定到对象上）。

（2）节点类为变量

节点类为变量的节点代表一个值。

- 值的数据类型取决于变量，类型的种类存储在 BaseDataType 中。
- 客户端可以对值进行读取、写入以及订阅其变化。
- 变量节点最重要的属性是 Value，它由 DataType、ValueRank 和 ArrayDimensions 属性定义，

通过这 3 个属性，可以定义各种类型的数据。

（3）节点类为方法

节点类为方法的节点，代表服务器中一个由客户端调用并返回结果的方法。

- 方法指定客户端使用的输入参数，并返回给客户端输出参数。
- 输入参数和输出参数作为方法的特性存在，是数据方法的变量。
- 客户端使用调用（Call）服务调用方法。

OPC UA 的模型采用 XML 文件描述，通过编译工具可以将 XML 文件编译成 C++ 语言的程序。

【项目实施】

6.2　OPC UA 在智能控制中的应用

现代工业的许多智能设备都支持 OPC UA 通信，特别是在 PLC 应用中，许多厂商会在 PLC 中集成 OPC UA 服务器接口，用于设备数据的采集，并与其他设备完成接口数据交换。本项目演示了西门子组态 WinCC 如何通过 OPC UA 通信协议与西门子 PLC 完成数据交换。

6.2.1　PLC 中 OPC UA 接口配置

1. 创建新项目

右击 TIA Portal V16 软件图标，选择以管理员身份运行 TIA Portal V16 软件，如图 6-7 所示。

参照 5.2.2 小节创建项目的相关步骤操作，创建一个名称为"OPCUA"的项目，操作顺序如图 6-8 所示。

2. 添加新设备

双击项目树下的"添加新设备"，在弹出的"添加新设备"对话框中单击"控制器"，双击"SIMATIC S7-1200"选项，双击"CPU"选项，在下拉列表中双击"CPU 1211C DC/DC/DC"选项，继续双击"6ES7 211-1AE40-0XB0"选项，单击"版本"右侧的向下箭头，在打开的下拉列表中选择"V4.4"固件版本，

图 6-7　以管理员身份运行 TIA Portal V16 软件

单击"确定"按钮后成功添加新设备，如图 6-9 所示。订货号 6ES7 211-1AE40-0XB0 的设备只有 V4.4 的固件版本才支持 OPC UA 通信功能。

3. 配置设备 IP 地址

查看设备属性有两种方法：一是右击设备"PLC_1[CPU 1211C DC/DC/DC]"，在弹出的快捷菜单中选择"属性"进入"属性"界面；二是双击"设备组态"后双击窗口视图中的"PLC 设备"进入"属性"窗口。在"常规"选项卡中单击"PROFINET 接口[X1]"，再单击"以太网地址"，

在右侧"IP协议"中将IP地址修改为"192.168.1.50"，将子网掩码修改为"255.255.255.0"，配置PLC硬件的IP地址，如图6-10所示。

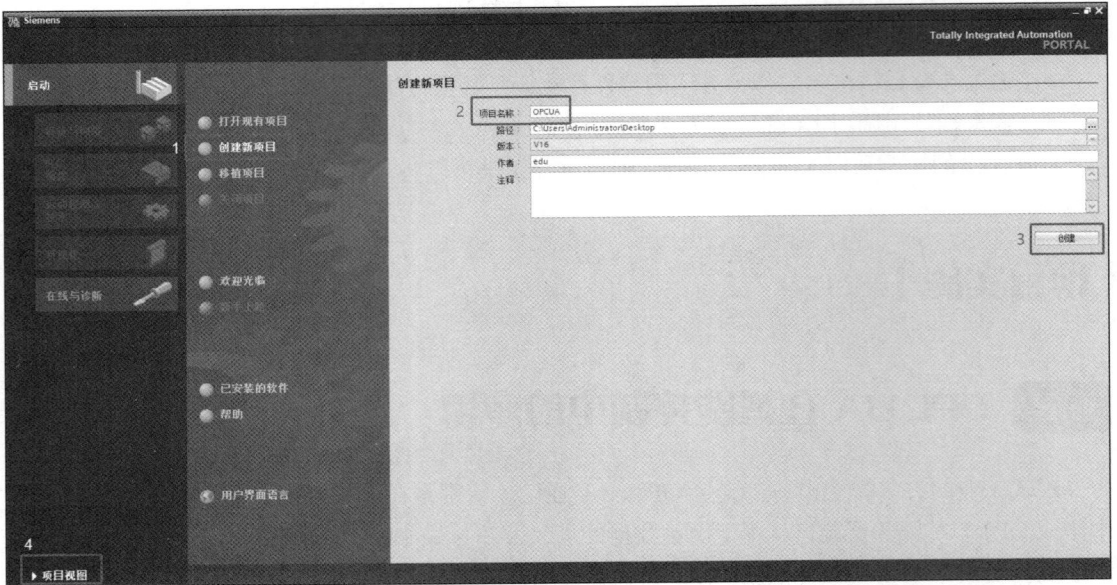

图6-8 创建新项目操作顺序

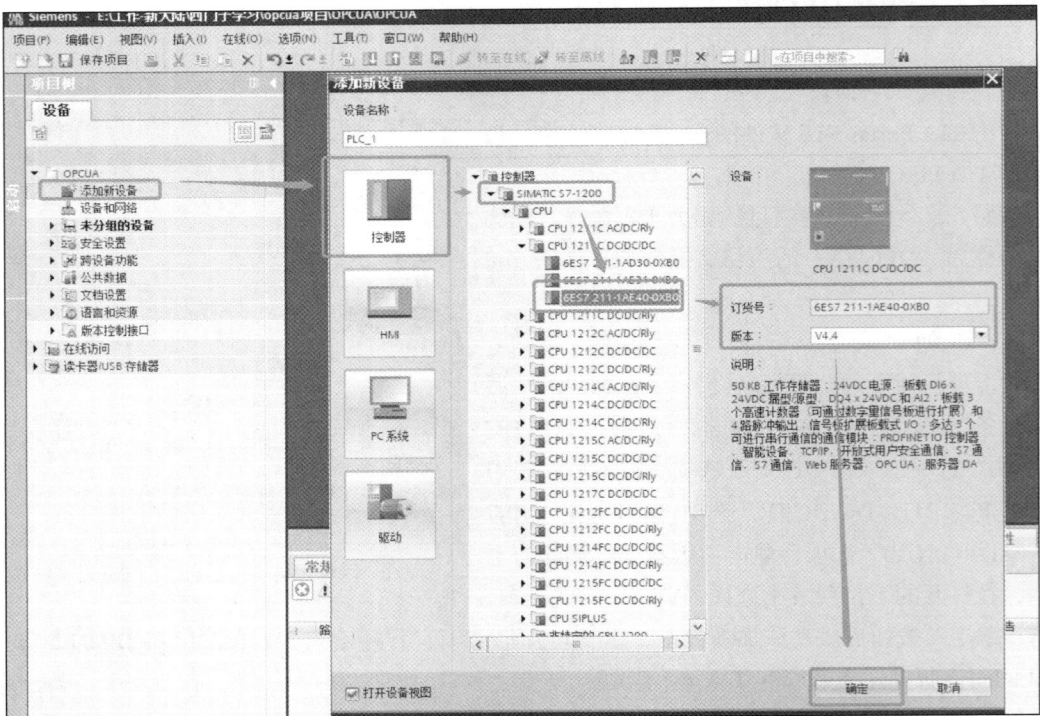

图6-9 添加新设备

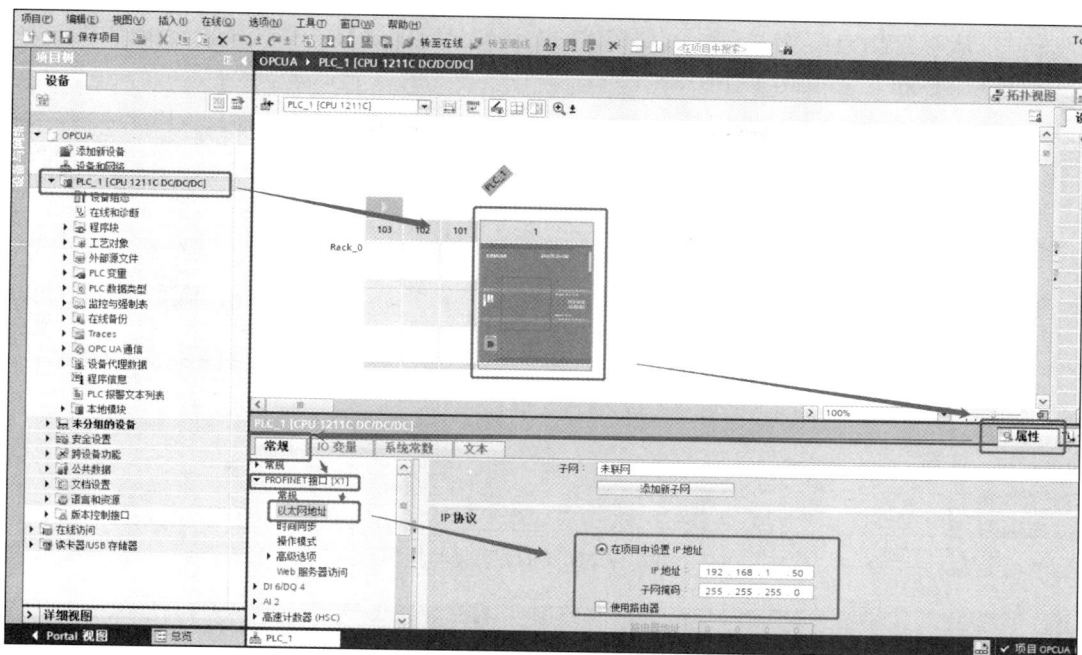

图 6-10　配置 PLC 设备的 IP 地址

4. 激活 OPC UA 服务器

在 "属性" 的 "常规" 选项卡中单击 "OPC UA"，再单击 "服务器"，在右侧 "访问服务器" 中勾选 "激活 OPC UA 服务器" 复选框，如图 6-11 所示。勾选后就激活了 OPC UA 服务器，等待设备下载到硬件后重启硬件 CPU 就可以生效。

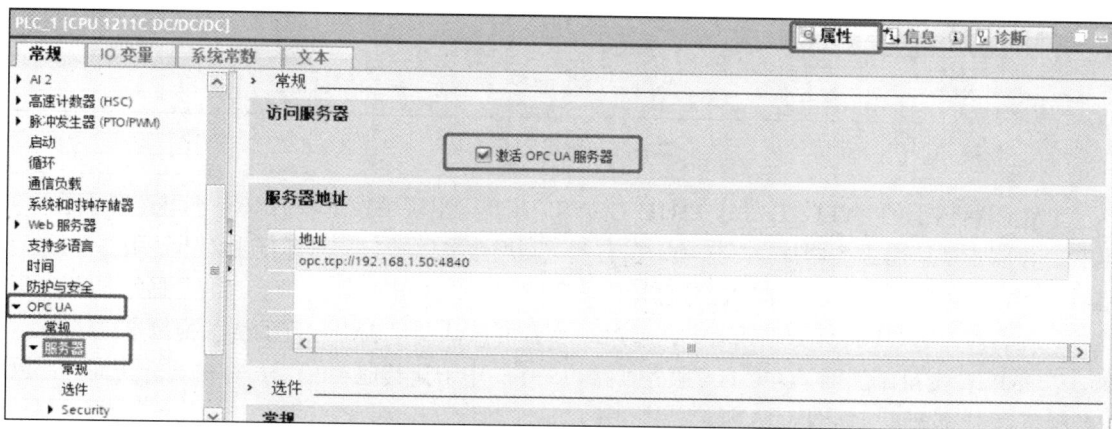

图 6-11　激活 OPC UA 服务器

在 "属性" 的 "常规" 选项卡中单击 "运行系统许可证"，在右侧 "运行系统许可证" 中展开 "购买的许可证类型" 下拉列表，选择 "SIMATIC OPC UA S7-1200 basic"，如图 6-12 所示。如果未选择购买的许可证类型，则 OPC UA 服务器无法正常运行。

5. 新建 PLC 变量

双击项目树下的 "PLC_1[CPU 1211C DC/DC/DC]"，出现下拉选项后双击 "PLC 变量" 选项，

再双击"默认变量表[31]"选项，在 PLC 变量的默认变量表中增加两个新变量"start"和"run"，数据类型为"Bool"，如图 6-13 所示。

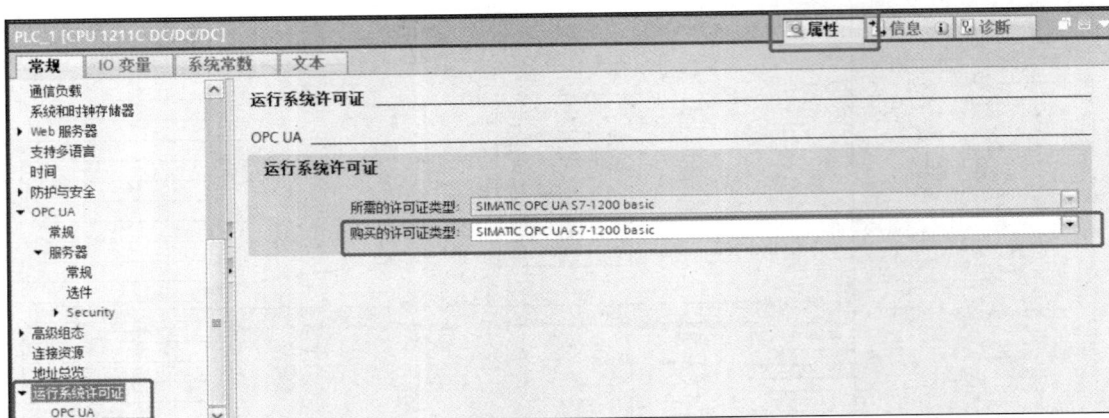

图 6-12　购买的许可证类型

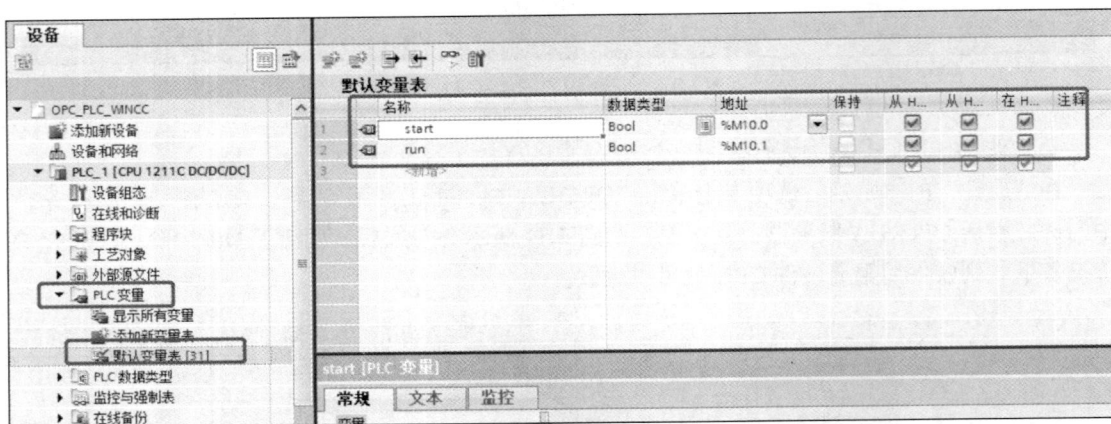

图 6-13　新建 PLC 变量

双击项目树下的"PLC_1[CPU 1211C DC/DC/DC]"，出现下拉选项后双击"OPC UA 通信"选项，再双击"新增服务器接口"选项，在右侧"新增服务器接口"对话框中单击"服务器接口"选项，单击"确定"按钮，完成"服务器接口_1"的添加，如图 6-14 所示。双击"服务器接口_1"选项，在右侧"OPC UA 元素"界面中，把 PLC 变量的默认变量表中建好的变量拖曳至"<新增>"处，以将 PLC 变量添加到"OPC UA 服务器接口"中，用于让其他 OPC UA 客户端能访问到 OPC UA 服务器中的变量，如图 6-15 所示。

6. 编辑程序块 OB1 并下载

双击项目树下的"PLC_1[CPU 1211C DC/DC/DC]"，双击"程序块"选项，出现下拉选项后双击"Main[OB1]"选项，在右侧编辑窗口中编辑输入直接控制输出程序。变量使用 PLC 变量的默认变量表中的"start"和"run"，如图 6-16 所示。

按照 5.2.2 小节的方法，在项目树下单击"PLC_1[CPU 1211C DC/DC/DC]"，再单击"[I]"按钮下载程序，如图 6-17 所示。

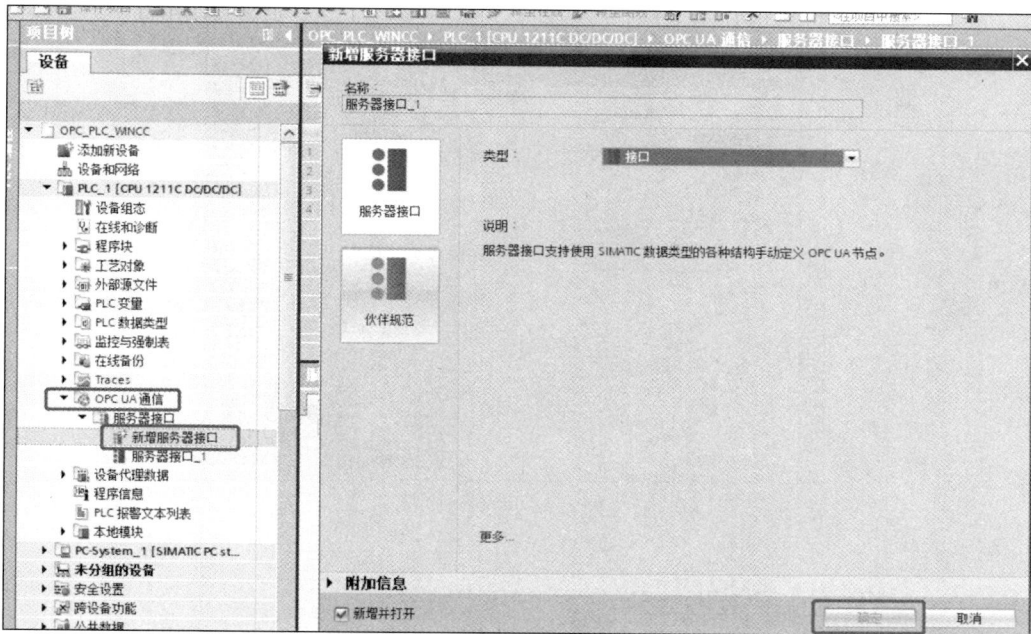

图 6-14 完成"服务器接口_1"的添加

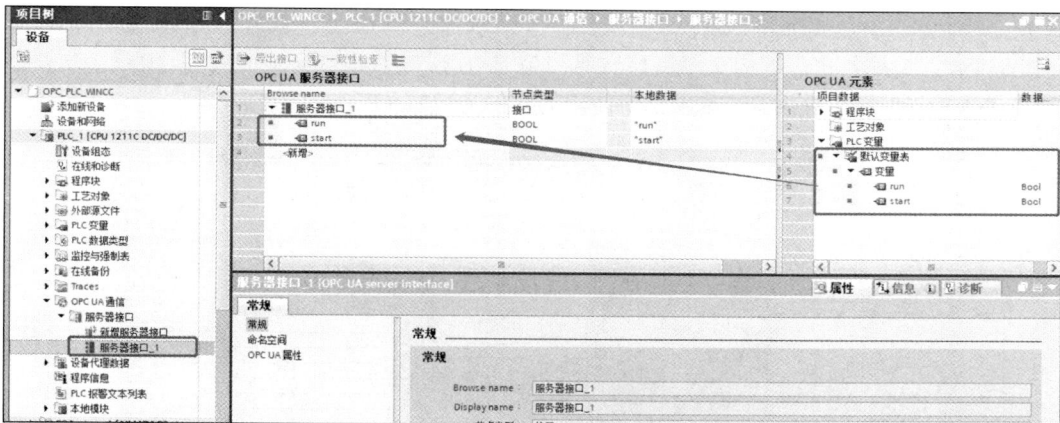

图 6-15 添加 PLC 变量到"OPC UA 服务器接口"中

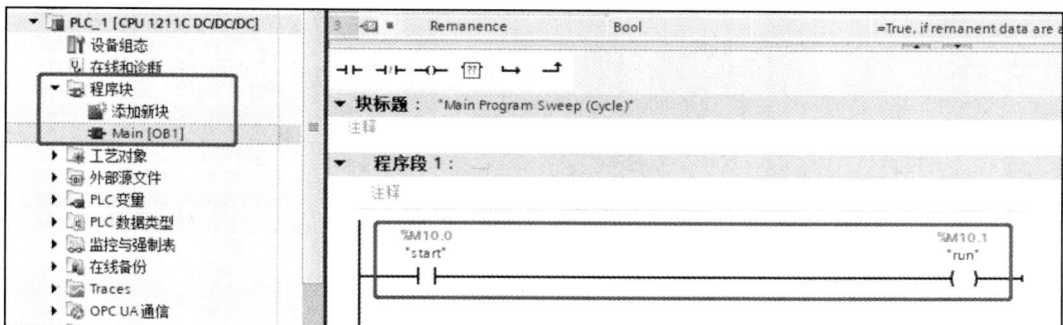

图 6-16 编辑程序块

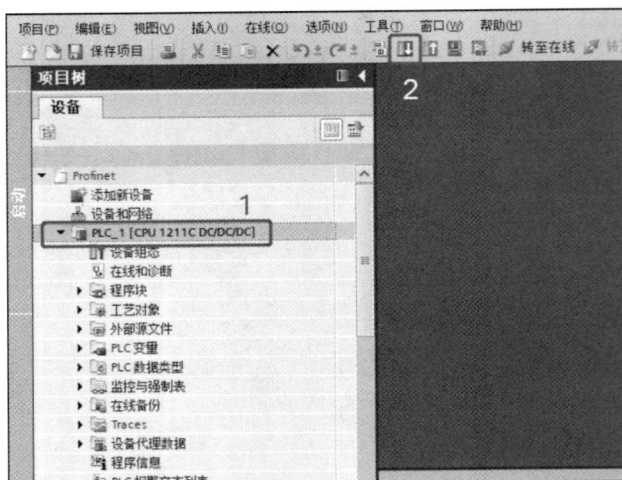

图 6-17　下载程序

6.2.2　OPC UA 数据读取

1．添加新设备

双击项目树下的"添加新设备"，在右侧"添加新设备"对话框中单击"PC 系统"，双击"WinCC
RT Advanced"选项，单击"确定"按钮后成功添加新设备，如图 6-18 所示。其中"16.0.0.0"对
应的是 TIA Portal 软件的版本，本项目所使用的软件为"TIA Portal V16"。

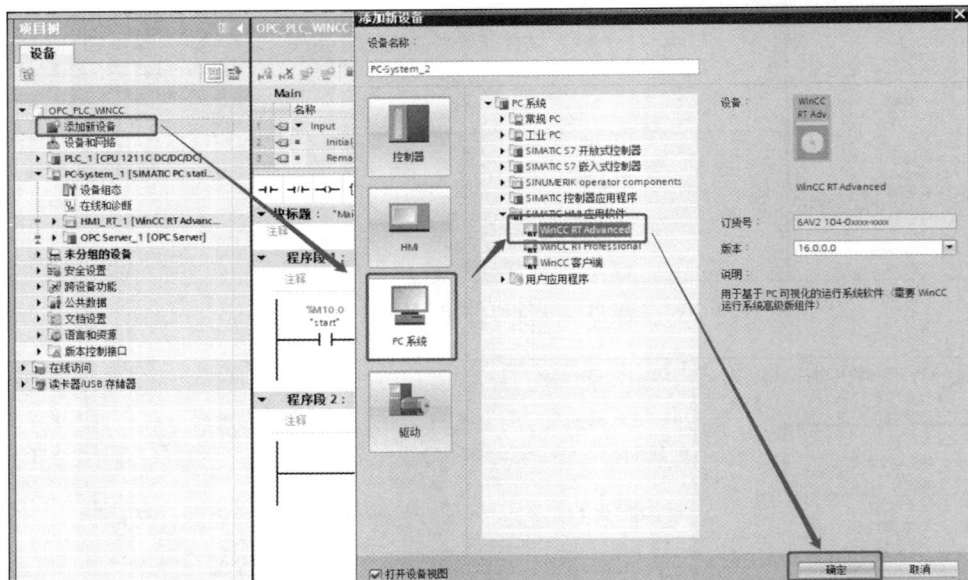

图 6-18　添加新设备

2．添加 OPC 服务器

双击项目树下的"PC-System_1"，双击"设备组态"，在右侧"硬件目录"界面中双击"用
户应用程序"，出现下拉选项后双击"OPC 服务器"，OPC 服务器将自动添加到"设备概览"选项

卡中的"模块"下，如图 6-19 所示。

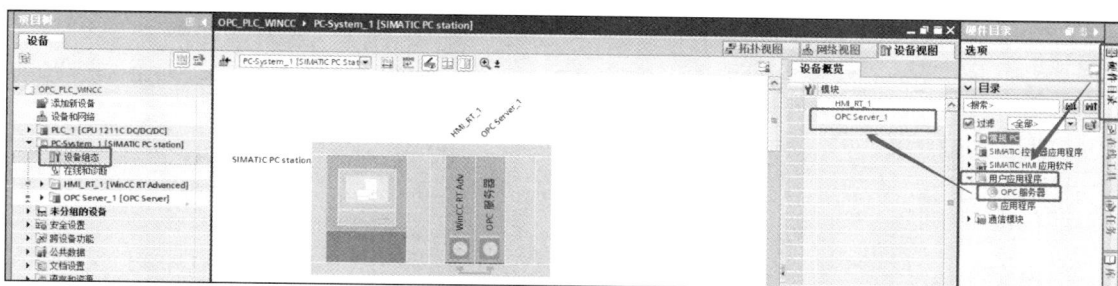

图 6-19　添加 OPC 服务器

3.　设置 HMI 连接

双击项目树下的"PC-System_1"，双击"HMI_RT_1"，出现下拉选项后双击"连接"，在右侧"连接"界面中双击"<添加>"，添加的连接的默认名称为"Connection_1"，在"通信驱动程序"下拉列表中选择"OPC UA"，在"参数"选项卡中的"UA 服务器发现 URL"文本框中输入"opc.tcp://192.168.1.50:4840"，如图 6-20 所示。

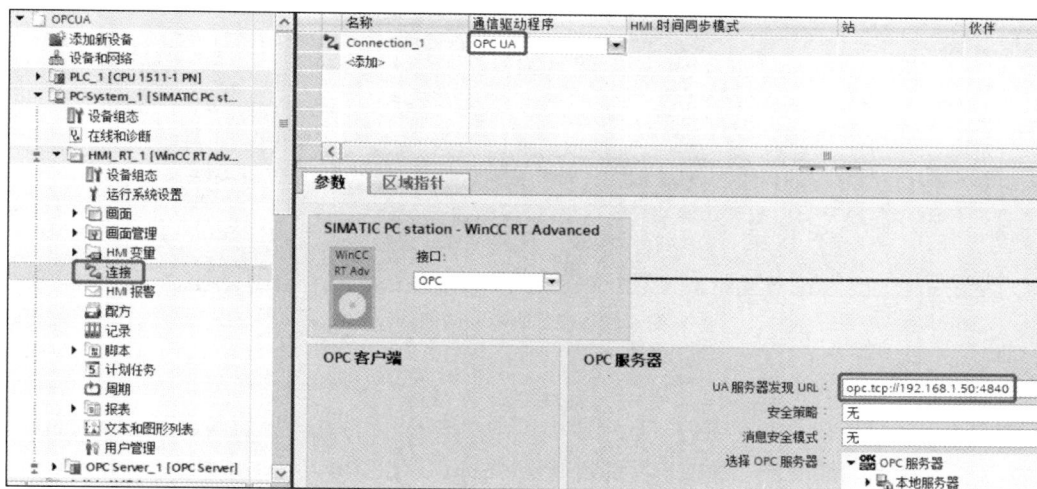

图 6-20　设置 HMI 连接

4.　HMI 变量映射

双击项目树下的"PC-System_1"，双击"HMI_RT_1"，出现下拉选项后双击"HMI 变量"，双击"默认变量表[2]"选项，在右侧"默认变量表"界面中新增两个变量，并且映射到 OPC UA 服务器中的两个变量，即 WinCC 通过 OPC UA 通信访问 PLC 中的 OPC UA 服务器。HMI 变量的默认变量表中的变量名可以与 PLC 变量的默认变量表中的一样，数据类型选择"Boolean"，连接选择"Connection_1"，地址选择 OPC UA "服务器接口_1"中的"start"和"run"，使其映射成功，如图 6-21 所示。

5.　添加画面和画面部件

双击项目树下的"PC-System_1"，双击"HMI_RT_1"，出现下拉选项后双击"画面"，双击"添加新画面"选项，在新生成的"画面_1"窗口右侧的"工具箱"中拉取一个"按钮"和"圆"，将按钮显示的文本修改为"启动"，如图 6-22 所示。

图 6-21　HMI 变量映射操作

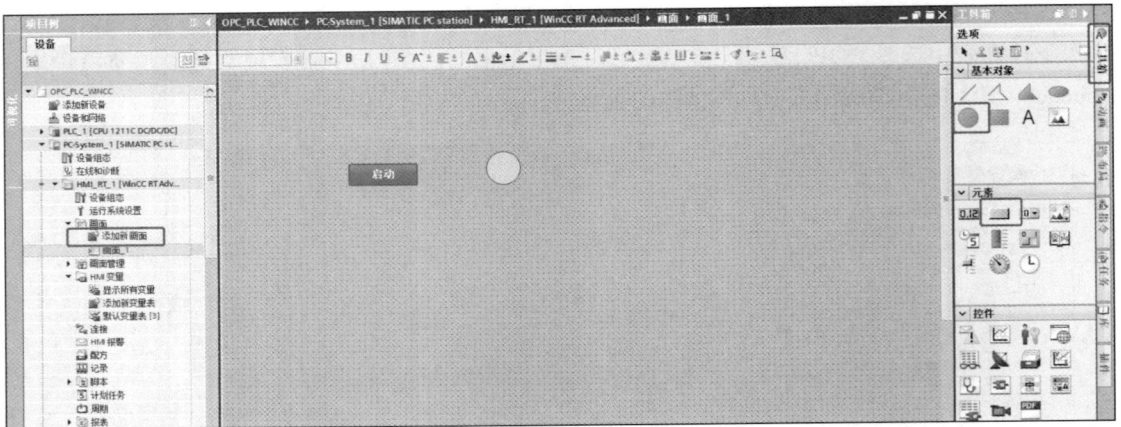

图 6-22　添加画面和画面部件

6. 编辑画面部件

单击"启动"按钮，在"事件"选项卡中单击"按下"，打开"添加函数"下拉列表框，单击"编辑位"中的"取反位"选项，并绑定变量"Start"，如图 6-23 所示。

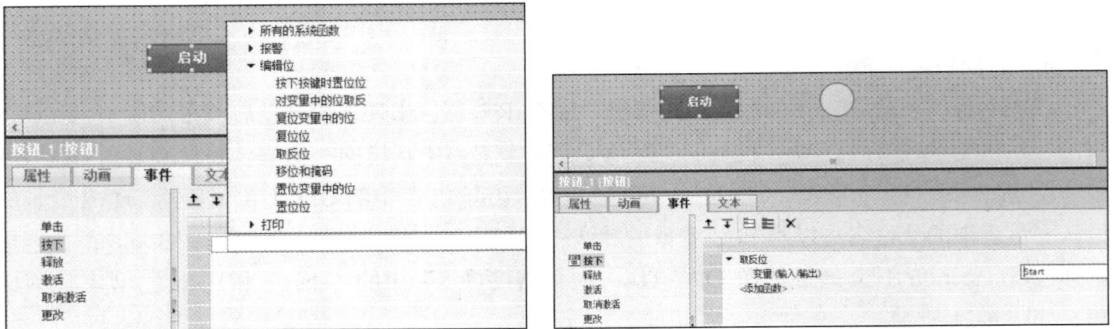

（a）

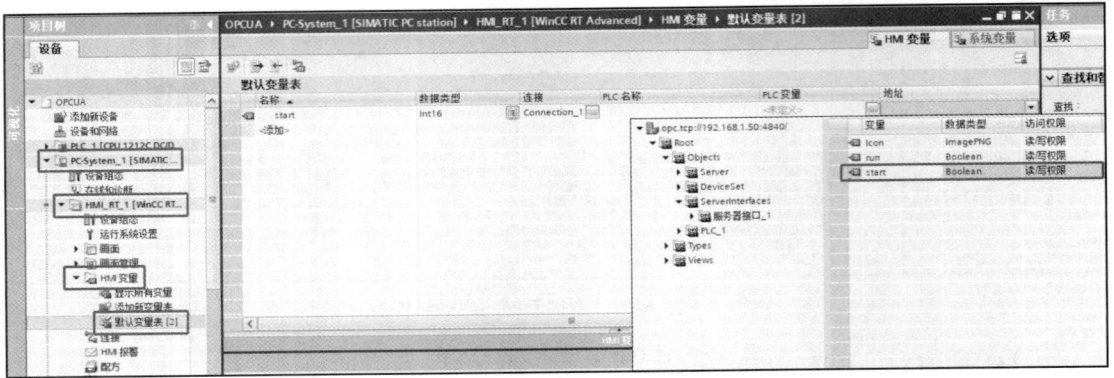

（b）

图 6-23　按钮的编辑

单击圆，在"动画"选项卡中单击"显示"，再单击"外观"，在"变量"栏目中绑定变量"Run"，

在"范围"列中单击"<添加>"选项，更改范围 0 和范围 1 的"背景色"，范围 0 的背景色为默认灰色，范围 1 的背景色为绿色，以此来表示变量 Run 上电后显示绿色，不上电时显示灰色，如图 6-24 所示。

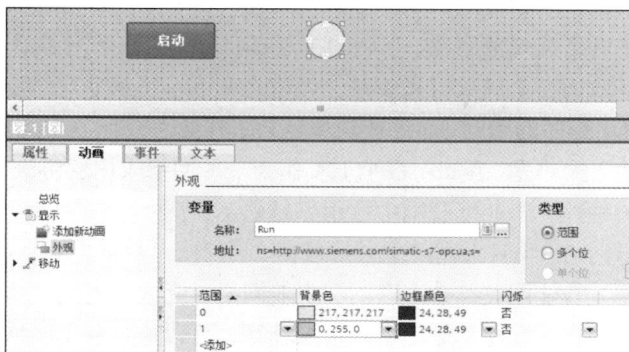

图 6-24 基本对象圆的编辑

7. 试运行验证

双击项目树下的"PC-System_1"，单击"在 PC 上启动运行系统"按钮。如图 6-25 所示，单击后会自动开启 SIMATIC WinCC Runtime Advanced 软件，此时界面上会显示我们编辑好的画面，单击"启动"按钮，如果"圆"的颜色显示为绿色，则说明 OPC UA 的通信连接正常，即表示 WinCC 客户端成功访问到了 PLC 中的 OPC 服务器，如图 6-26 所示。

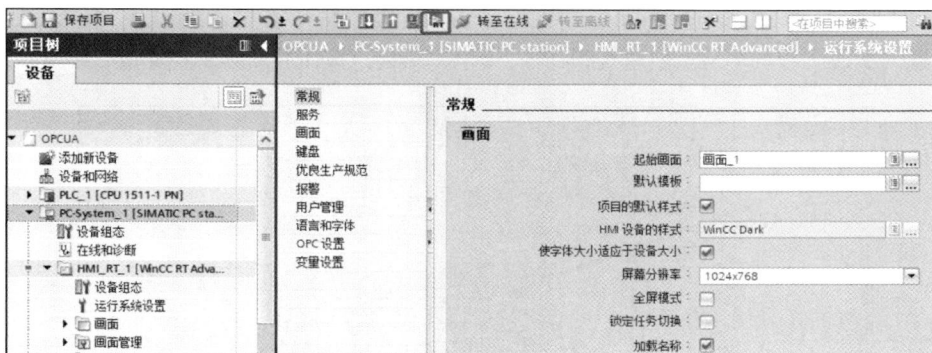

图 6-25 运行 PC 系统

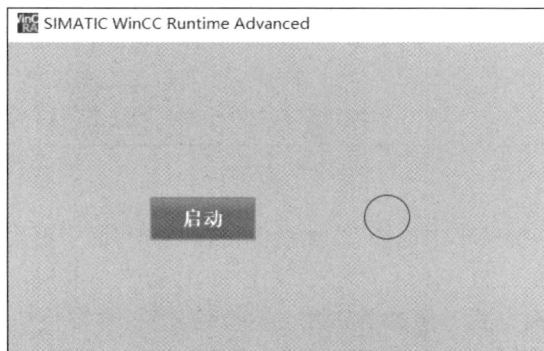

图 6-26 WinCC 运行画面

6.3 OPC UA 在边缘计算中的应用

对于边缘计算或其他我们所讨论的工业互联网架构而言，必须考虑在其底层所连接的设备、系统之间的网络协议中的语义规范问题，不同的控制器、系统往往采用了不同的数据对象、结构、单位等，这使得工业互联网在全局数据采集时，无论是在上行还是下行的数据传输中都会出现需要开发、测试不同的驱动程序的问题，而工业领域复杂多样的总线标准与规范定义了众多的协议，这个局面导致互联成为一个难题。因此，OPC UA 作为一种网络应用层协议栈，凭借其功能全面、传输安全和可跨平台的特性在工业互联网中应用得越来越广泛。

工业设备接入边缘网络，同时也在产生大量数据，不仅使得数据采集和设备管控的规模变大，还给任务处理带来难度。智能网关结合互联网和工业网络，完成了不同类型协议的转换，为数据采集和设备监控提供了平台，在此基础上引入边缘计算就可以充分利用网络边缘端的资源进行及时的任务处理。

本项目演示了如何使用 Python 通过 OPC UA 通信来获取智能网关中的数据，以及将获取的数据写入 Redis 数据库，并通过 OPC UA 通信将随机产生的数据写入智能网关中。

6.3.1 智能网关 OPC UA 接口服务

1. 新建网关工程

打开 "Advantech EdgeLink Studio" 软件，单击 "新建工程"，在弹出的 "工程" 对话框内更改工程的名称、创建人和路径，单击 "确定" 按钮后新建工程完成，如图 6-27 所示。

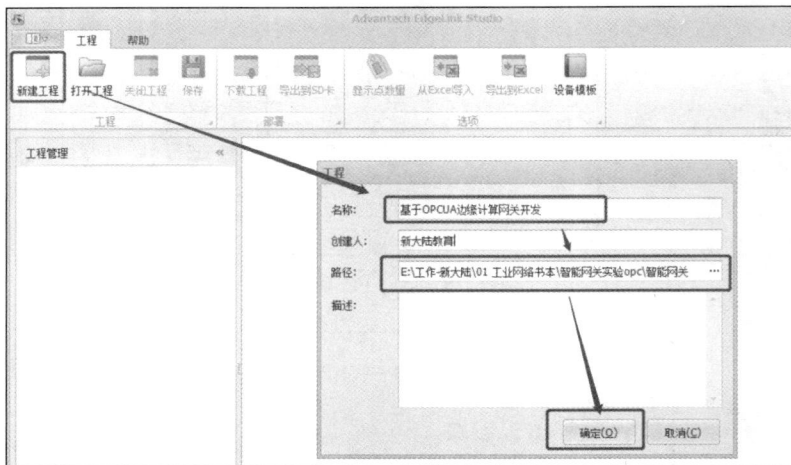

图 6-27 新建工程

右击工程，在弹出的快捷菜单中选择 "添加设备"，在右侧界面中更改设备名称为 "ECU1251"，选择设备类型为 "ECU-1152TL-R10A（A/B）E[ECU-1251]"，本项目使用的智能网关型号是 ECU-1251，将 "设备识别方式" 更改为 "IP 地址/域名"，本项目所设置的 IP 地址/域名为 '192.168.1.25"，然后单击 "应用" 按钮，设备就添加成功了，如图 6-28 所示。

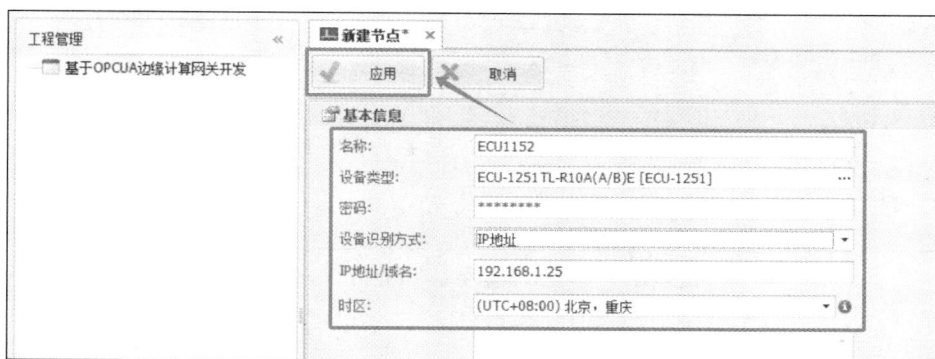

图 6-28　添加设备操作

2.　配置 OPC UA 协议

在设备中双击"协议服务"，出现下拉选项后双击"OPC UA"进入配置界面，在"基本配置"选项卡中，勾选"启用 OPC UA 服务"，将端口号改为"4840"，打开"用户账户控制方式"下拉列表，选择"User Name/Password"，打开"Node ID 命名空间"下拉列表，选择"0-OPC UA Namespace"，在"用户名"文本框中输入"admin"，在"密码"文本框中输入"123456"；配置完成后，单击"应用"按钮，如图 6-29 所示。

图 6-29　基本配置

切换到"安全策略"选项卡，使用默认安全策略，如图 6-30 所示。

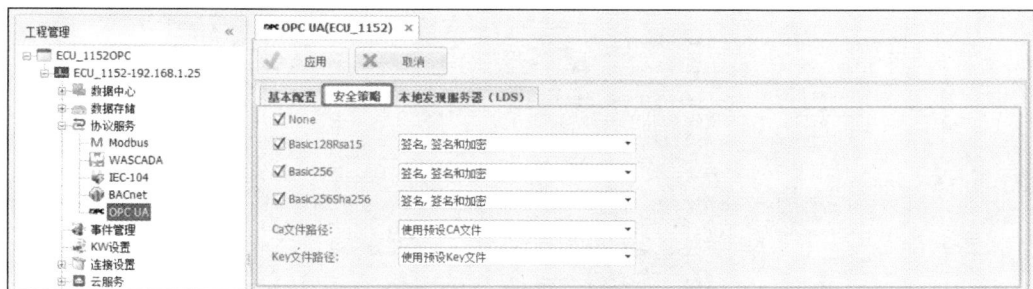

图 6-30　"安全策略"选项卡

切换到"本地发现服务器（LDS）"选项卡，勾选"启用本地发现服务器(LDS)"，并且在"本地发现服务器 URL"文本框中输入"opc.tcp://192.168.1.25: 4840"，单击"应用"按钮，如图 6-31 所示。

175

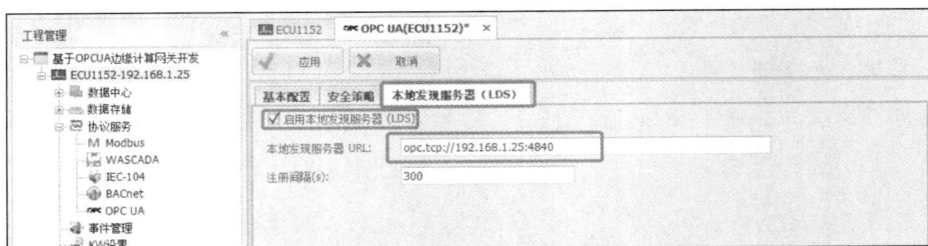

图 6-31　"本地发现服务器（LDS）"选项卡

3. 新建用户点

单击设备下的"数据中心"，出现下拉选项后双击"用户点"，在右侧选项卡中新增数据作为网关服务器数据源，单击"添加"，在弹窗中更改用户点的名称、数据类型、默认值、最高里程、最低里程和读写属性等，以此类推，总共新建 5 个用户点（运行时间、计划产量、实际产量、温度值和工作状态）作为网关服务器数据源，如图 6-32 所示。

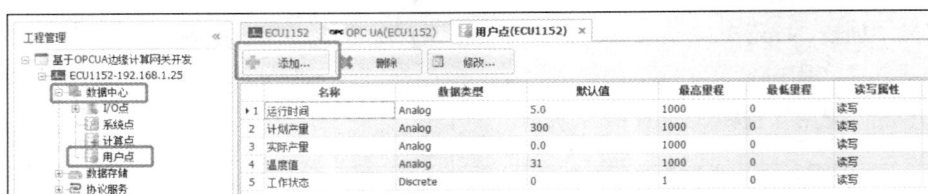

图 6-32　新建用户点

4. 将用户点添加到 OPC UA 服务器

在设备下双击"协议服务"，出现下拉选项后双击"OPC UA"进入配置界面，在基本配置中添加分组（Add Group）和添加标签（Add Tags），分组就是不同的节点，标签就是变量，标签是从上一步新建的用户点中选用过来的。通过添加分组和添加标签的操作，将用户点成功添加到服务器中，如图 6-33 所示。

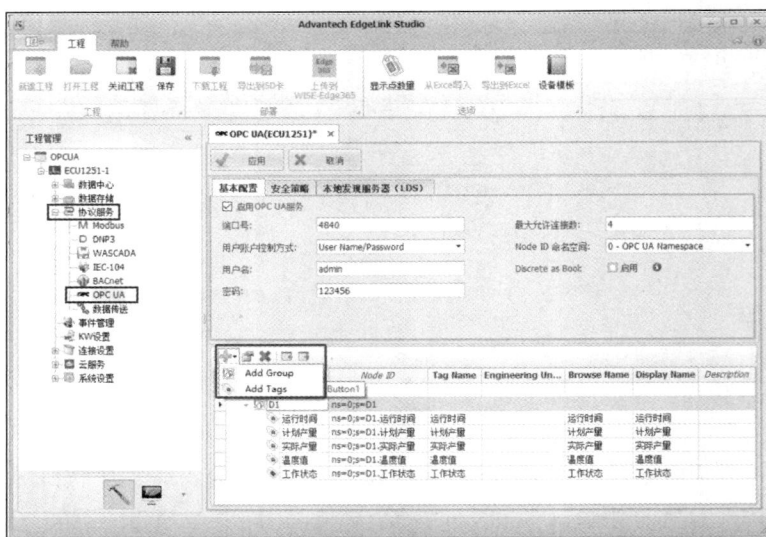

图 6-33　将用户点添加到 OPC UA 服务器

5. 网络设置

双击设备下的"系统设置"，出现下拉选项后单击"网络和 Internet"，再双击"网络设置"。这里要注意：我们有 LAN1 和 LAN2 两个网口，本项目使用的是 LAN1 网口，因此只配置 LAN1 网口，不勾选"DHCP"，然后手动输入 IP 地址"192.168.1.25"、子网掩码"255.255.255.0"、默认网关"192.168.1.1"，单击"应用"按钮，完成设置，如图 6-34 所示。

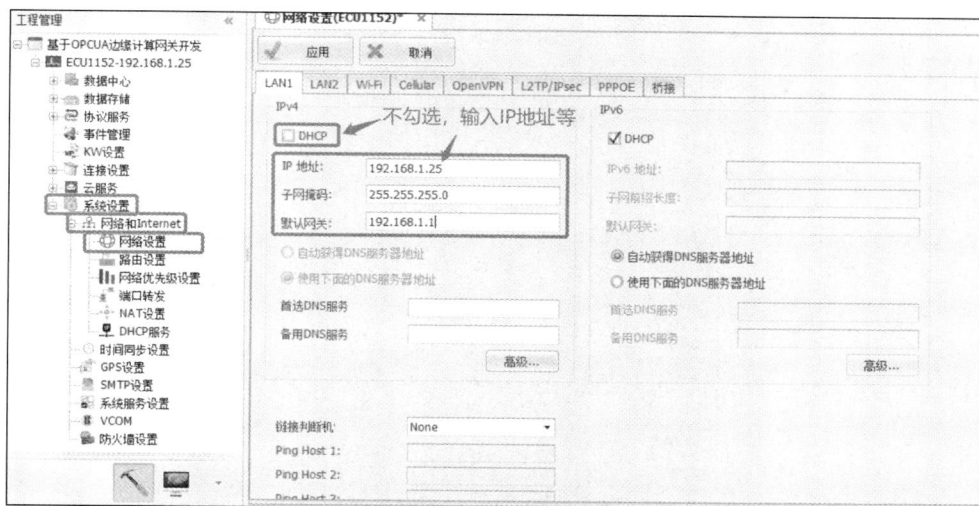

图 6-34　网络设置

6. 下载工程并在线监控设备数据

将配置好的工程下载到设备，点选设备，单击"下载工程"按钮，如图 6-35 所示，下载完成后重启网关。

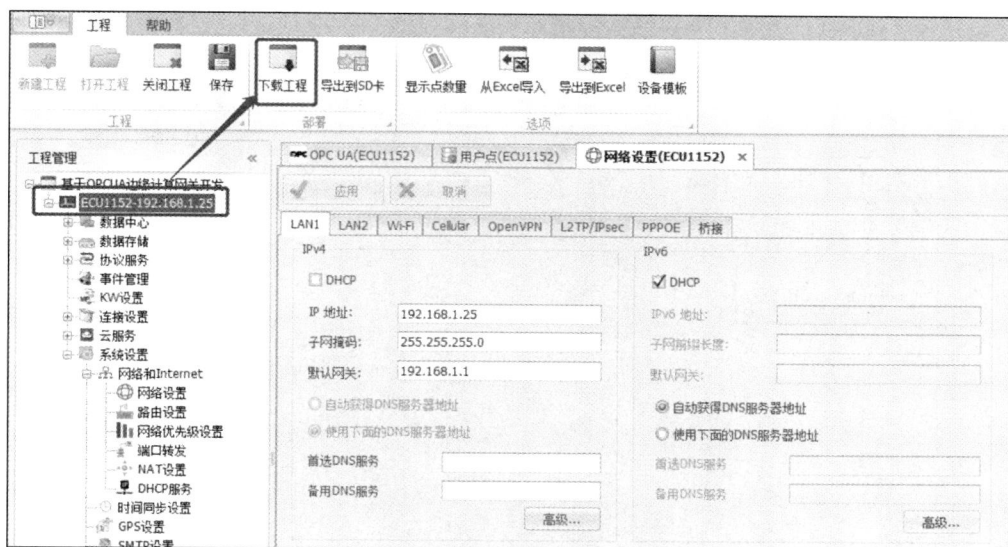

图 6-35　下载工程

若下载过程中出现通信错误，则可能是网关中已配置的 IP 地址与设置的 IP 地址不符，需将

177

网关中已配置的 IP 地址与设置的 IP 地址配置为一致。单击"在线设备"按钮 进入在线设备界面，如图 6-36 所示。

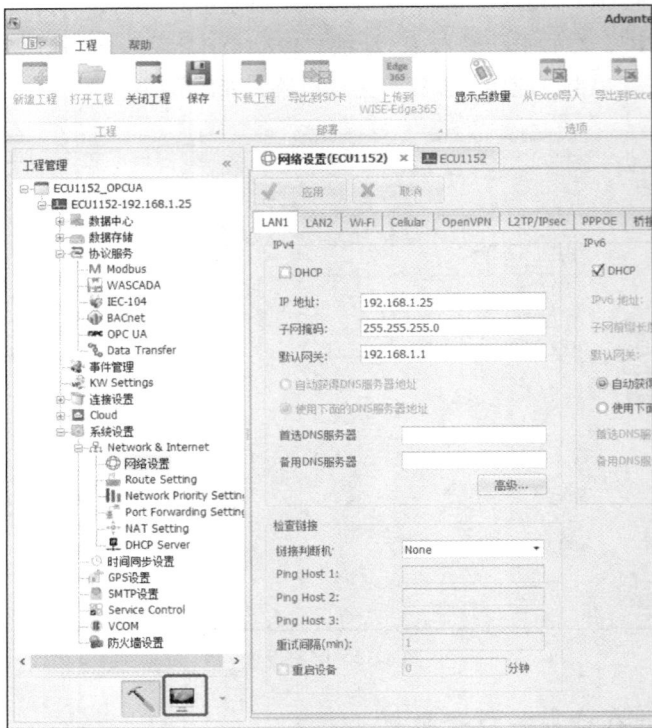

图 6-36　进入在线设备界面

在在线设备界面中单击"搜索设备"按钮，右击搜索出的在线设备，在弹出的快捷菜单中选择"设置 IP"选项，在"设置 IP"对话框中将 LAN1 网口的"新 IP 地址"设置为"192.168.1.25"，如图 6-37 所示。这样网关中已配置的 IP 地址就与设置的 IP 地址一致了。

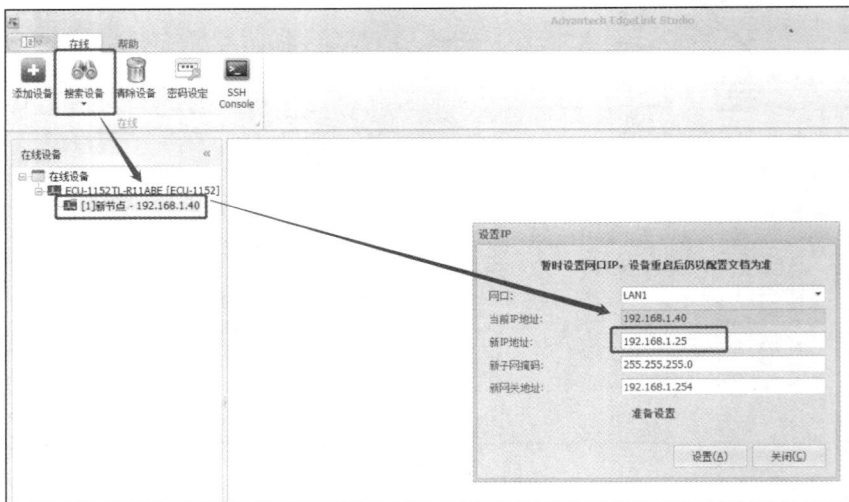

图 6-37　设置在线设备 IP 地址

通过以上步骤，OPC UA 服务器搭建完成，重新打开工程后，单击左下角的"在线设备"按钮▦，在线监控设备数据，如图 6-38 所示。

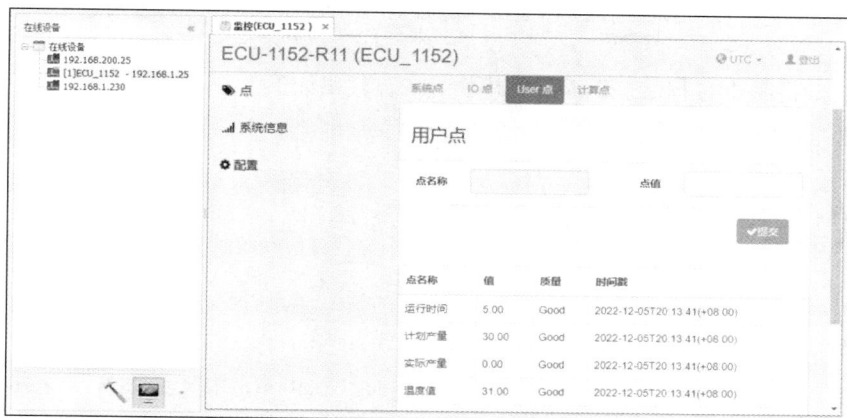

图 6-38　在线监控设备数据

6.3.2　OPC UA 边缘数据采集

微课

OPC UA 边缘
数据采集

1. 新建项目

本项目使用的 Python 解释器为"PyCharm"。单击 PyCharm 软件界面左上角的"文件"，单击"新建项目"，自定义项目的存储位置，选中"先前配置的解释器"，选择对应的解释器路径，单击"创建"按钮，完成项目新建，如图 6-39 所示。

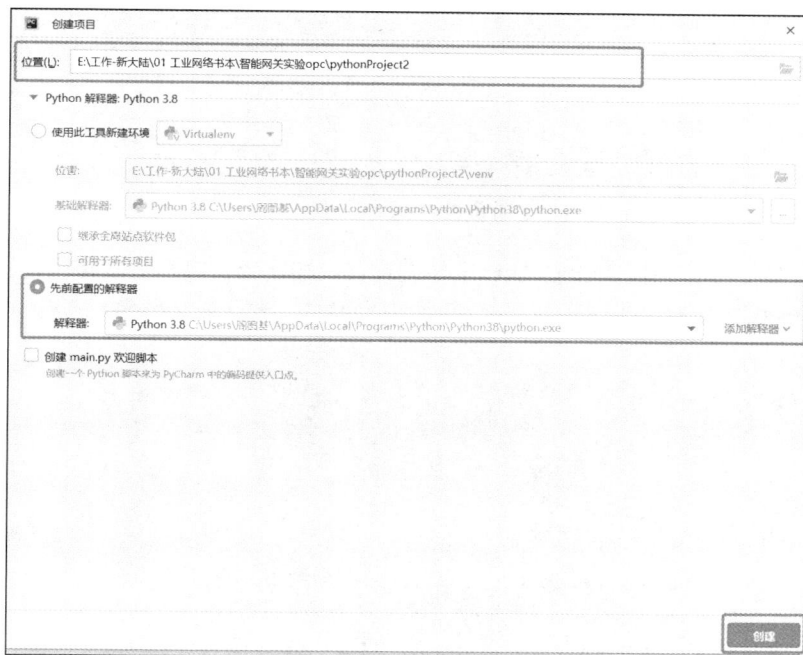

图 6-39　新建项目

2. 代码编写

先声明编码格式为"utf-8"，告诉 Python 解释器要按照 UTF-8 编码的方式来读取程序。如果不对编码格式进行声明，无论是在代码中还是在注释中出现中文都会报错，代码如下。

```
1. # encoding+utf-8
```

导入模块。将需要的 json、random 等模块导入，代码如下。

```
1. import json
2. import random
3. import sys
4. import time
5. from opcua import Client, ua
6. import cryptography
```

代码说明：

- 第 1 行：JSON 的英文全称为 JavaScript Object Notation，中文是 JS 对象表示法，它是一种轻量级的数据交换格式。JSON 的数据交换格式其实是 Python 里面的字典格式，其中可以包含使用方括号进行标识的数组，也就是 Python 里面的列表。
- 第 2 行：random 模块是 Python 中一个生成随机数的模块。
- 第 3 行：sys 模块提供了一系列有关 Python 运行环境的变量和函数。
- 第 4 行：time 模块是 Python 处理时间数据的一个库，用于时间获取、表达和转换。
- 第 6 行：cryptography 是一个 Python 模块，用于实现加密和解密，以及生成和验证消息摘要。

导入模块时，如果模块名称下显示红色下划线，可以把鼠标指针移到模块上，就会显示安装软件包，单击安装链接即可安装，如图 6-40 所示。

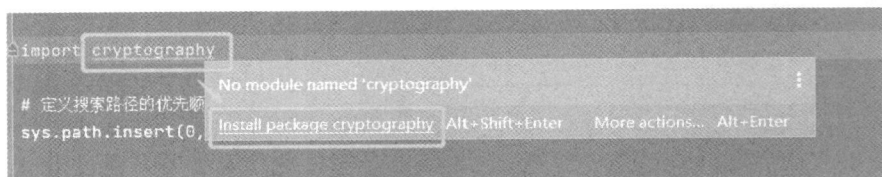

图 6-40　安装软件包

设置 OPC UA 连接参数。OPC UA 主要设置客户端路径，将客户端路径设置为"opc.tcp://192.168.1.25:4840"，用户名为"admin"，密码为"123456"，默认匿名控制，不启用安全策略。代码如下。

```
1. # 定义搜索路径的优先顺序
2. sys.path.insert(0, '..')
3.
4. if __name__ == "__main__":
5.     # 默认匿名控制、不启用安全策略
6.     client = Client("opc.tcp://192.168.1.25:4840")
7.     client.set_user("admin")
8.     client.set_password("123456")
```

连接服务器，获取节点、变量，获取变量值，用随机模块设置变量值。每间隔 10s 重新生成

数据写入并传回客户端。代码如下。

```python
1. try:
2.     # 连接服务器
3.     res = client.connect()
4.     # root 包含 objects、types、views3 个子节点
5.     root = client.get_root_node()
6.     objects = client.get_objects_node()
7.     print("root node is: ", root.nodeid)
8.     print("objects node is: ", objects.nodeid)
9.     print("children of root are: ", root.get_children())
10.
11.     # 获取节点
12.     node1 = objects.get_children()[1].get_children()
13.     # node2 = client.get_node("ns=0,s=D1").get_children()
14.     print("children of object are: ", node1)
15.
16.     # 获取变量
17.     tag = client.get_node("ns=0;s=D1.运行时间")
18.     # 网关 analog》double
19.     print("网关 analog 对应数据类型: ", tag.get_data_type_as_variant_type())
20.     # 网关 discrete》uint32
21.     print("网关 discrete 对应数据类型:", node1[4].get_data_type_as_variant_type())
22.
23.     while True:
24.         # 获取 opcua 值
25.         data = {
26.             node1[0].nodeid.Identifier: node1[0].get_value(),
27.             node1[1].nodeid.Identifier: node1[1].get_value(),
28.             node1[2].nodeid.Identifier: node1[2].get_value(),
29.             node1[3].nodeid.Identifier: node1[3].get_value(),
30.             node1[4].nodeid.Identifier: node1[4].get_value(),
31.             "采集时间": time.strftime("%Y-%m-%d %H:%M:%S", time.localtime())
32.         }
33.         print('<<<<', json.dumps(data, ensure_ascii=False))
34.         # 设置值
35.         node1[0].set_value(ua.DataValue(ua.Variant(random.randint(10, 30), ua.
           VariantType.Double)))
36.         node1[1].set_value(ua.DataValue(ua.Variant(random.randint(100, 200), ua.
   VariantType.Double)))
37.         node1[2].set_value(ua.DataValue(ua.Variant(random.randint(10, 50), ua.
   VariantType.Double)))
38.         node1[3].set_value(ua.DataValue(ua.Variant(random.randint(10, 25), ua.
   VariantType.Double)))
39.         node1[4].set_value(ua.DataValue(ua.Variant(random.randint(0, 1), ua.
```

```
    VariantType.UInt32)))
            # 定时器
            time.sleep(10)
finally:
    client.disconnect()
```

3. 运行程序

运行“main.py”程序，运行结果会显示节点值，并输出变量值，如图 6-41 所示。将每隔 10s 传回的数据与网关监视的数据进行比较，可以看出数据是同步变化的。

```
root node is:  TwoByteNodeId(i=84)
objects node is:  TwoByteNodeId(i=85)
children of root are:  [Node(TwoByteNodeId(i=85)), Node(TwoByteNodeId(i=86)), Node(TwoByteNodeId(i=87))]
children of object are:  [Node(StringNodeId(s=D1.运行时间)), Node(StringNodeId(s=D1.计划产量)), Node(StringNodeId(s=D1.实际产量)), Node(StringNodeId(s=D1.温度值
网关analog对应数据类型:  VariantType.Double
网关discrete对应数据类型:  VariantType.UInt32
<<<<<redis>>>>> ecu.data: {"D1.运行时间": 27.0, "D1.计划产量": 129.0, "D1.实际产量": 11.0, "D1.温度值": 14.0, "D1.工作状态": 0, "采集时间": "2023-03-14 09:30:53"}
<<<< {"D1.运行时间": 22.0, "D1.计划产量": 117.0, "D1.实际产量": 43.0, "D1.温度值": 12.0, "D1.工作状态": 1, "采集时间": "2023-03-14 09:31:02"}
<<<<<redis>>>>> ecu.data: {"D1.运行时间": 22.0, "D1.计划产量": 117.0, "D1.实际产量": 43.0, "D1.温度值": 12.0, "D1.工作状态": 1, "采集时间": "2023-03-14 09:31:02"}
<<<< {"D1.运行时间": 13.0, "D1.计划产量": 154.0, "D1.实际产量": 35.0, "D1.温度值": 18.0, "D1.工作状态": 1, "采集时间": "2023-03-14 09:31:12"}
<<<<<redis>>>>> ecu.data: {"D1.运行时间": 13.0, "D1.计划产量": 154.0, "D1.实际产量": 35.0, "D1.温度值": 18.0, "D1.工作状态": 1, "采集时间": "2023-03-14 09:31:12"}
<<<< {"D1.运行时间": 24.0, "D1.计划产量": 131.0, "D1.实际产量": 36.0, "D1.温度值": 11.0, "D1.工作状态": 1, "采集时间": "2023-03-14 09:31:22"}
<<<<<redis>>>>> ecu.data: {"D1.运行时间": 24.0, "D1.计划产量": 131.0, "D1.实际产量": 36.0, "D1.温度值": 11.0, "D1.工作状态": 1, "采集时间": "2023-03-14 09:31:22"}
<<<< {"D1.运行时间": 28.0, "D1.计划产量": 188.0, "D1.实际产量": 23.0, "D1.温度值": 11.0, "D1.工作状态": 1, "采集时间": "2023-03-14 09:31:32"}
<<<<<redis>>>>> ecu.data: {"D1.运行时间": 28.0, "D1.计划产量": 188.0, "D1.实际产量": 23.0, "D1.温度值": 11.0, "D1.工作状态": 1, "采集时间": "2023-03-14 09:31:32"}
<<<< {"D1.运行时间": 27.0, "D1.计划产量": 131.0, "D1.实际产量": 28.0, "D1.温度值": 23.0, "D1.工作状态": 1, "采集时间": "2023-03-14 09:31:42"}
<<<<<redis>>>>> ecu.data: {"D1.运行时间": 27.0, "D1.计划产量": 131.0, "D1.实际产量": 28.0, "D1.温度值": 23.0, "D1.工作状态": 1, "采集时间": "2023-03-14 09:31:42"}
<<<< {"D1.运行时间": 14.0, "D1.计划产量": 136.0, "D1.实际产量": 49.0, "D1.温度值": 25.0, "D1.工作状态": 0, "采集时间": "2023-03-14 09:31:52"}
<<<<<redis>>>>> ecu.data: {"D1.运行时间": 14.0, "D1.计划产量": 136.0, "D1.实际产量": 49.0, "D1.温度值": 25.0, "D1.工作状态": 0, "采集时间": "2023-03-14 09:31:52"}
```

图 6-41　运行结果

通过 OPC UA 通信，在服务器端和客户端两侧都可以对数据进行读写，采集到的数据可供边缘计算服务器处理和使用。

6.4 OPC UA 在网络安全中的应用

6.4.1　安全证书介绍

1. OPC UA 的安全性

工业通信协议初期更注重速率和稳定性。在初期为了控制系统安全，很多网络都是与外网隔离的，因为网络已经被物理隔离，所以工业通信协议就没有进行任何安全设计。而且以前的芯片处理能力有限，如果要进行加密、解密运算，会消耗很多的运算资源，降低芯片的处理速度，所以只能为了时效性而牺牲安全性。例如 Modbus 协议，如果你能连接到网络，用 ModScan 可以随意修改 Modbus 从站的数据，无须用户认证、权限控制；你也可以用一些类似 Wireshark 的抓包软件很轻松地解析明文传递的数据包。可以说系统完全是在“赤裸”运行，在通信的过程中面临着众多的外部安全威胁，例如信息泄露、篡改指令、越权操作、伪造重发、泛滥攻击等。面对这些威胁，OPC UA 使用加密、签名、用户认证、权限访问控制、会话管理等方式一层一层地完成了深度防御。

2. 证书授权中心

证书授权中心（Certificate Authority，CA）是管理和签发安全凭证与加密信息安全密钥的网络机构，主要实现数字证书的发放和密钥管理。数字证书是一种由 CA 颁发的电子文档，旨在验证和标识电子业务中参与方的身份。它们由 CA 基于颁发者提供的信息创建出来，并以数字签名方式签署。

3. 证书类别

证书有如下类别。

- UKey 证书：存储在 USBKey（也称 U 盾）中的符合 X.509 格式的数字证书，证书的密钥受到 U 盾中的硬件密码模块保护，一般可作为机构证书和岗位证书。

- 手证通证书：存储在移动设备（如手机、平板计算机）中的符合 X.509 格式的数字证书，证书的密钥受到移动设备中的软件密码模块保护，一般可作为个人证书。

- 云证书：存储在云设备（云密码机）中的符合 X.509 格式的数字证书，证书的密钥受到云服务器中的硬件密码模块保护，可作为机构证书、岗位证书和个人证书。

- 安全套接字层（Secure Socket Layer，SSL）证书：也称为服务器 SSL 证书，是遵守 SSL 协议的一种数字证书，在验证服务器身份后颁发。将 SSL 证书安装在网站服务器上，可实现网站身份验证和数据加密传输双重功能。

4. OPC UA 的安全机制

OPC UA 不仅保证了数据通信的安全（数据的保密性、完整性和可靠性），还保证了对数据和系统进行访问的安全（系统和用户的授权和认证）。OPC UA 基本的安全架构如图 6-42 所示。

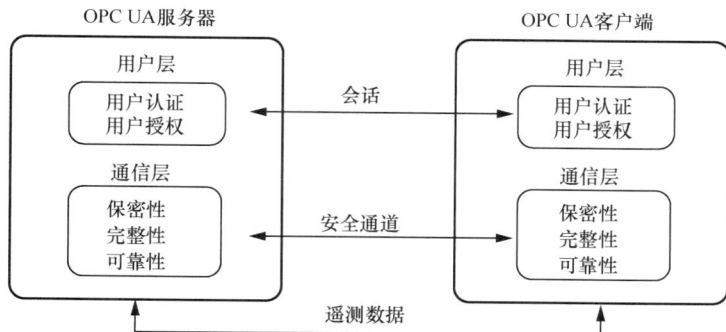

图 6-42　OPC UA 基本的安全架构

OPC UA 用户可以通过选择"安全策略"来决定采用哪种程度的数据传输保护，共有 3 种不同的安全策略。

- 无（none）安全策略：它不提供关于数据保密性、完整性和可靠性方面的任何保护。对于客户端和服务器之间的数据传输，能够访问传输媒介的任何人都可以对其进行监听、添加或篡改。

- 签名（sign）安全策略：它保证了传输数据的完整性和可靠性。对于客户端和服务器之间的数据传输，能够访问传输媒介的任何人都可以对其进行监听，但不能添加或篡改内容。

- 签名并加密（sign and encrypt）安全策略：它保证了传输的保密性、完整性和可靠性。对于客户端和服务器之间的数据传输，用户即使能够访问传输媒介，也无法对其进行监听、添加或篡改。

安全策略被用来在客户端和服务器之间建立一个所谓的"安全通道"（secure channel），该通道具备与安全策略对应的安全属性。

为了建立一个会话（session）并最终使用 OPC UA 的服务，有必要对用户（或某个应用程序）进行认证和授权。具体有以下几种登录方式。

- 匿名（anonym）：当用户对 OPC UA 的访问以这种登录方式来实现时，无法对用户进行识别。
- 用户名（username）和密码（password）：用户必须使用用户名和密码登录，才可以访问 OPC UA 服务。在用户登录过程中，就可以对用户进行识别并检查其是否拥有足够的权限。使用这种登录方式必须提供对用户进行授权的途径。
- X.509 证书（certificate）：这种登录方式对用户的识别基于该用户的数字证书，数字证书必须有效并提供足够的访问权限。

这些不同的登录方式都被 OPC UA 用来进行用户或应用程序认证，并在此基础上建立访问 OPC UA 服务的会话。

由不同 OPC UA 客户端和服务器组成的抽象网络结构，如图 6-43 所示。OPC UA 用户可以合理地组合并使用不同的安全机制以达到最佳的安全效果。

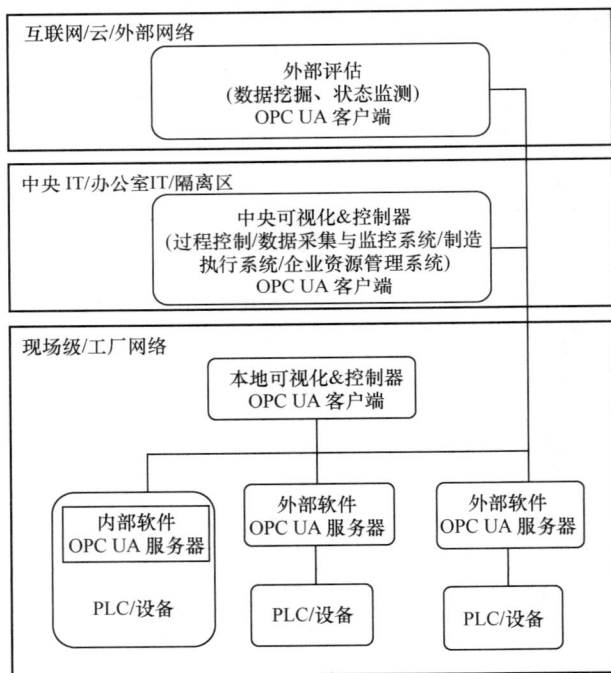

图 6-43　由不同 OPC UA 客户端和服务器组成的抽象网络结构

6.4.2　OPC UA 服务器安全配置

1. 创建新项目

参照 5.2.2 小节创建项目的相关步骤操作，创建一个名称为"OPCUA_

SERVER_SAFE_TEST"的项目，操作顺序如图 6-44 所示。

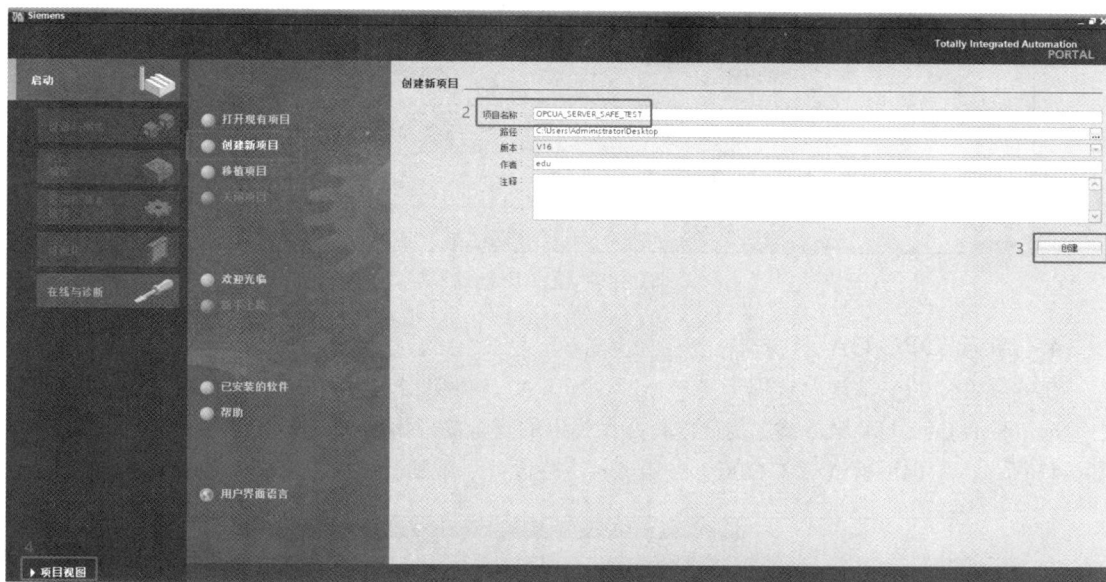

图 6-44　创建新项目操作顺序

2．添加新设备

按照 6.2.1 小节的方法添加新设备，如图 6-45 所示。

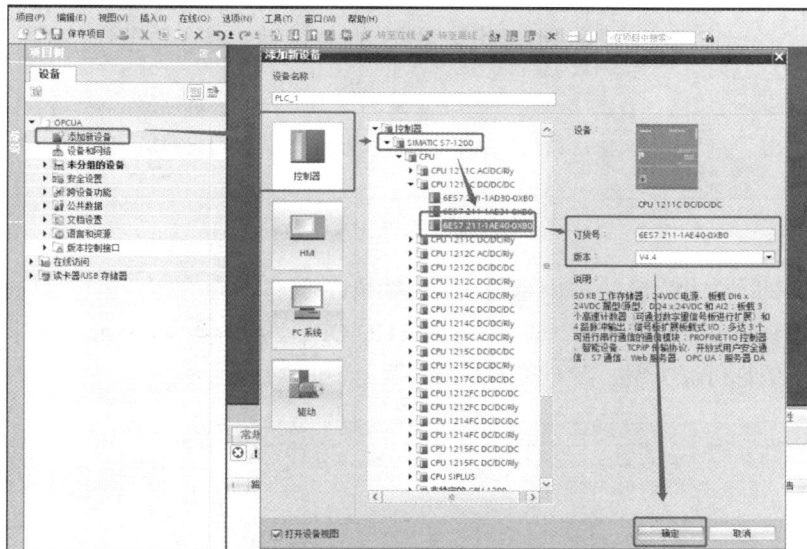

图 6-45　添加新设备

3．配置设备 IP 地址

按照 6.2.1 小节的方法将 PLC 设备的 IP 地址配置为"192.168.1.50"，子网掩码配置为"255.255.255.0"，如图 6-46 所示。

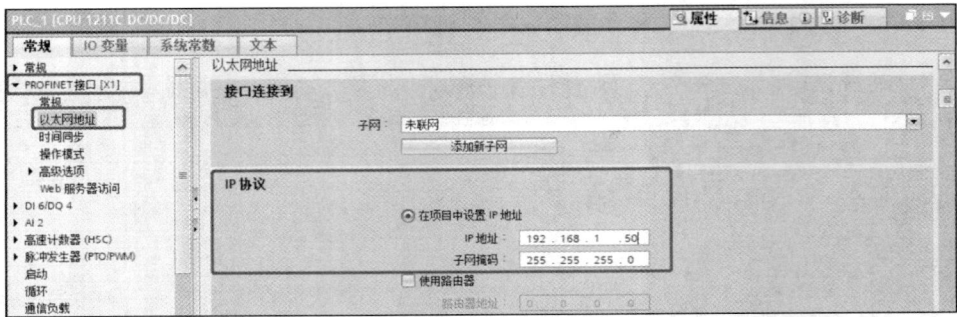

图 6-46　设置 IP 地址

4. 激活 OPC UA 服务器

在"属性"的"常规"选项卡中单击"OPC UA"，再单击"服务器"，在右侧"访问服务器"中勾选"激活 OPC UA 服务器"复选框，并在弹出的安全注意事项提醒框中单击"确定"按钮，如图 6-47 所示。勾选后就激活了 OPC UA 服务器，待设备下载到硬件后重启硬件，CPU 就可以生效。

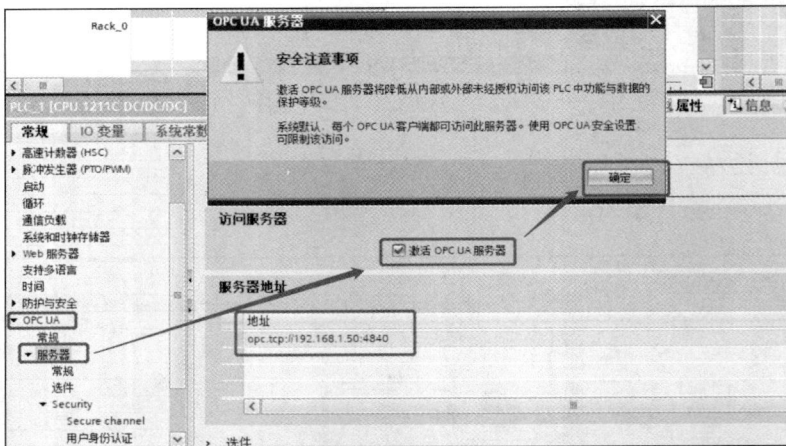

图 6-47　激活 OPC UA 服务器

在"属性"的"常规"选项卡中单击"运行系统许可证"，在右侧"运行系统许可证"中打开"购买的许可证类型"下拉列表，选择"SIMATIC OPC UA S7-1200 basic"，如图 6-48 所示。如果未选择购买的许可证类型，则 OPC UA 服务器无法正常运行。

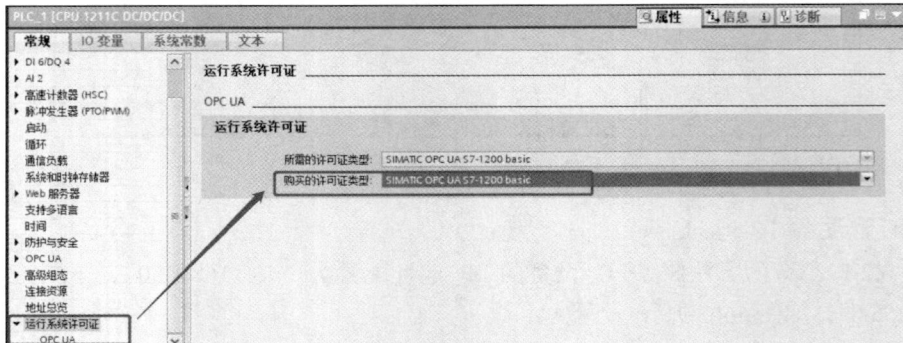

图 6-48　购买的许可证类型

5. 新建 PLC 变量

双击项目树下的"PLC_1[CPU 1211C DC/DC/DC]",展开选项后双击"PLC 变量"选项,再双击"默认变量表[31]"选项,在 PLC 变量的默认变量表中增加两个新变量"start"和"run",数据类型为"Bool",如图 6-49 所示。

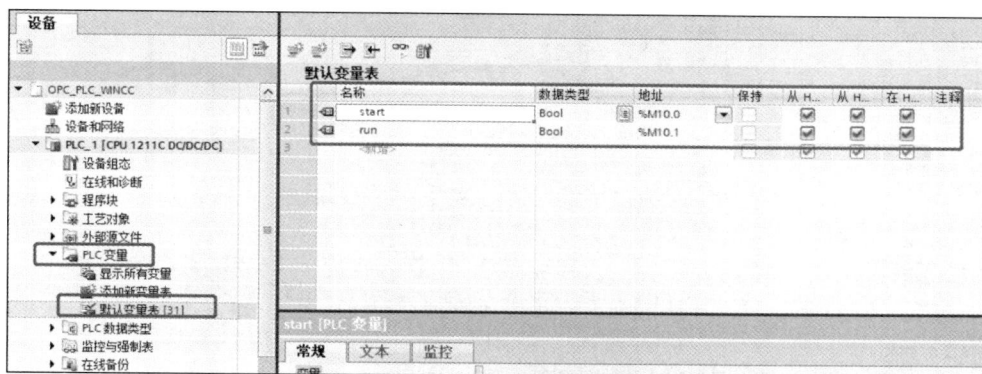

图 6-49　新建 PLC 变量

双击项目树下的"PLC_1[CPU 1211C DC/DC/DC]",展开选项后双击"OPC UA 通信"选项,再双击"新增服务器接口"选项,在右侧"新增服务器接口"对话框中单击"服务器接口"选项,单击"确定"按钮,完成"服务器接口_1"的添加,如图 6-50 所示。双击"服务器接口_1"选项,在右侧"OPC UA 元素"界面中,把 PLC 变量的默认变量表中建好的变量拖曳至"<新增>"处,以使 PLC 变量添加到"OPC UA 服务器接口"中,用于让其他 OPC UA 客户端能访问到 OPC UA 服务器中的变量,如图 6-51 所示。

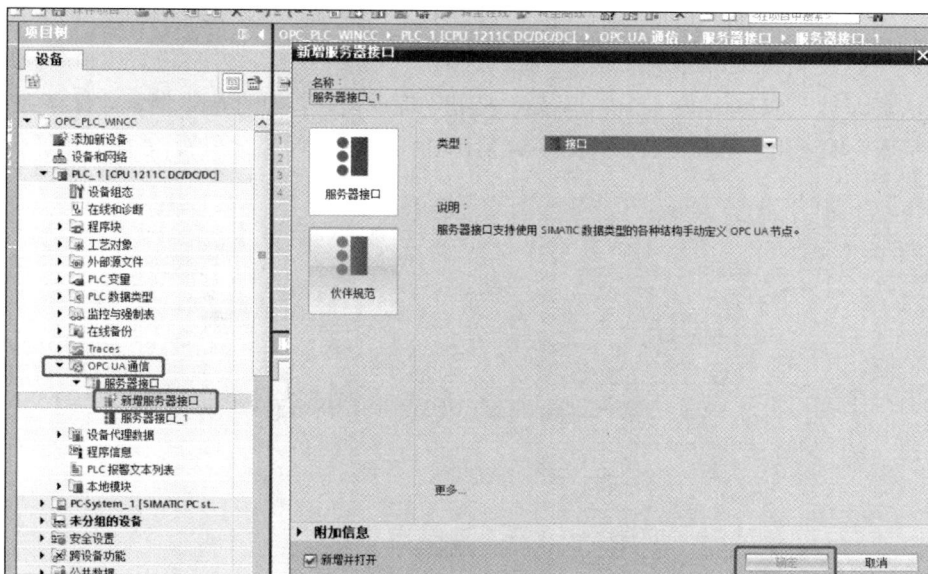

图 6-50　完成"服务器接口_1"的添加

6. 启用安全设置

双击项目树下的"安全设置"选项,双击"设置"选项,在右侧"设置"窗口中单击"密码策略"选项，为了让测试简单，禁用大小写字母限制，即取消勾选"至少一个大写字母和一个小写字母"复选框，如图 6-52 所示。

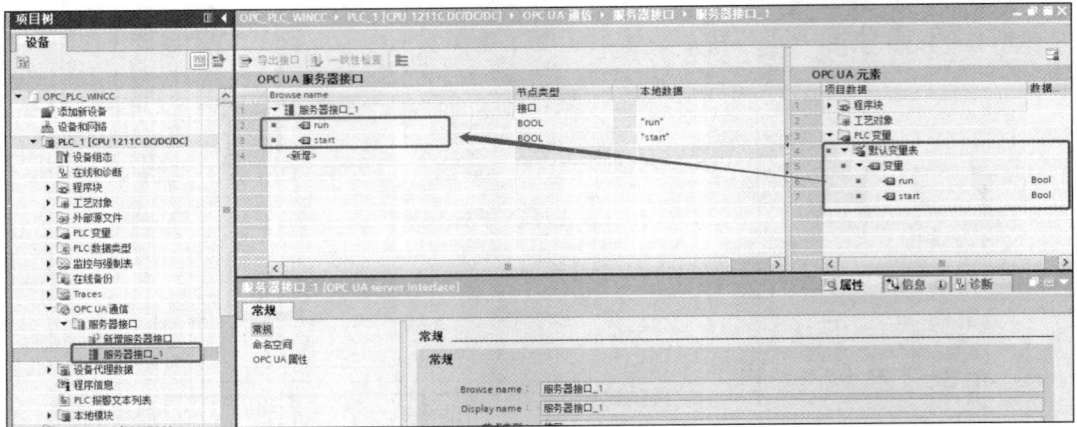

图 6-51　添加变量到"OPC UA 服务器接口"中

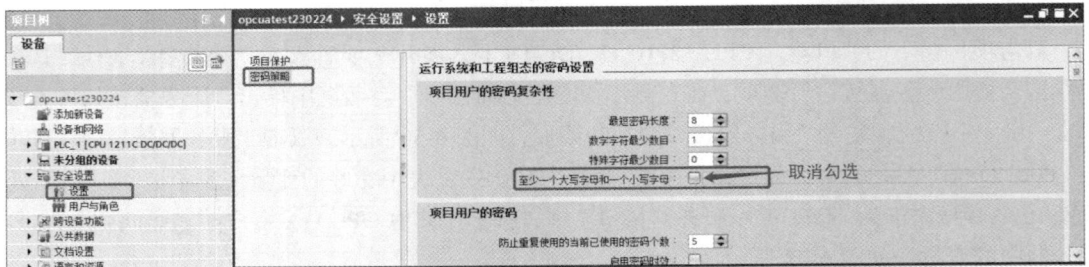

图 6-52　密码策略修改

在右侧"设置"窗口中单击"项目保护"选项，单击"保护该项目"按钮，设置用户名为"opcua"、密码及确认密码为"00000000"，单击"确定"按钮，完成设置，如图 6-53 所示。保存之后每次打开该项目都需要输入用户名和密码，如图 6-54 所示。只有启用了项目保护，才能启用证书管理器。

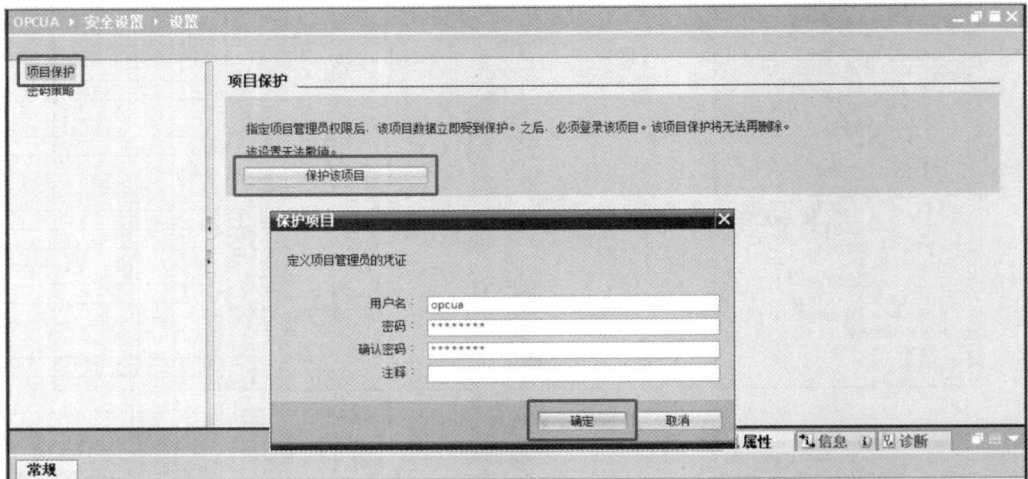

图 6-53　项目保护设置

7. 启用安全证书

在"属性"的"常规"选项卡下双击"OPC UA"，双击"服务器"，双击"Security"，再单击"Secure channel"，将右侧窗口下拉至"安全策略"一栏，只勾选"Basic256Sha256-签名和加密"复选框，如图 6-55 所示。此安全策略主要起到数据加密的作用，与身份认证、证书没有必然联系。

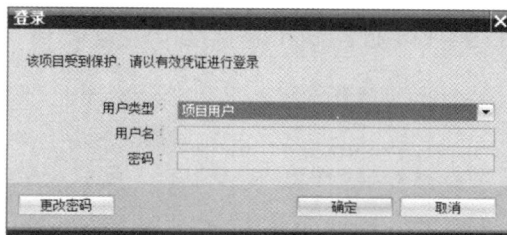

图 6-54   打开项目需要输入用户名和密码

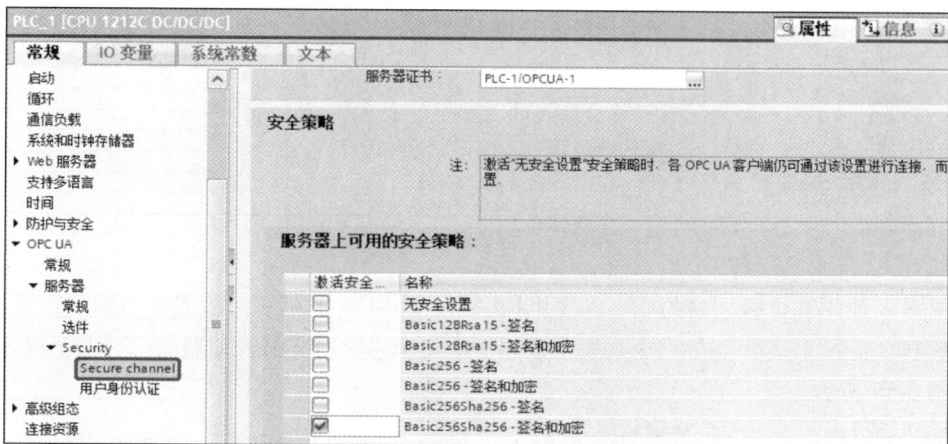

图 6-55   安全策略配置

单击"用户身份认证"，在右侧窗口中，只勾选"启用用户名和密码认证"复选框，在"用户管理"中新增用户"user1"和密码"000000"，如图 6-56 所示。启用用户名和密码认证时，用户可通过提供一个有效的用户名和密码进行认证。身份认证单独起作用，与安全策略、证书没有必然联系。设置完当前步骤，PLC_1 工程选用的是系统默认的安全级别较低的自签署服务器证书，如图 6-57 所示。

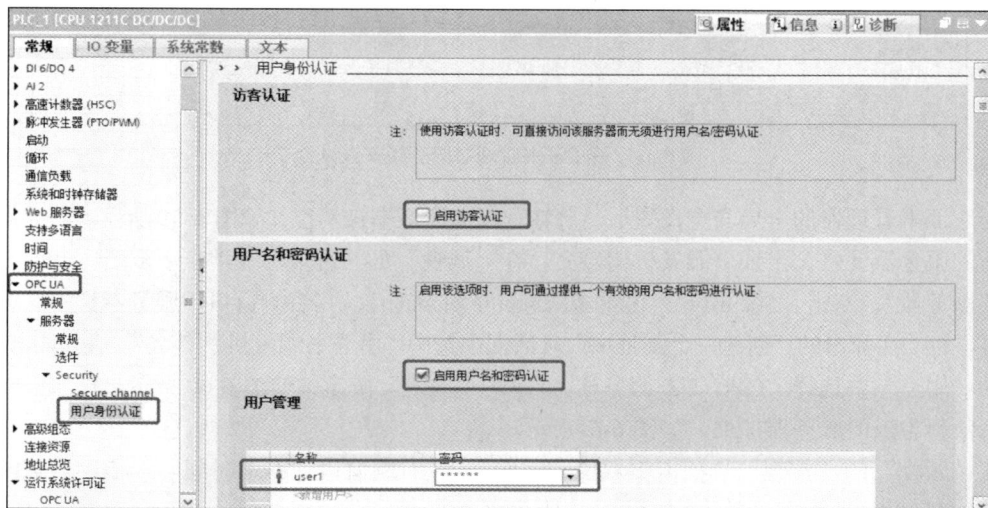

图 6-56   用户身份认证配置

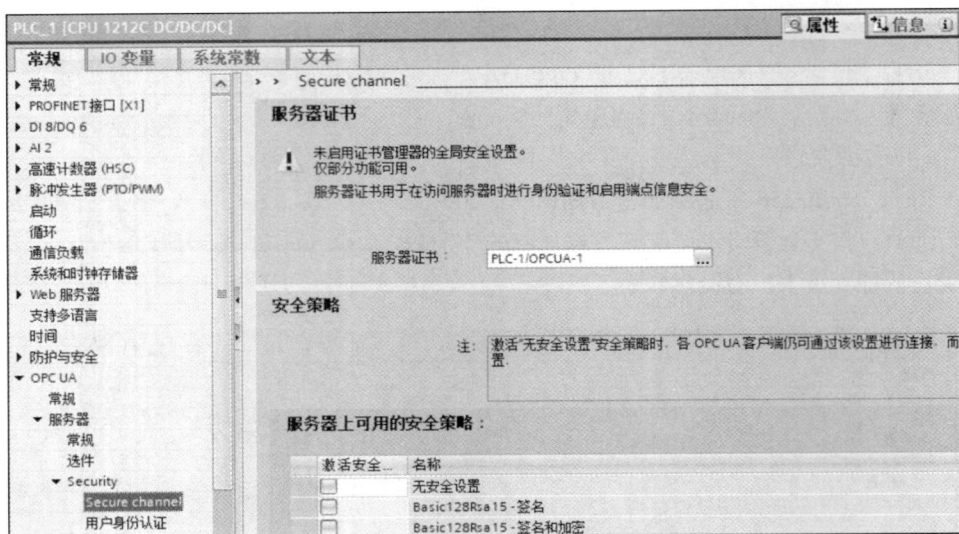

图 6-57　自签署服务器证书

如果需要使用安全级别高的证书颁发机构证书，要启用 PLC_1 工程属性中的"防护与安全"一项。双击"证书管理器"，在"全局安全设置"中勾选"使用证书管理器的全局安全设置"复选框，如图 6-58 所示。

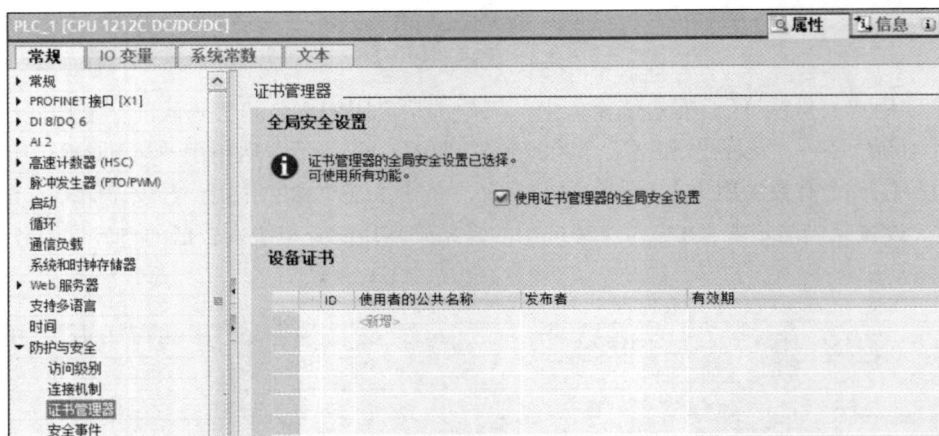

图 6-58　使用证书管理器的全局安全设置

使用证书管理器的全局安全设置后，自签署服务器证书被清空，如图 6-59 所示。因此需创建一个新的服务器证书，由证书颁发机构签名，在"属性"的"常规"选项卡下双击"OPC UA"，双击"服务器"，双击"Security"，再单击"Secure channel"，在右侧窗口"服务器证书"一栏中单击可选框，在弹出的"创建一个新证书"对话框中选中"由证书颁发机构签名"，在"证书参数"一栏的"用途"中选择"OPC UA 服务器"，单击"确定"按钮，如图 6-60 所示。把服务器证书替换为最新生成的服务器证书，如图 6-61 所示。

在"属性"的"常规"选项卡下双击"时间"，在右侧窗口"本地时间"一栏中，将时区修改为"(UTC+08:00)北京.重庆"，如图 6-62 所示。

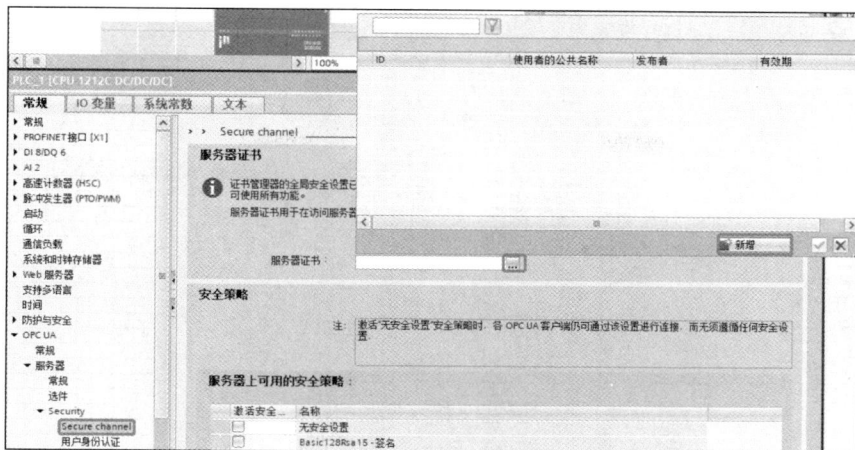

图 6-59　自签署服务器证书被清空

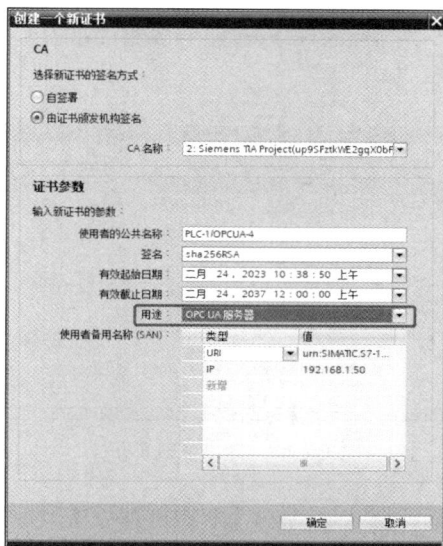

图 6-60　创建一个新证书

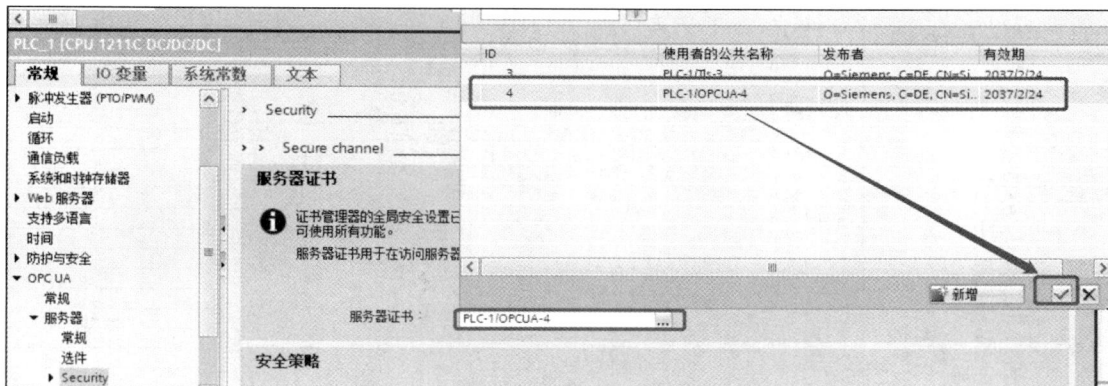

图 6-61　替换为最新生成的服务器证书

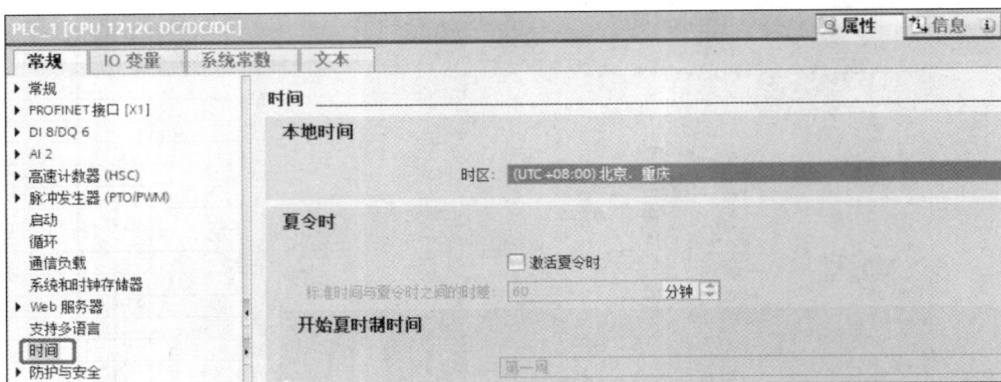

图 6-62　修改系统时区

双击项目树下的"安全设置"选项，双击"安全特性"选项，再双击"证书管理器"选项，在右侧"证书管理器"窗口中单击"证书颁发机构(CA)"，选中新建证书的颁发者，右击，在弹出的快捷菜单中选择"导出"，导出*.der 和*.crl 证书文件，如图 6-63 所示，该证书是符合 X.509 格式的数字证书。

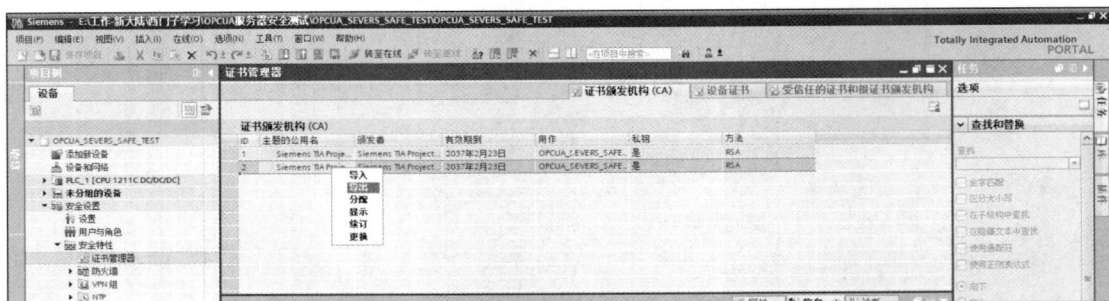

图 6-63　导出证书文件

双击项目树下的"安全设置"选项，双击"安全特性"选项，再双击"证书管理器"选项，在右侧"证书管理器"窗口中单击"受信任的证书和根证书颁发机构"，导入"uaexpert.der"客户端证书文件，如图 6-64 所示，此文件由客户端提供（详见 6.4.3 小节的第 1 步）。

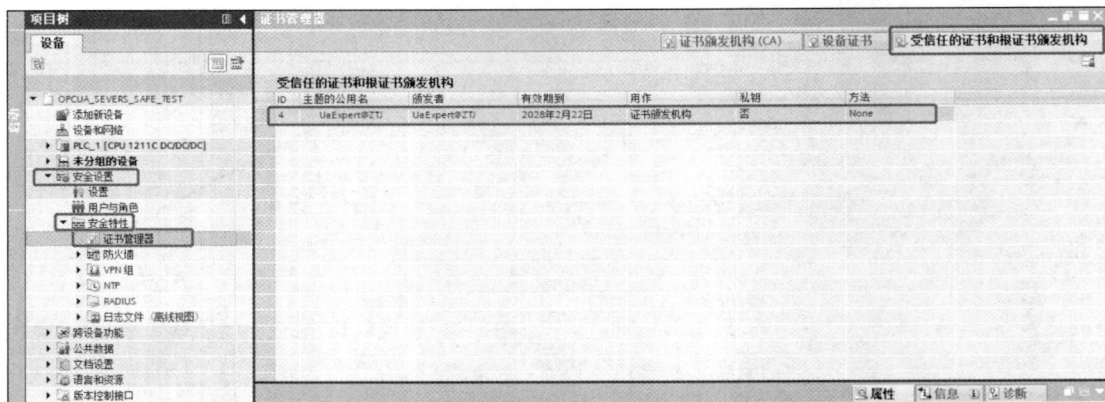

图 6-64　导入客户端证书文件

设置只有可信客户端才能访问这个设备服务器。在"属性"的"常规"选项卡下双击"OPC UA",双击"服务器",双击"Security",再单击"Secure channel",将右侧窗口下拉至"可信客户端"一栏中单击"<新增>",添加"UaExpert@ZYL"（Unified Automation 公司旗下的一款 OPC UA 客户端软件）为可信客户端,并取消勾选"运行过程中自动接收客户端证书",如图 6-65 所示。该步骤是为了禁止所有客户端直接访问服务器。

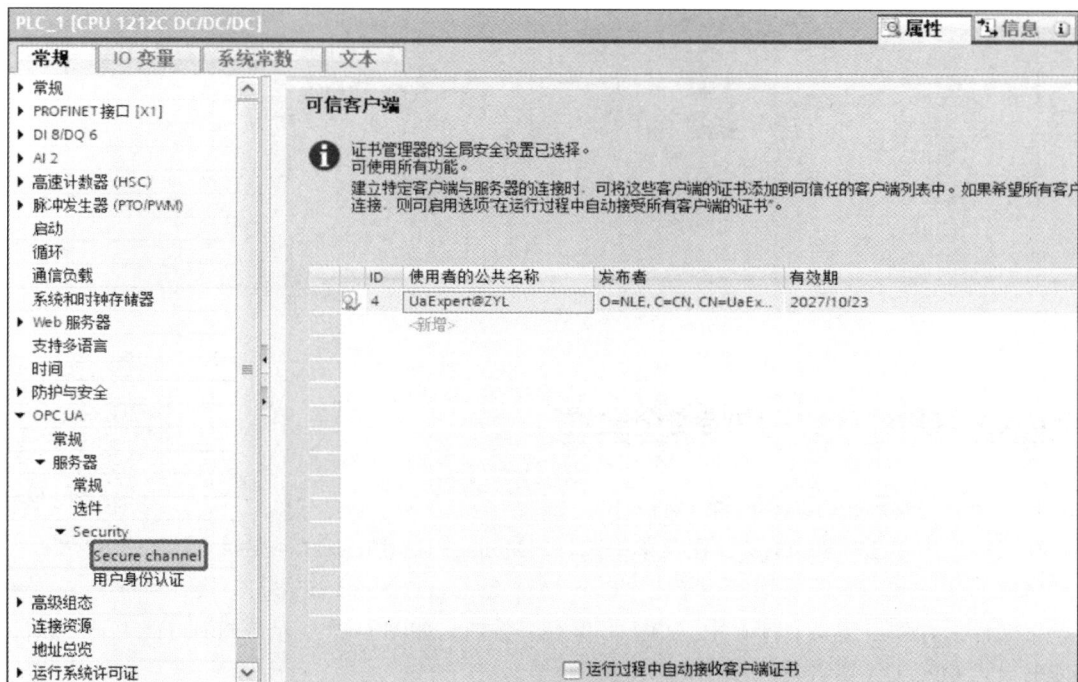

图 6-65　添加可信客户端

8. 下载到硬件设备

按照 5.2.2 小节的方法,在项目树下单击"PLC_1[CPU 1212C DC/DC/DC]",再单击"📥"按钮下载程序,如图 6-66 所示。

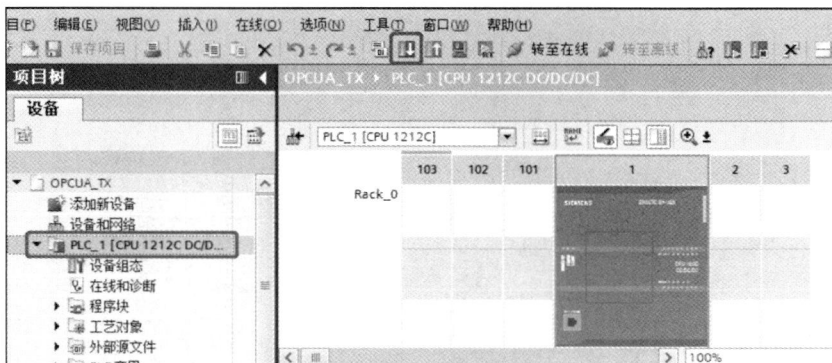

图 6-66　下载程序

由于证书具有有效期,模块的时间可能不准确,因此需要在线同步系统时间。程序下载完之

后单击菜单栏中的"转至在线"，双击项目树下的"在线和诊断"选项，双击"功能"选项，双击"设置时间"选项，在右侧"设置时间"窗口中勾选"从 PG/PC 获取"复选框，单击"应用"按钮完成设置，如图 6-67 所示。

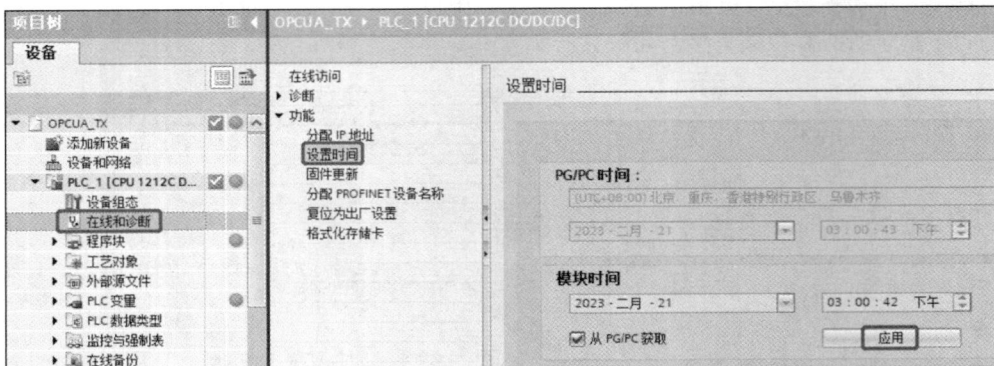

图 6-67　同步系统时间

6.4.3　OPC UA 客户端安全配置

1. 导出 UaExpert 客户端证书

在菜单栏中单击"Settings"，在菜单中选择"Manage Certificates"，在弹出的"Manage Certificates"对话框中单击"Copy Application Certificate To…"按钮，将文件另存到自定义文件夹中，单击"保存"按钮，如图 6-68 所示。打开 TIA Portal 软件，将证书导入 OPC UA 服务器，操作参考 6.4.2 小节。

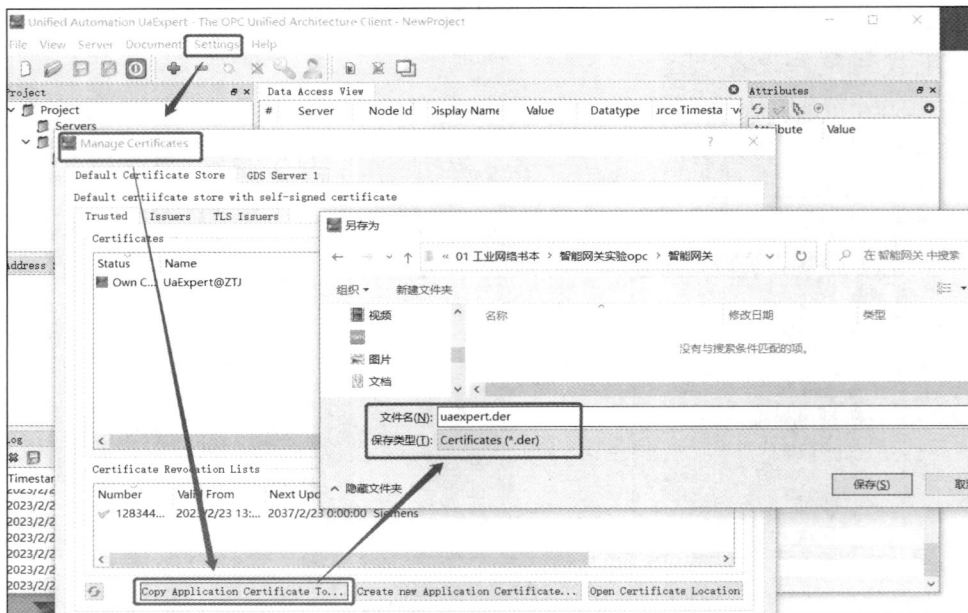

图 6-68　导出 UaExpert 客户端证书

2．导入服务器证书

在菜单栏中单击"Settings"，在菜单中选择"Manage Certificates"，在弹出的"Manage Certificates"对话框中单击"Open Certificate Location"按钮，如图 6-69 所示。将 OPC UA 服务器导出的*.der 和*.crl 证书文件放入相应的文件夹，证书文件存放路径分别如图 6-70 和图 6-71 所示。操作完成后需重启 UaExpert 客户端，证书才能生效。

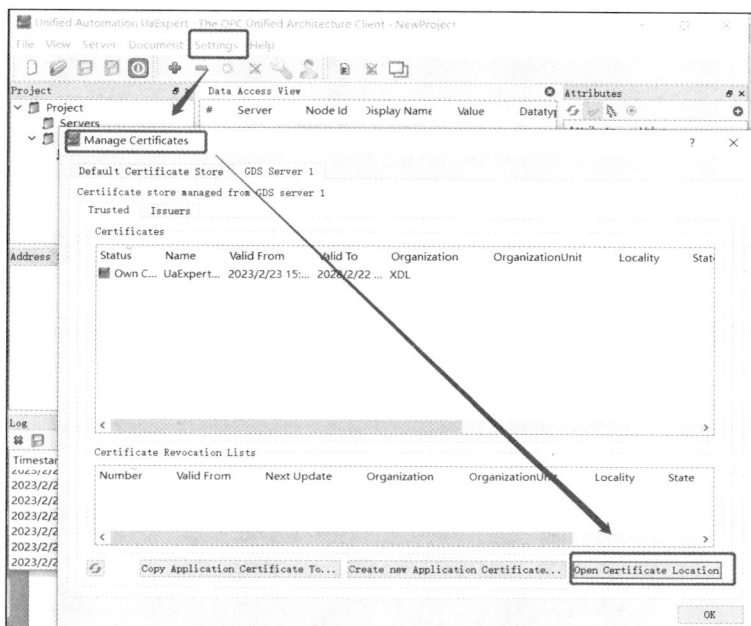

图 6-69　打开证书文件夹

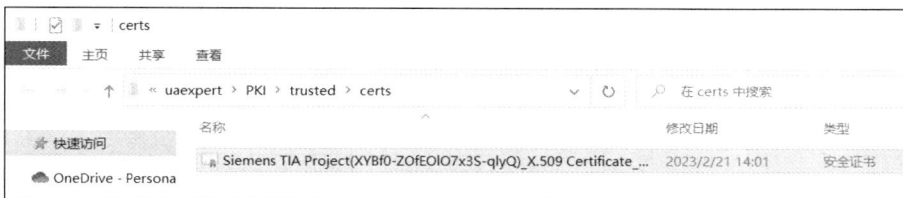

图 6-70　*.der 证书文件存放路径

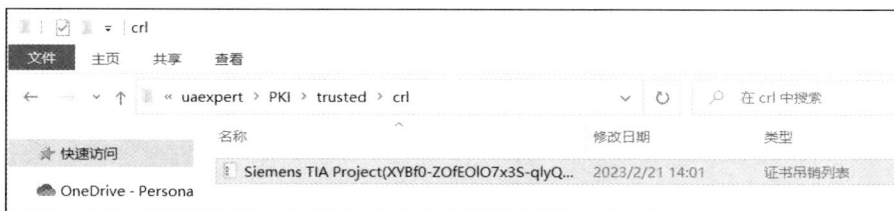

图 6-71　*.crl 证书文件存放路径

3．添加服务器

单击菜单栏中的"✚"，在弹出的"Add Server"对话框中打开"Endpoint Filter"下拉列表，选择"opc.tcp"，再双击"<Double click to Add Server…>"添加服务器，在弹出的"Enter URL"

对话框的文本框中输入 "opc.tcp://192.168.1.50:4840"（PLC 配置的 IP 地址和端口号），单击 "OK" 按钮完成添加，如图 6-72 所示。

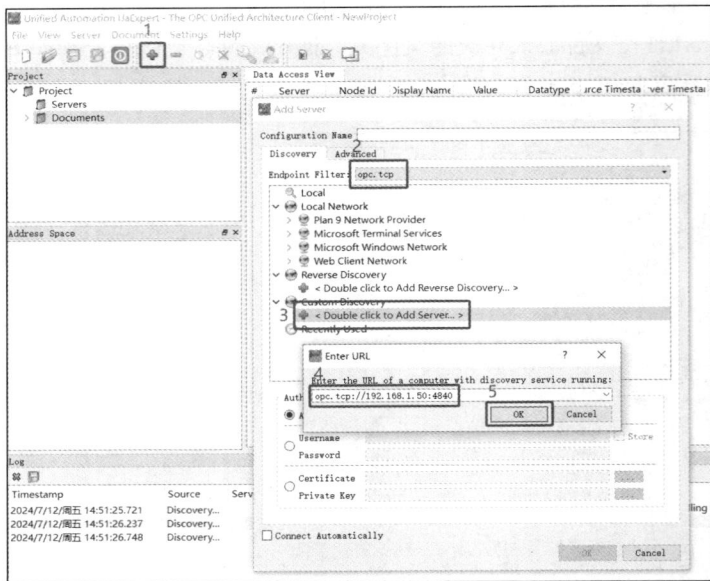

图 6-72　添加服务器路径

添加完服务器后，单击 "Basic256Sha256-Sign&Encrypt"（服务器中配置过数据加密），选中 "Username Password" 并勾选 "Store"，输入用户名 "user1" 和密码 "00000000"（OPC UA 服务器配置的身份认证），单击 "OK" 按钮完成登录，如图 6-73 所示。

4. 结果显示

登录后右击 "SIMATIC.S7-1200.OPC-UA.Application:PLC_1"，在弹出的快捷菜单中选择 "Connect" 选项建立连接，如图 6-74 所示。

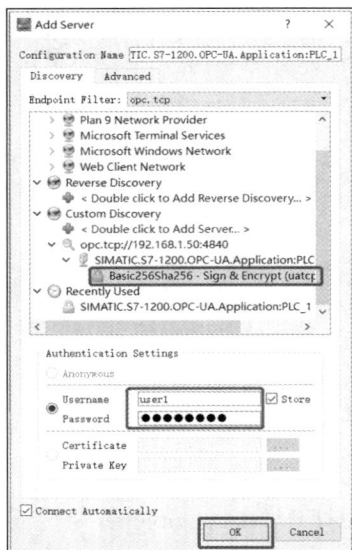

图 6-73　使用用户名和密码登录服务器

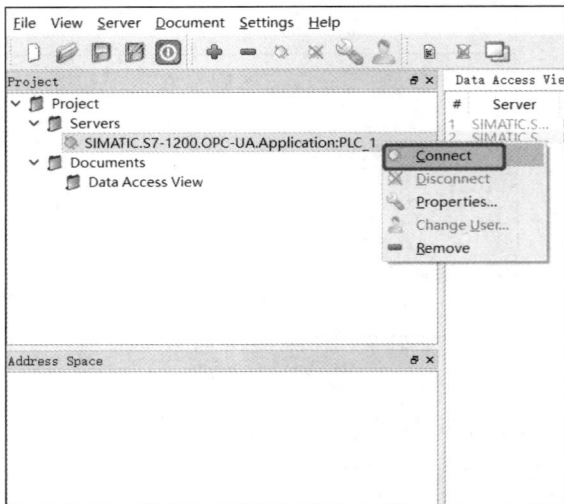

图 6-74　建立连接

连接成功就会在窗口左下方显示 OPC UA 地址空间，双击"Objects"，双击"ServerInterfaces"，再双击"服务器接口_1"，将变量"Start"和"Run"拖曳到右侧进行监控，通信状态显示"Good"，如图 6-75 所示，表示通信成功。在 PLC 或 UaExpert 中修改变量值，观察另一侧变量值的变化。

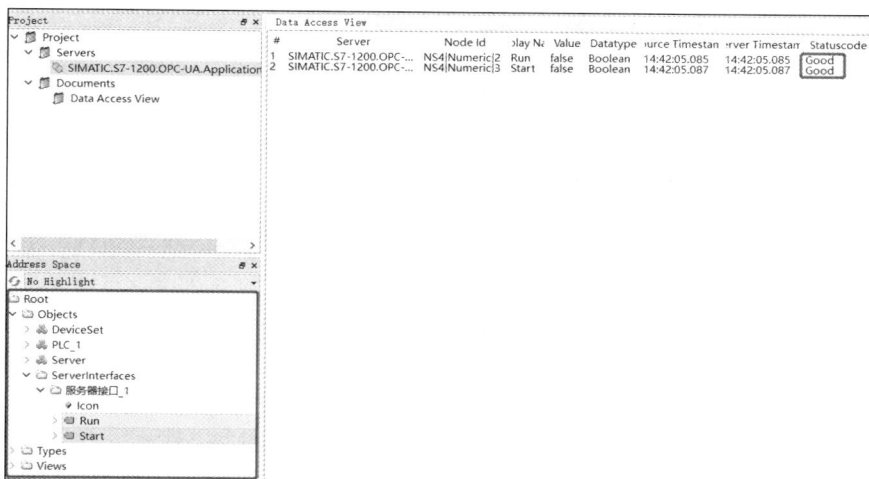

图 6-75　通信成功显示

5.　通信失败验证

从以上结果可以看出在客户端导入服务器证书后，客户端可以访问服务器。此时我们可以尝试把证书删除，看一看客户端能否正常访问服务器。

首先，把导入的服务器证书文件从客户端软件的对应文件夹中删除。在菜单栏上单击"Settings"，在菜单中选择"Manage Certificates"，在弹出的"Manage Certificates"对话框中单击"Open Certificate Location"按钮，如图 6-76 所示。

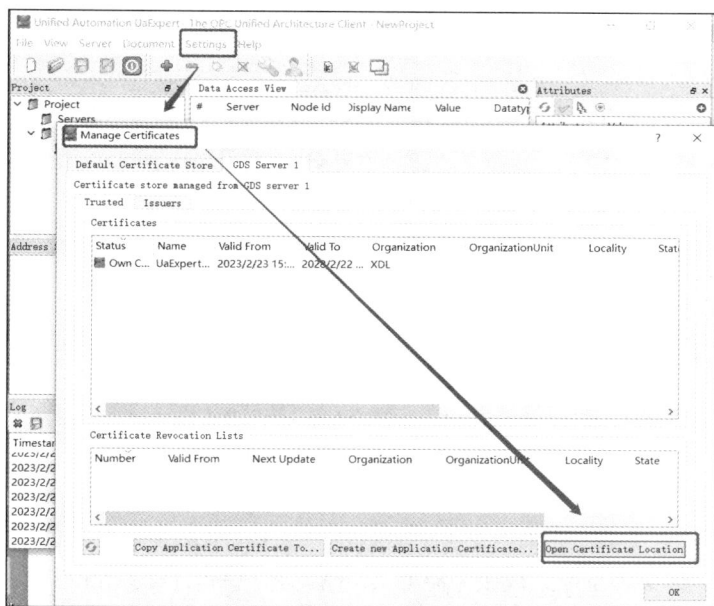

图 6-76　打开证书文件夹

在存放证书的文件夹"certs"和"crl"中，将服务器证书文件删除，保证文件中没有 OPC UA 服务器的证书文件，如图 6-77 所示。

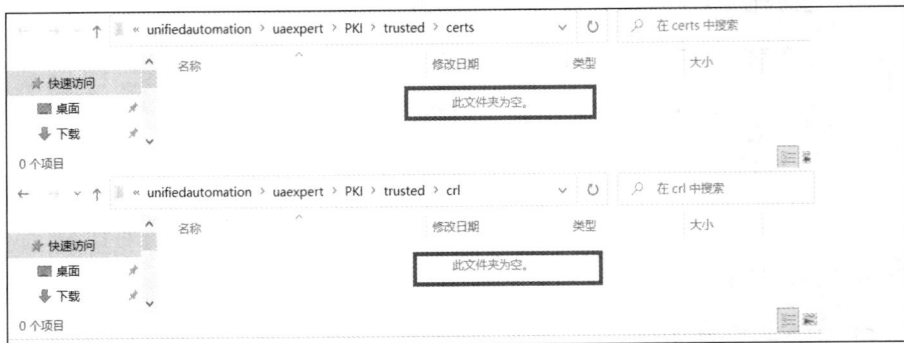

图 6-77 服务器证书文件删除

其次，重新添加服务器，单击菜单栏中"➕"，在弹出的"Add Server"对话框中打开"Endpoint Filter"下拉列表，选择"opc.tcp"，再双击"<Double click to Add Server...>"添加服务器，在弹出的"Enter URL"对话框的文本框中输入"opc.tcp://192.168.1.50:4840"（PLC 配置的 IP 地址和端口号），如图 6-78 所示。

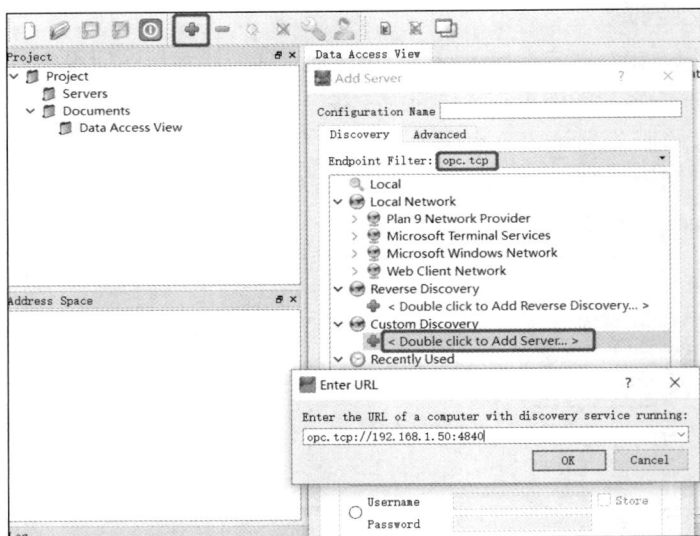

图 6-78 添加服务器路径

添加完服务器路径后，单击"Basic256Sha256-Sign&Encrypt"（服务器中配置过数据加密），选中"Username Password"并勾选"Store"，输入用户名"user1"和密码"00000000"（OPC UA 服务器配置的身份认证），单击"OK"按钮完成登录。

登录后会弹出"Certificate Validation"对话框提示 OPC UA 服务器证书的信任状态是未信任，在"Certificates Details"（证书详细描述）中提示客户端未能获取本地发行证书，如图 6-79 所示。因此，可以看出在服务器证书缺失或服务器证书未得到客户端信任的情况下，是无法通信成功的，这也从侧面证明了 OPC UA 通信在网络中的安全性。

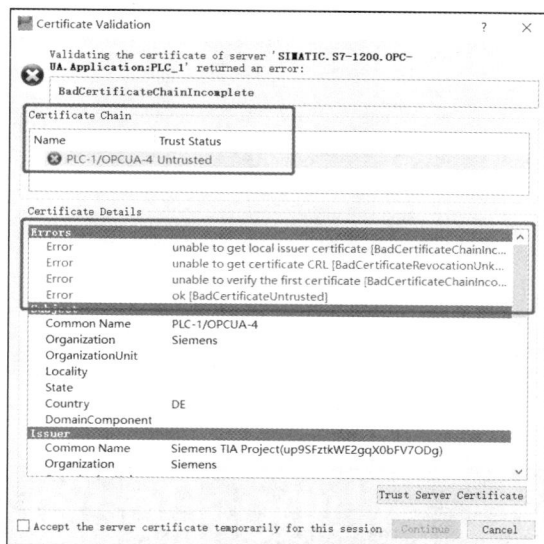

图 6-79   客户端未能获取本地发行证书

【项目小结】

本项目主要围绕 OPC UA 基本概念，以及 OPC UA 在智能控制、边缘计算和网络安全中的应用进行教学，项目小结如图 6-80 所示。

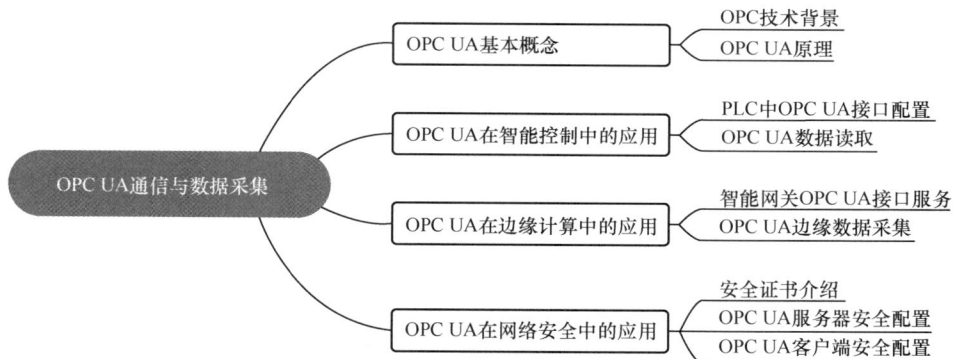

图 6-80   OPC UA 通信与数据采集项目小结

【思考与练习】

1. OPC UA 是什么？有什么作用？
2. OPC UA 和 OPC 有什么区别和联系？
3. 提出一个通过 OPC UA 实现网络安全的方案，并给出具体流程。

项目 7

ThingsBoard 平台应用

【项目描述】

ThingsBoard 是一个开源的平台，它提供了丰富的 API 和工具，可以帮助开发者快速构建工业可视化应用。此项目以表面安装技术（Surface Mount Technology，SMT）产线为背景，使用 PLC 模拟 SMT 产线的设备，通过 PLC 内置的程序产生数据，经过网关配置 MQTT 协议将数据发送给 ThingsBoard，再借助 Digital speedometer、HTML Value Card 等部件，制作一个数据大屏将数据直观地展示出来。

【职业能力目标】

- 能够添加规则链，通过规则链存储数据、生成报警及发送邮件等。
- 能够通过配置 MQTT 协议，将 PLC 数据通过网关发送给 ThingsBoard。
- 能够自定义部件。
- 能够使用仪表板库制作数据大屏。

【学习目标】

- 掌握 ThingsBoard 平台的使用。
- 掌握智能网关的 I/O 点配置及协议配置。
- 掌握数据大屏的制作方法。

【素质目标】

通过学习 ThingsBoard 平台的使用，提升分析问题和解决实际问题的能力。

【知识链接】

7.1 平台简介

ThingsBoard 可用于实现项目的快速开发、管理和扩展。

ThingsBoard 的应用场景如下。

- 管理设备、资产和客户，并定义它们之间的关系。
- 基于设备和资产收集数据并将数据可视化。
- 采集遥测数据并进行相关的事件处理及警报响应。
- 基于远程过程调用（Remote Procedure Call，RPC）进行设备控制。
- 基于生命周期事件、REST API 事件、RPC 请求构建工作流。
- 基于动态设计和响应仪表板向客户提供设备或资产的遥测数据。
- 基于规则链自定义特定功能。
- 发布设备数据至第三方系统。

7.2 平台架构

图 7-1 所示的是 ThingsBoard 平台架构。

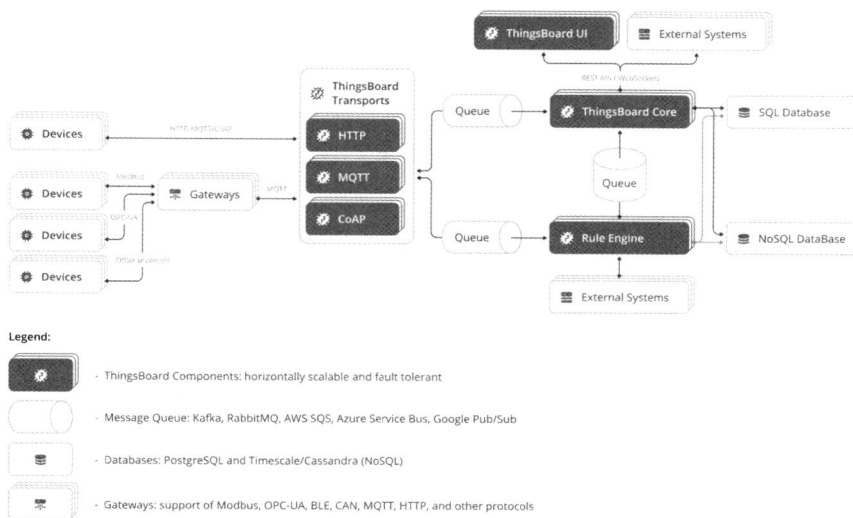

图 7-1 ThingsBoard 平台架构

ThingsBoard Transports 提供了基于 MQTT、HTTP 和 CoAP 的 API 接口，适用于多种设备应用程序/固件。传输层从设备接收到消息后，它将被解析并推送到持久的消息队列。

ThingsBoard Core 负责处理 REST API 调用和 WebSocket 订阅，同时也负责存储有关活动设备会话和监视设备连接状态。

Rule Engine 是平台的核心，负责处理传入平台的消息。通过可视化的方式构建规则节点和规则链，实现对数据的处理及存储等。

ThingsBoard UI 是一个使用 Express.js 框架编写的轻量级组件，有丰富的组件类型可以选用，每种类型下面又有多种具体的功能组件，支持拖曳式布局。

【项目实施】

微课
数据上云

7.3 数据上云

数据上云是推动智能制造和工业 4.0 发展的核心策略。这一过程涉及从工业设备中采集实时数据，并通过工业互联网技术将这些数据传输到云端。在云端，企业可以利用强大的计算资源进行数据处理和分析，提高了数据的整合性和可用性。通过云平台提供的数据可视化工具，管理人员能够通过直观的图表和仪表板快速把握生产状况和业务绩效，实时监控关键性能指标，及时作出决策。

7.3.1 添加规则链

单击"规则链库"进入"规则链库"页面，如图 7-2 所示。

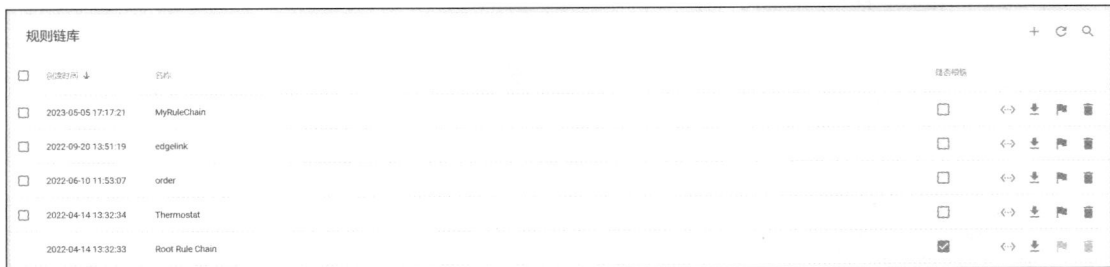

图 7-2 "规则链库"页面

在此页面中，可以进行添加规则链、刷新、查找规则链、打开规则链、导出规则链、设置为根规则链及删除规则链等操作。

单击页面右上方的"添加规则链"按钮＋，在弹出的菜单中选择"创建新的规则链"，如图 7-3 所示。

在弹出的"添加规则链"对话框中，设置规则链的"名称"和"说明"，单击"添加"按钮添加规则链，如图 7-4 所示。

图 7-3　创建新的规则链

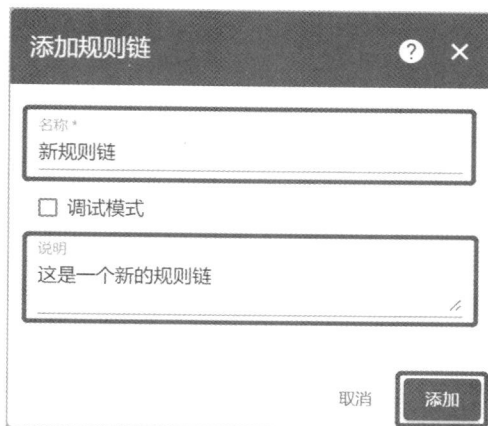

图 7-4　添加规则链

根据以上步骤，添加一个名称为"MyRuleChain"的规则链并将其打开。

7.3.2　添加设备配置

设备配置主要定义的是设备的传输协议、报警规则及规则链等。

单击"设备配置"进入"设备配置"页面，如图 7-5 所示。

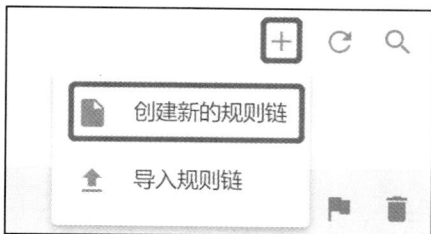

图 7-5　"设备配置"页面

在此页面中，可以添加设备配置、刷新设备配置列表及查找设备配置，还可以进行导出设备配置、设为默认设备配置及删除设备配置等操作。

单击页面右上方的"添加设备配置"按钮＋，在弹出的菜单中选择"创建设备配置"，如图 7-6 所示。

在弹出的"添加设备配置"对话框的"设备配置详情"页面中，设置设备配置的"名称"和其他附加信息，单击"下一个：传输配置"按钮，进入"传输配置"页面，也可直接单击"添加"按钮完成配置（这样设备的传输配置将会使用默认配置，并且不会配置报警规则），如图 7-7 所示。

图 7-6　创建设备配置

在"传输配置"页面，"传输方式"有默认、MQTT、CoAP、LWM2M 及 SNMP 共 5 种可选，根据"传输方式"的不同，参数也会有所不同。通常情况下选择 MQTT 方式，"MQTT 设备 Topic 筛选器"参数可直接使用默认配置，"MQTT 设备 Payload"也使用默认配置，如图 7-8 所示。最后单击"下一个：报警规则"按钮进入"报警规则"页面。

根据以上步骤,添加一个设备配置,其名称为"SMT 设备配置",规则链选择"Root Rule Chain",

传输方式选择"MQTT"，其他参数使用默认配置，如图 7-9 所示。

图 7-7　"设备配置详情"页面

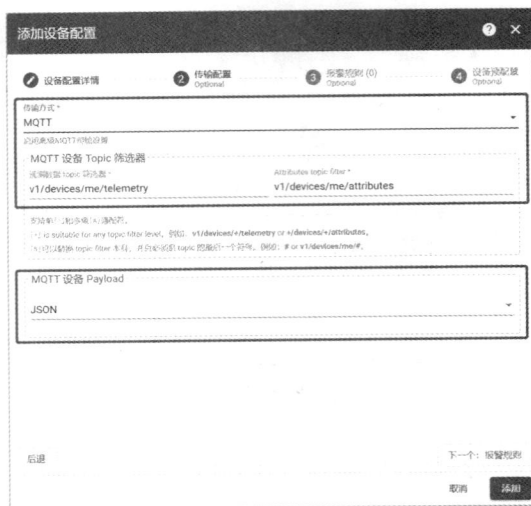

图 7-8　"传输配置"页面

图 7-9　添加一个设备配置

添加完成的"设备配置"如图 7-10 所示。

图 7-10　添加完成的"设备配置"

7.3.3　添加设备

单击"设备"进入"设备"页面，如图 7-11 所示。

图 7-11　"设备"页面

在此页面中，既可以添加设备、刷新设备列表及查找设备，又可以对设备进行公开、分配给客户、取消分配客户、私有化、管理凭据及删除设备等操作。

单击页面右上方的"添加设备"按钮➕，在弹出的菜单中选择"添加新设备"，如图 7-12 所示。

根据以上步骤，添加一个名称为"贴片机"的设备，如图 7-13 所示。

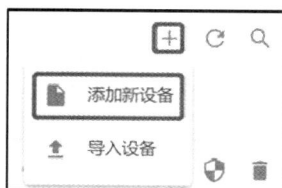

图 7-12　添加新设备

图 7-13　添加一个名称为"贴片机"的设备

添加完成的"设备"如图 7-14 所示。

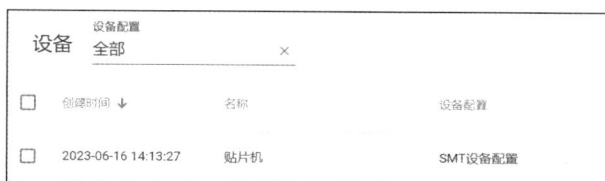

图 7-14　添加完成的"设备"

7.3.4　智能网关配置

1. 新建工程

打开"Advantech EdgeLink Studio"软件，该软件主界面如图 7-15 所示。

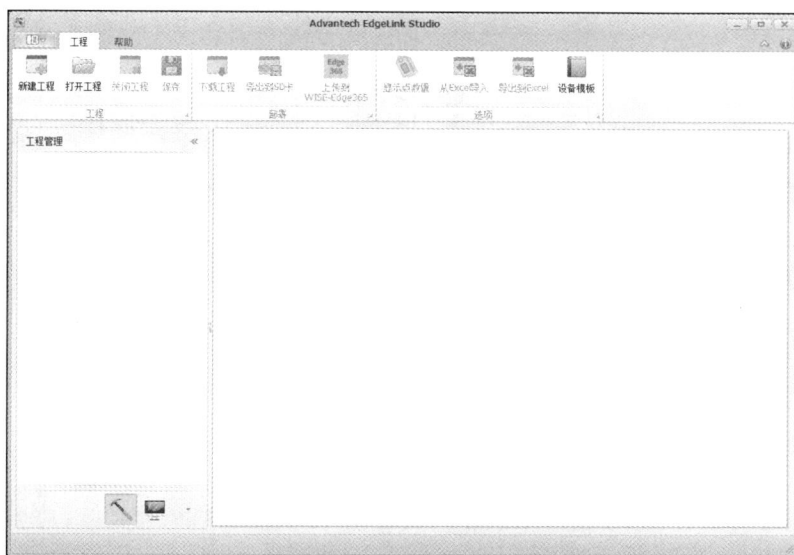

图 7-15　Advantech EdgeLink Studio 软件主界面

单击"新建工程"，软件会弹出"工程"对话框，如图 7-16 所示。

在"名称"文本框中填入"数据采集及转发"，选择合适的"路径"后，单击"确定"按钮，即可创建一个新的工程，创建完成的工程如图 7-17 所示。

右击工程名称，在弹出的快捷菜单中选择"添加设备"，如图 7-18 所示。

软件主界面右侧会弹出"新建节点"页面，如图 7-19 所示。

单击"设备类型"右侧的"…"，在弹出的"选择节点"对话框中选择"ECU-1251TL-R10A(A/B)E [ECU-1251]"，单击"确定"按钮，如图 7-20 所示。

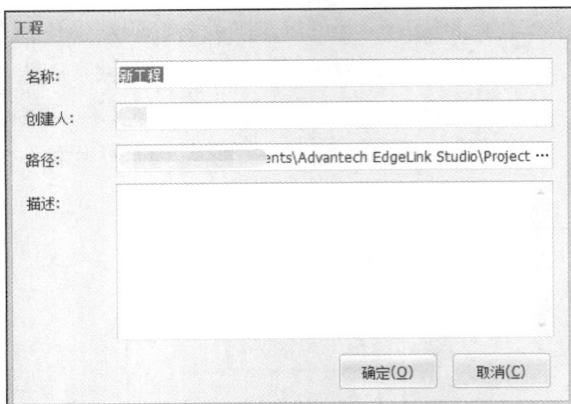

图 7-16　"工程"对话框

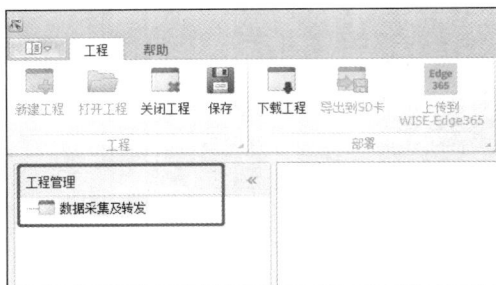

图 7-17　创建完成的工程

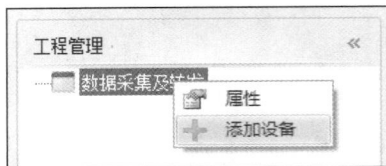

图 7-18　添加设备

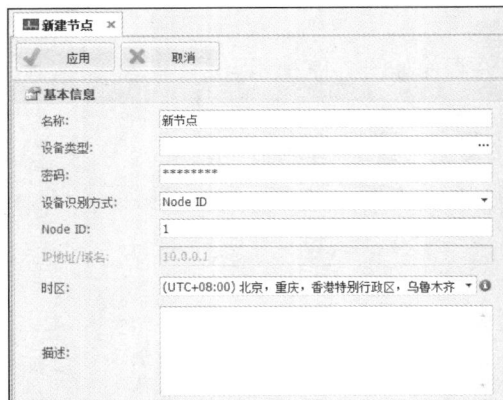

图 7-19　"新建节点"页面

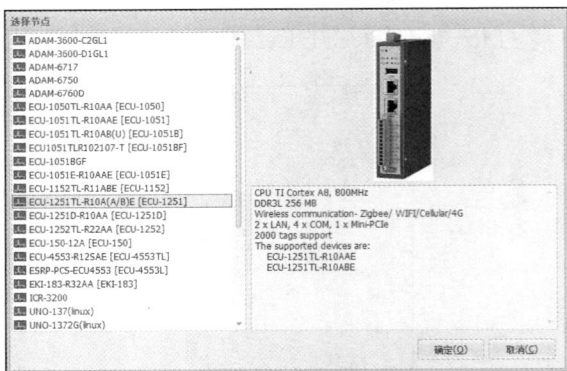

图 7-20　选择节点

"设备类型"设置完成后，在"新建节点"界面中单击"应用"按钮，新工程便创建好了，如图 7-21 所示。此时可单击"保存"按钮来保存工程数据。

2. 添加设备和数据点

在左侧目录树中，右击"数据中心"下属层级的"I/O 点"中的"TCP"，在弹出的快捷菜单中选择"添加设备"，如图 7-22 所示。

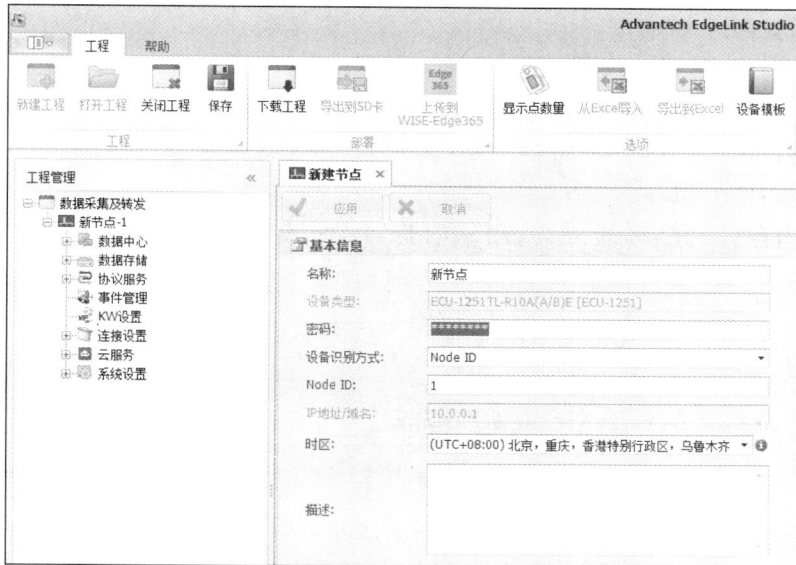

图 7-21　新工程

软件主界面右侧会弹出"新设备(新节点)"页面，可以在此页面中配置一个新设备（西门子 PLC_贴片机），如图 7-23 所示。

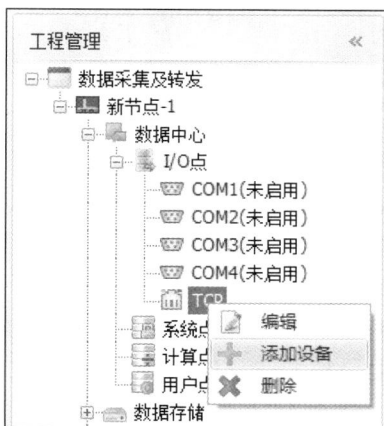

图 7-22　添加设备

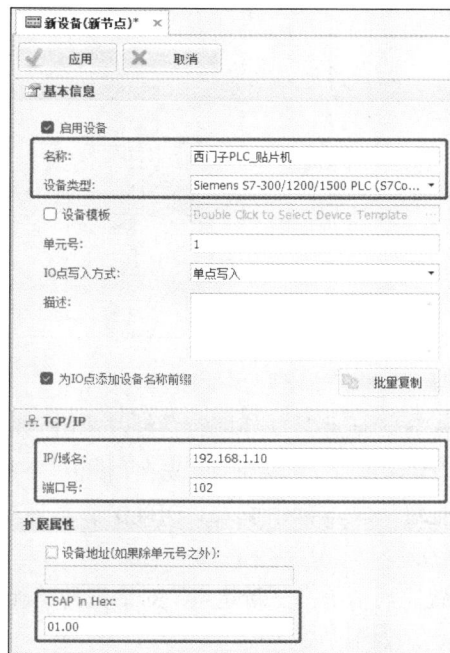

图 7-23　配置一个新设备

配置内容如下。

- 启用设备：勾选。
- 名称：西门子 PLC_贴片机。
- 设备类型：Siemens S7-300/1200/1500 PLC(S7Comm TCP/IP)。

- 单元号：1。
- IO 点写入方式：单点写入。
- IP/域名：192.168.1.10。
- 端口号：102。
- TSAP in Hex：01.00。

按照上述内容配置完后，单击"应用"按钮，一个新设备就创建好了。此时软件会弹出"I/O点(新节点-西门子 PLC_贴片机)"界面，如图 7-24 所示。

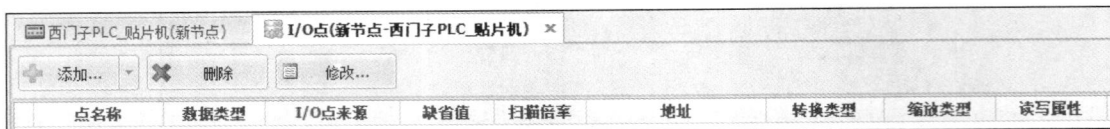

图 7-24　I/O 点(新节点-西门子 PLC_贴片机)界面

单击"添加"按钮，软件会弹出"新建点"对话框，在该对话框中按照图 7-25 所示的方式进行配置。

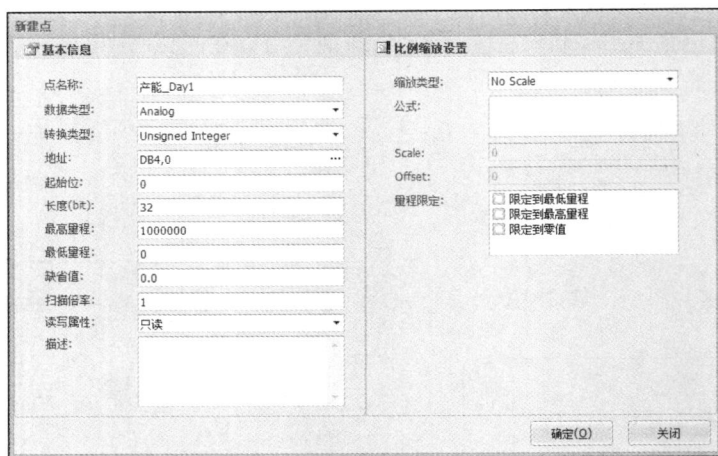

图 7-25　新建点

在配置"地址"这一项时，可以单击"地址"右侧的"…"，在弹出的"默认地址"对话框中，先在"模板"下拉列表中选择"DB1,0"，再在"地址"文本框中填入"DB4,0"，最后单击"OK"按钮，如图 7-26 所示。

配置完后。单击"新建点"对话框的"确定"按钮，就添加了一个数据点，如图 7-27 所示。

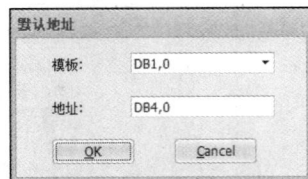

图 7-26　地址配置

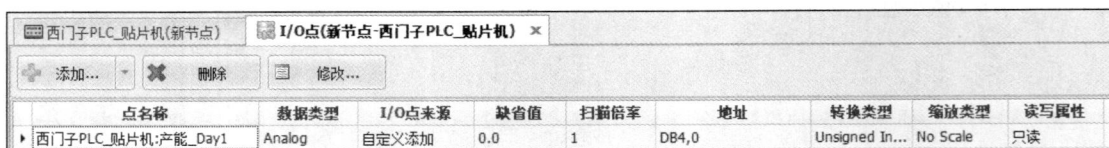

点名称	数据类型	I/O点来源	缺省值	扫描倍率	地址	转换类型	缩放类型	读写属性
▶ 西门子PLC_贴片机:产能_Day1	Analog	自定义添加	0.0	1	DB4,0	Unsigned In...	No Scale	只读

图 7-27　添加了一个数据点

继续添加数据点，所有数据点如表 7-1 所示。

表 7-1 所有数据点

点名称	数据类型	转换类型	地址	起始位	长度	最高量程
Day1	Analog	Unsigned Integer	DB4,0	0	32	1000000
……			……	0	32	1000000
Day10			DB4,36	0	32	1000000
Model1			DB4,40	0	32	1000000
……			……	0	32	1000000
Model10			DB4,76	0	32	1000000
计划产量		Unsigned Integer	DB4,80	0	32	1000000
实际产量		Unsigned Integer	DB4,84	0	32	1000000
工单完成率		Real	DB4,88	0	32	100
合格率		Real	DB4,92	0	32	100
运行时间		Real	DB4,96	0	32	1000000
总产量		Unsigned Integer	DB4,100	0	32	1000000
稼动率		Real	DB4,104	0	32	100
温度		Unsigned Integer	DB4,108	0	32	100
湿度		Unsigned Integer	DB4,112	0	32	100

其他参数均使用默认值。所有数据点都添加好后，最终结果如图 7-28 所示。

点名称	数据类型	I/O点来源	缺省值	扫描倍率	地址	转换类型	缩放类型	读写属性	描述
西门子PLC_贴片机:Day1	Analog	自定义添加	0.0	1	DB4,0	Unsigned Integer	No Scale	Read	
西门子PLC_贴片机:Day2	Analog	自定义添加	0.0	1	DB4,4	Unsigned Integer	No Scale	Read	
西门子PLC_贴片机:Day3	Analog	自定义添加	0.0	1	DB4,8	Unsigned Integer	No Scale	Read	
西门子PLC_贴片机:Day4	Analog	自定义添加	0.0	1	DB4,12	Unsigned Integer	No Scale	Read	
西门子PLC_贴片机:Day5	Analog	自定义添加	0.0	1	DB4,16	Unsigned Integer	No Scale	Read	
西门子PLC_贴片机:Day6	Analog	自定义添加	0.0	1	DB4,20	Unsigned Integer	No Scale	Read	
西门子PLC_贴片机:Day7	Analog	自定义添加	0.0	1	DB4,24	Unsigned Integer	No Scale	Read	
西门子PLC_贴片机:Day8	Analog	自定义添加	0.0	1	DB4,28	Unsigned Integer	No Scale	Read	
西门子PLC_贴片机:Day9	Analog	自定义添加	0.0	1	DB4,32	Unsigned Integer	No Scale	Read	
西门子PLC_贴片机:Day10	Analog	自定义添加	0.0	1	DB4,36	Unsigned Integer	No Scale	Read	
西门子PLC_贴片机:Model1	Analog	自定义添加	0.0	1	DB4,40	Unsigned Integer	No Scale	Read	
西门子PLC_贴片机:Model2	Analog	自定义添加	0.0	1	DB4,44	Unsigned Integer	No Scale	Read	
西门子PLC_贴片机:Model3	Analog	自定义添加	0.0	1	DB4,48	Unsigned Integer	No Scale	Read	
西门子PLC_贴片机:Model4	Analog	自定义添加	0.0	1	DB4,52	Unsigned Integer	No Scale	Read	
西门子PLC_贴片机:Model5	Analog	自定义添加	0.0	1	DB4,56	Unsigned Integer	No Scale	Read	
西门子PLC_贴片机:Model6	Analog	自定义添加	0.0	1	DB4,60	Unsigned Integer	No Scale	Read	
西门子PLC_贴片机:Model7	Analog	自定义添加	0.0	1	DB4,64	Unsigned Integer	No Scale	Read	
西门子PLC_贴片机:Model8	Analog	自定义添加	0.0	1	DB4,68	Unsigned Integer	No Scale	Read	
西门子PLC_贴片机:Model9	Analog	自定义添加	0.0	1	DB4,72	Unsigned Integer	No Scale	Read	
西门子PLC_贴片机:Model10	Analog	自定义添加	0.0	1	DB4,76	Unsigned Integer	No Scale	Read	
西门子PLC_贴片机:计划产量	Analog	自定义添加	0.0	1	DB4,80	Unsigned Integer	No Scale	Read	
西门子PLC_贴片机:实际产量	Analog	自定义添加	0.0	1	DB4,84	Unsigned Integer	No Scale	Read	
西门子PLC_贴片机:工单完成率	Analog	自定义添加	0.0	1	DB4,88	Real	No Scale	Read	
西门子PLC_贴片机:合格率	Analog	自定义添加	0.0	1	DB4,92	Real	No Scale	Read	
西门子PLC_贴片机:运行时间	Analog	自定义添加	0.0	1	DB4,96	Real	No Scale	Read	
西门子PLC_贴片机:总产量	Analog	自定义添加	0.0	1	DB4,100	Unsigned Integer	No Scale	Read	
西门子PLC_贴片机:稼动率	Analog	自定义添加	0.0	1	DB4,104	Real	No Scale	Read	

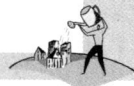

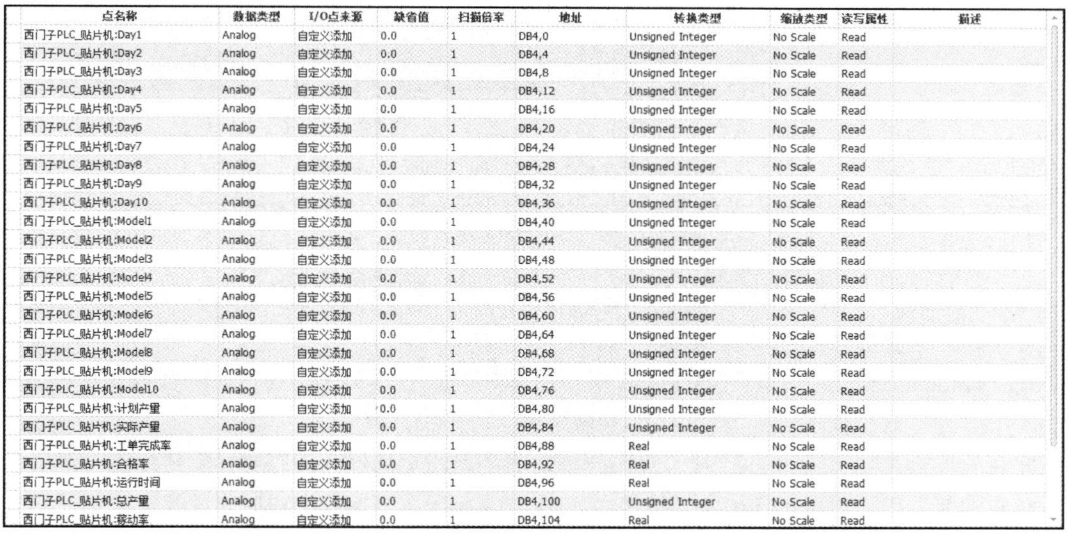

图 7-28 最终结果

3. 云服务配置

在软件主界面左侧目录树中，双击“云服务”下属层级的“ThingsBoard”，界面右侧会弹出“ThingsBoard (新节点)”页面，如图 7-29 所示。

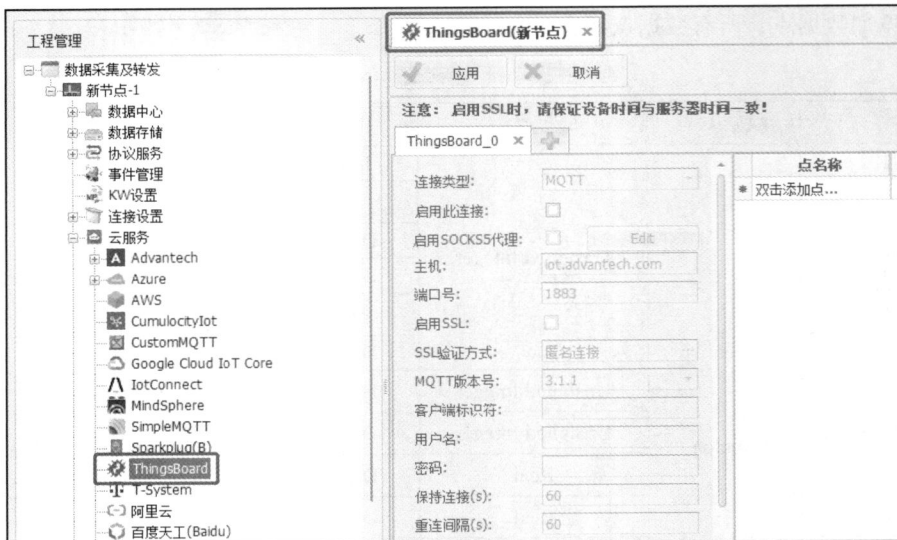

图 7-29　"ThingsBoard(新节点)"页面

勾选"启用此连接"，这样下方的配置信息会进入可编辑状态。

在配置之前，先进入 ThingsBoard 的"设备"页面，单击"贴片机"打开"设备详细信息"页面，再单击"复制访问令牌"按钮，将访问令牌复制到内存中，如图 7-30 所示。

图 7-30　将访问令牌复制到内存中

回到智能网关配置软件的"ThingsBoard (新节点)"页面，将复制的访问令牌粘贴到"用户名"文本框中，其余参数按照图 7-31 所示的方式进行配置即可。

在"ThingsBoard (新节点)"界面的右侧，添加需要通过 MQTT 协议传输的数据点。双击"点名称"下方的"双击添加点..."，如图 7-32 所示。

此时软件会弹出"选择点"对话框，这里勾选之前添加的"西门子 PLC_贴片机"所属的数据点对应的复选框，再单击"确定"按钮，如图 7-33 所示。当配置完成时，这些数据点就会通过MQTT 协议进行发送。

数据点添加后，页面右侧会出现刚刚添加的数据点。图 7-34 所示的是完整的配置参数。

I/O 点的别名需要手动配置，具体操作是将"点名称"的前缀"西门子 PLC_贴片机:"去掉，剩下部分即别名，具体可参考图 7-34。配置完成后，单击"ThingsBoard(新节点)"页面的"应用"按钮保存配置参数。

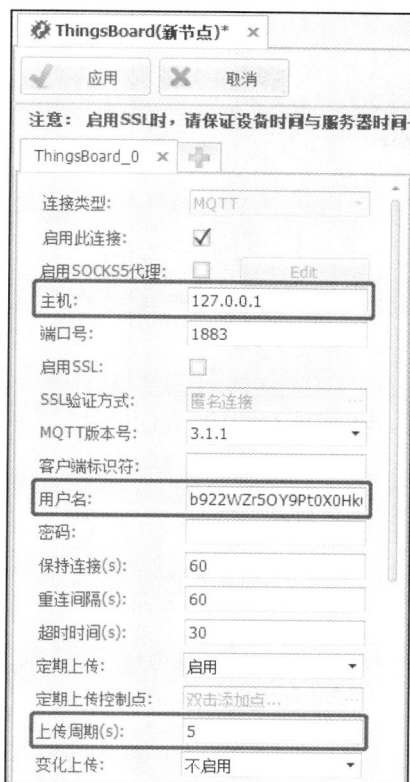

图 7-31　"ThingsBoard(新节点)"配置（1）

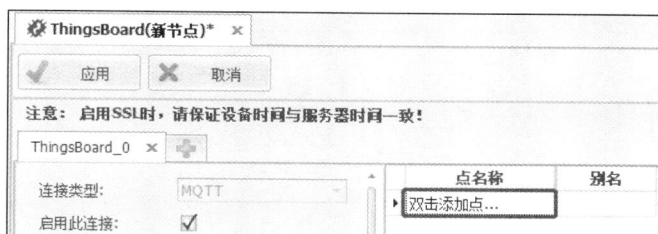

图 7-32　"ThingsBoard(新节点)"配置（2）

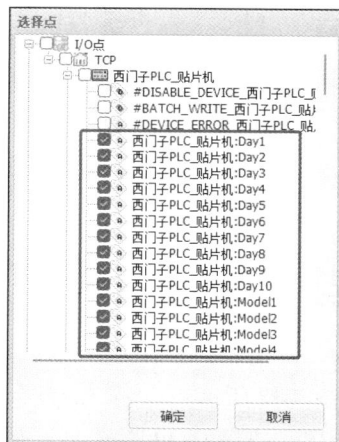

图 7-33　"ThingsBoard(新节点)"配置（3）

图 7-34　"ThingsBoard(新节点)"配置（4）

4. 网关网络设置

在软件主界面左侧目录树中，双击"系统设置"下属层级的"网络和 Internet"中的"网络设置"，如图 7-35 所示。

软件主界面右侧会弹出"网络设置(新节点)"页面，在"LAN1"选项卡中，取消勾选"DHCP"，将 IP 地址设置为"192.168.1.40"，子网掩码设置为"255.255.255.0"，默认网关设置为"192.168.1.254"，单击"应用"按钮，如图 7-36 所示。

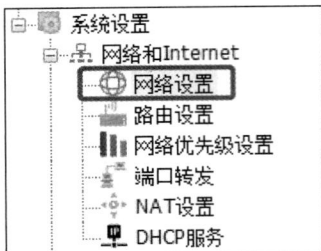

图 7-35　网络设置

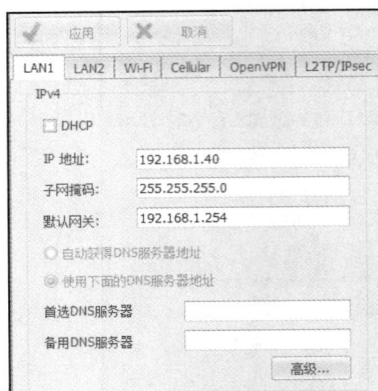

图 7-36　"网络设置(新节点)"页面

5. 工程下载

单击软件主界面左下角的"在线设备"按钮🖵进入"在线设备"页面，如图 7-37 所示。

图 7-37　在线设备

单击"搜索设备"按钮，软件会搜索网络内的智能网关，如图 7-38 所示。

右击"[1]新节点-10.0.0.1"，在弹出的快捷菜单中选择"设置 IP"，如图 7-39 所示。

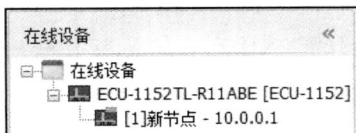

图 7-38　搜索网络内的智能网关

图 7-39　选择"设置 IP"

在弹出的"设置 IP"对话框中，按图 7-40 所示的方式进行参数配置。

　　参数配置完后，单击"设置"按钮，软件会将参数信息发送给智能网关，待页面显示"设置成功"信息，再单击"关闭"按钮关闭此页面。

　　单击左下角的"工程管理" ✎ 按钮进入"工程管理"页面。在软件主界面左侧目录树中，单击"数据采集及转发"或"新节点-1"，再单击"下载工程"按钮，如图 7-41 所示。

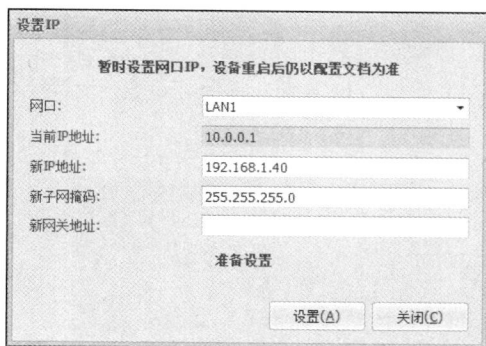

图 7-40　参数配置

图 7-41　下载工程

　　在弹出的"工程下载"对话框中，当"状态"显示为"编译成功"时，单击"下载"按钮下载工程，如图 7-42 所示。

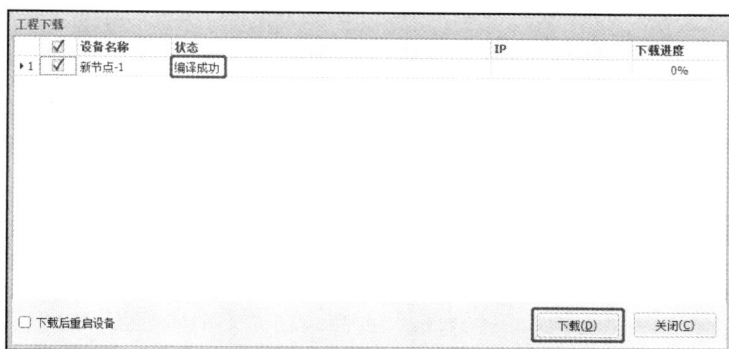

图 7-42　下载工程

　　下载完成后智能网关会自动重启，等到"状态"显示为"重启成功"、下载进度为 100%后，单击"关闭"按钮即可，如图 7-43 所示。

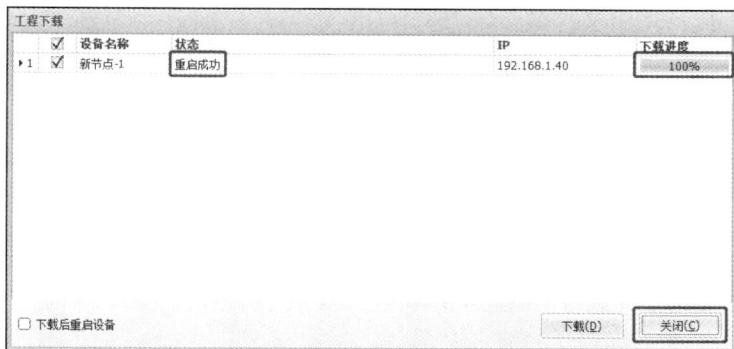

图 7-43　下载工程完成

智能网关重启后，就会将接收到的 PLC 数据通过 MQTT 协议发送到 ThingsBoard。

7.4 数据可视化

在 7.3 节中，已经实现将 PLC 数据通过网关发送到云端（ThingsBoard）。在本节中，将通过仪表板库创建一个可视化数据大屏，将云端的数据以直观的方式显示出来。图 7-44 所示的是一个已经创建好的 SMT 产线数据大屏，接下来的任务就是学习如何创建一个这样的数据大屏。

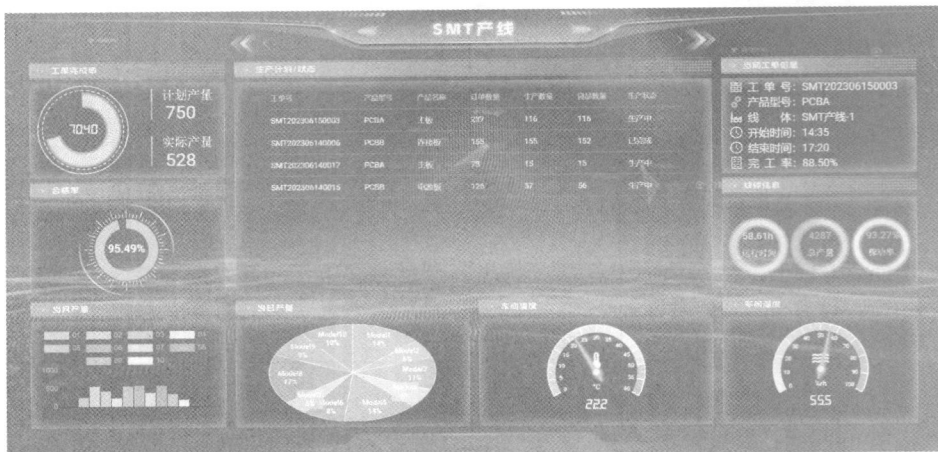

图 7-44　SMT 产线数据大屏

7.4.1　添加仪表板

单击"添加仪表板"进入"添加仪表板"页面，添加一个名称为"SMT 产线"的仪表板，如图 7-45 所示。

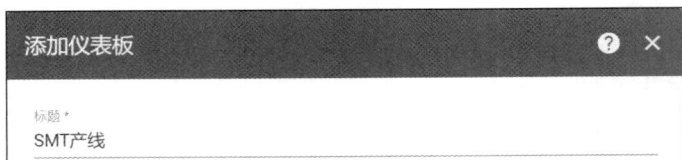

图 7-45　添加仪表板

打开"SMT 产线"仪表板，单击右下角的"进入编辑模式"按钮，使页面变为可编辑状态，再单击页面上方的"设置"按钮打开"设置"对话框，如图 7-46 所示。

在"设置"对话框中，启用"Title settings"下方的"显示仪表板标题"。将页面往下滚动，找到"Layout settings"，将下方的"列数"数值改为"384"，将"部件间边距"数值改为"0"，这样可以对仪表板上的控件进行细微的位置调整；然后找到"背景图片"一栏，按照提示的方法将"SMT 背景图"上传，如图 7-47 所示。

配置好参数后单击"保存"按钮，可以看到图 7-48 所示的仪表板效果。

图 7-46　"设置"对话框

图 7-47　设置"Layout settings"和"背景图片"

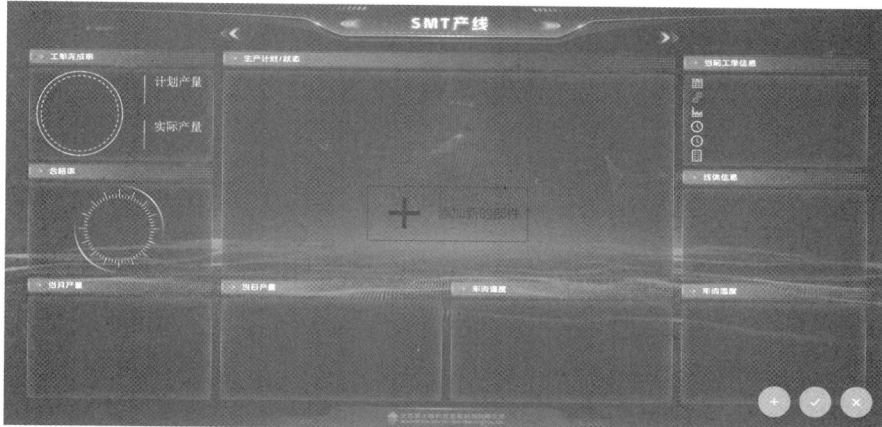

图 7-48　仪表板效果（1）

7.4.2　配置部件

1．配置 Digital speedometer 部件

添加一个 Digital speedometer 部件，并配置各项参数，用以显示"工单完成率"。

图 7-49 所示的是"数据"选项卡中需要配置的内容。

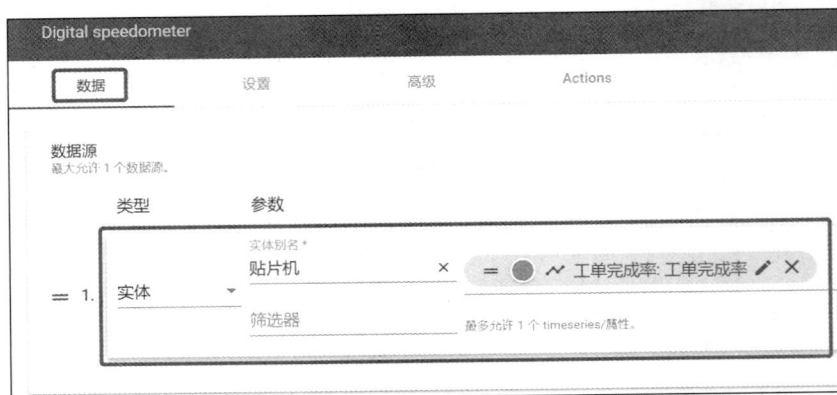

图 7-49　Digital speedometer 的数据配置

图 7-50 所示的是"设置"选项卡中需要配置的内容。

图 7-51 至图 7-54 所示的是"高级"选项卡中需要配置的内容。

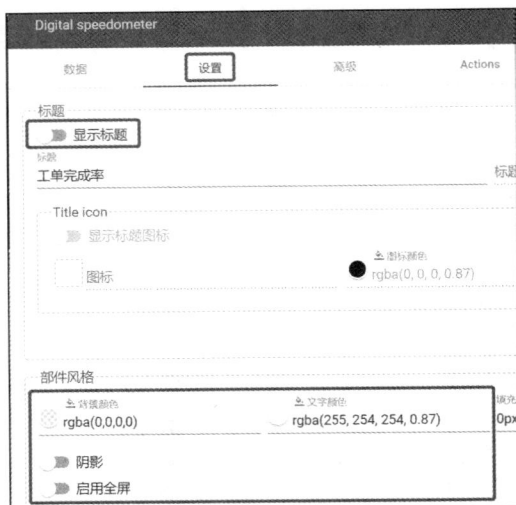

图 7-50　Digital speedometer 的设置配置

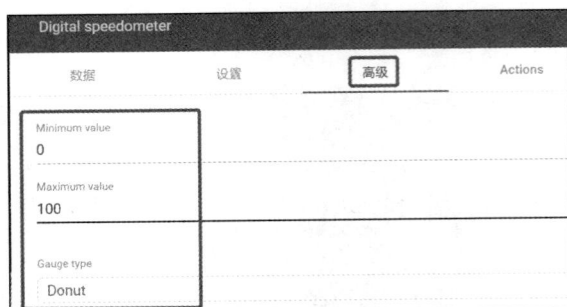

图 7-51　Digital speedometer 的高级配置（1）

部件配置完后，通过缩放及平移操作将部件放置到合适的位置，仪表板效果如图 7-55 所示。

2．配置 HTML Value Card 部件

添加一个 HTML Value Card 部件，并配置各项参数，用以显示"计划产量"。

图 7-56 所示的是"数据"选项卡中需要配置的内容。

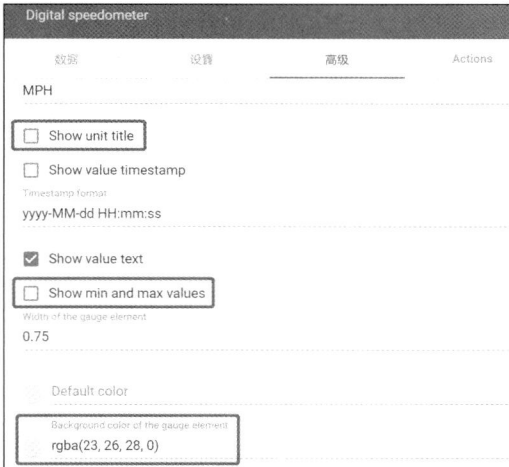

图 7-52 Digital speedometer 的高级配置（2）

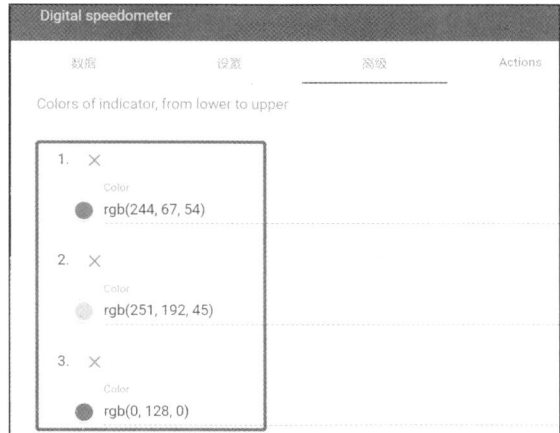

图 7-53 Digital speedometer 的高级配置（3）

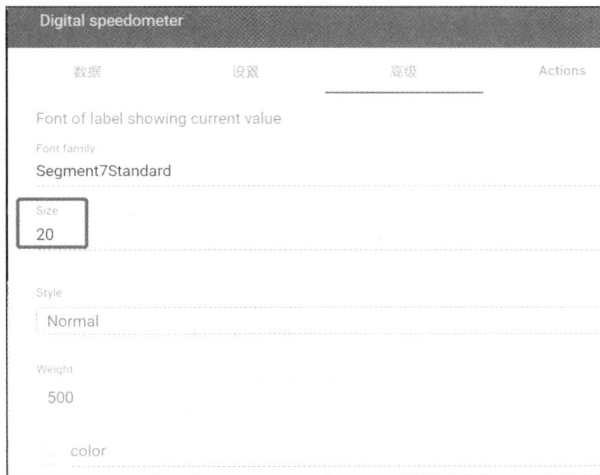

图 7-54 Digital speedometer 的高级配置（4）

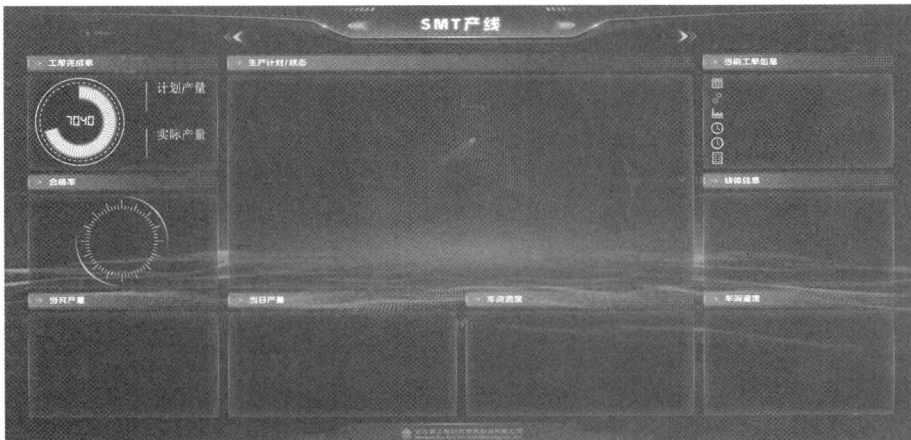

图 7-55 仪表板效果（2）

图 7-57 所示的是"设置"选项卡中需要配置的内容。

图 7-56　HTML Value Card（计划产量）的数据配置

图 7-57　HTML Value Card（计划产量）的设置配置

图 7-58 至图 7-60 所示的是"高级"选项卡中需要配置的内容。在串联样式表（Cascading Style Sheets，CSS）代码框中，按照图 7-58 和图 7-59 给出的代码直接修改原始代码即可。

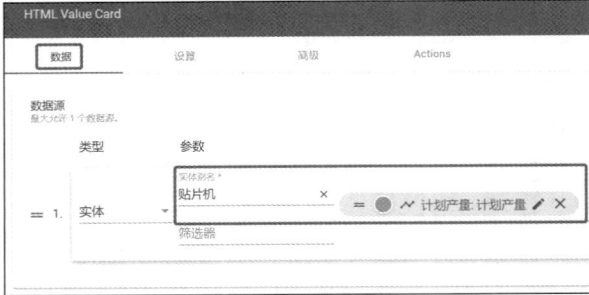

```
1  .card {
2      width: 100%;
3      height: 100%;
4      /*border: 2px solid #ccc;*/
5      /*box-sizing: border-box;*/
6  }
```

图 7-58　HTML Value Card（计划产量）的
高级配置的 CSS 代码（1）

```
35  .card .value {
36      font-size: 30px;
37      font-weight: 400;
38      color: #A1FB8E;
39  }
```

图 7-59　HTML Value Card（计划产量）的
高级配置的 CSS 代码（2）

在 HTML 代码框中，按照图 7-60 给出的代码直接修改原始代码，原始代码若在图 7-60 中没有出现，则直接删除即可。

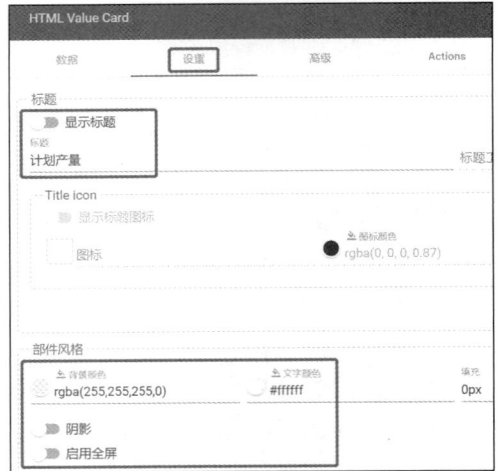

```
1  <div class='card'>
2      <div class='content'>
3          <div class='column'>
4              <h1></h1>
5              <div class='value'>
6                  ${计划产量:0}
7              </div>
8              <div class='description'>
9
10             </div>
11         </div>
12     </div>
13 </div>
```

图 7-60　HTML Value Card（计划产量）的高级配置的 HTML 代码

部件配置完后，通过缩放及平移操作将部件放置到合适的位置，仪表板效果如图 7-61 所示。

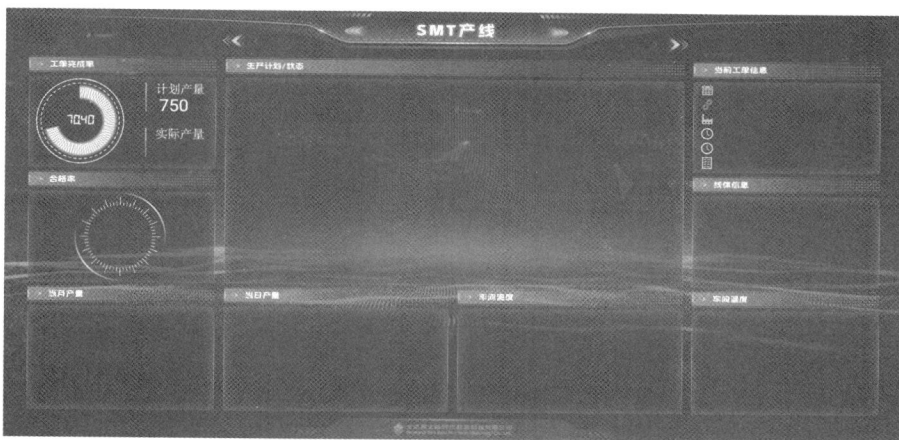

图 7-61　仪表板效果（3）

再添加一个 HTML Value Card 部件，并配置各项参数，用以显示"实际产量"。

图 7-62 所示的是"数据"选项卡中需要配置的内容。

图 7-63 所示的是"设置"选项卡中需要配置的内容。

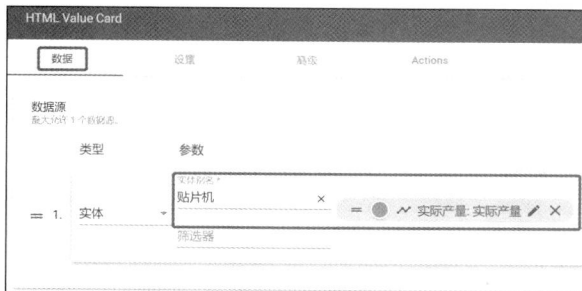

图 7-62　HTML Value Card（实际产量）的数据配置

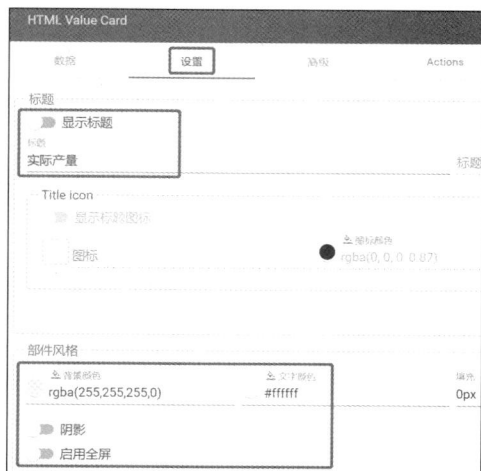

图 7-63　HTML Value Card（实际产量）的设置配置

图 7-64 至图 7-66 所示的是"高级"选项卡中需要配置的内容。在 CSS 代码框中，按照图 7-64 和图 7-65 给出的代码直接修改原始代码即可。

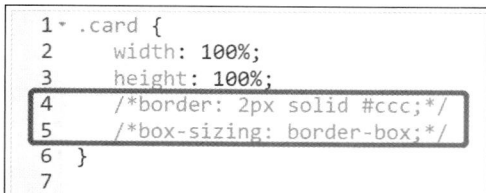

图 7-64　HTML Value Card（实际产量）的高级配置的 CSS 代码（1）

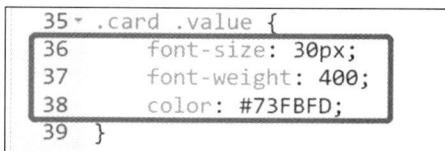

图 7-65　HTML Value Card（实际产量）的高级配置的 CSS 代码（2）

219

在 HTML 代码框中，按照图 7-66 给出的代码直接修改原始代码，原始代码若在图 7-66 中没有出现，则直接删除即可。

```
 1  <div class='card'>
 2      <div class='content'>
 3          <div class='column'>
 4              <h1></h1>
 5              <div class='value'>
 6                  ${实际产量:0}
 7              </div>
 8              <div class='description'>
 9
10              </div>
11          </div>
12      </div>
13  </div>
```

图 7-66 HTML Value Card（实际产量）的高级配置的 HTML 代码

部件配置完后，通过缩放及平移操作将部件放置到合适的位置，仪表板效果如图 7-67 所示。

图 7-67 仪表板效果（4）

再添加一个 HTML Value Card 部件，并配置各项参数，用以显示"当前工单信息"。图 7-68 所示的是"数据"选项卡中需要配置的内容。

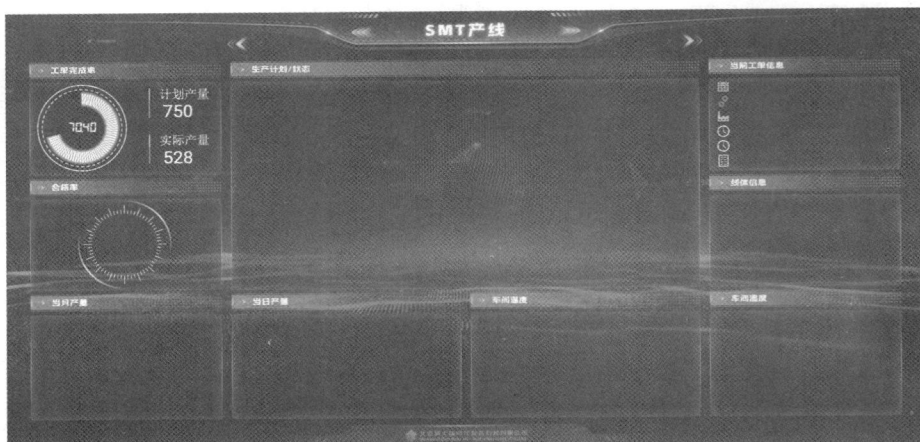

图 7-68 HTML Value Card（当前工单信息）的数据配置

图 7-69 所示的是"设置"选项卡中需要配置的内容。

图 7-69   HTML Value Card（当前工单信息）的设置配置

图 7-70 至图 7-72 所示的是"高级"选项卡中需要配置的内容。在 CSS 代码框中，按照图 7-70 和图 7-71 给出的代码直接修改原始代码即可。

```
1 ▾ .card {
2       width: 100%;
3       height: 100%;
4       /*border: 2px solid #ccc;*/
5       /*box-sizing: border-box;*/
6   }
```

图 7-70   HTML Value Card（当前工单信息）的
高级配置的 CSS 代码（1）

```
35 ▾ .card .value {
36        font-size: 18px;
37        font-weight: 400;
38        line-height: 1.45;
39   }
```

图 7-71   HTML Value Card（当前工单信息）的
高级配置的 CSS 代码（2）

在 HTML 代码框中，按照图 7-72 给出的代码直接修改原始代码，原始代码若在图 7-72 中没有出现，则直接删除即可。

```
 1 ▾ <div class='card'>
 2 ▾     <div class='content'>
 3 ▾         <div class='column'>
 4               <h1></h1>
 5 ▾             <div class='value'>
 6                   工 单 号：${工单号:0}<br>
 7                   产品型号：${产品型号:0}<br>
 8                   线  体：${线体:0}<br>
 9                   开始时间：${开始时间:0}<br>
10                   结束时间：${结束时间:0}<br>
11                   完 工 率：${完工率:2}%<br>
12              </div>
13 ▾             <div class='description'>
14
15              </div>
16          </div>
17      </div>
18 </div>
```

图 7-72   HTML Value Card（当前工单信息）的高级配置的 HTML 代码

部件配置完后，通过缩放及平移操作将部件放置到合适的位置，仪表板效果如图 7-73 所示。

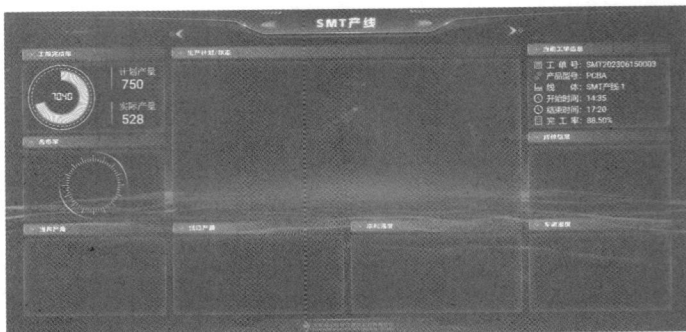

图 7-73　仪表板效果（5）

3.　配置 Timeseries table 部件

添加一个 Timeseries table 部件，并配置各项参数，用以显示"生产计划/状态"。

图 7-74 所示的是"数据"选项卡中需要配置的内容。

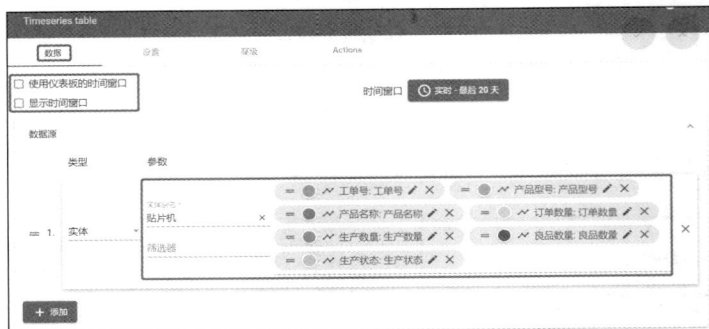

图 7-74　Timeseries table 的数据配置

图 7-75 所示的是"设置"选项卡中需要配置的内容。

图 7-76 所示的是"高级"选项卡中需要配置的内容。

图 7-75　Timeseries table 的设置配置

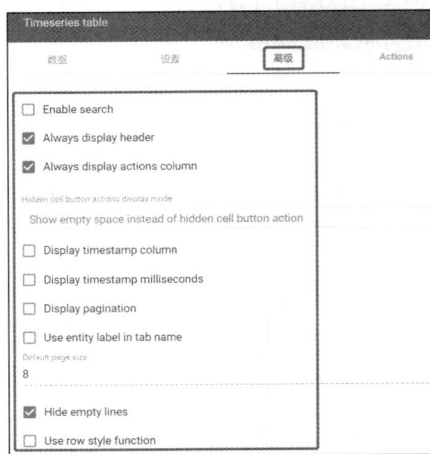

图 7-76　Timeseries table 的高级配置

部件配置完后，通过缩放及平移操作将部件放置到合适的位置，仪表板效果如图 7-77 所示。

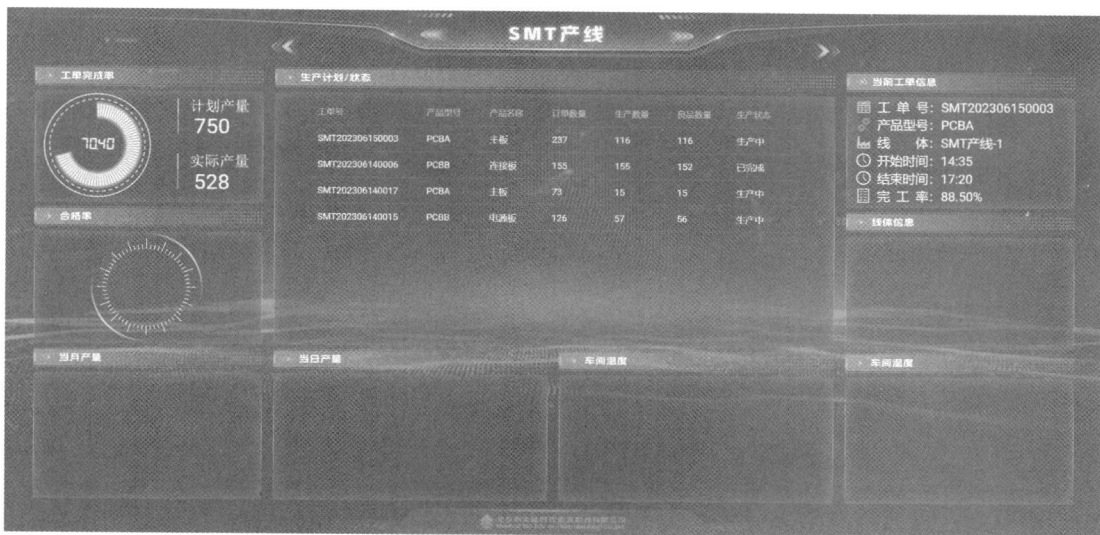

图 7-77　仪表板效果（6）

4．配置 Simple gauge 部件

添加一个 Simple gauge 部件，并配置各项参数，用以显示"合格率"。

图 7-78 所示的是"数据"选项卡中需要配置的内容。

图 7-79 所示的是"设置"选项卡中需要配置的内容。

图 7-78　Simple gauge 的数据配置

图 7-79　Simple gauge 的设置配置

图 7-80 和图 7-81 所示的是"高级"选项卡中需要配置的内容。

部件配置完后，通过缩放及平移操作将部件放置到合适的位置，仪表板效果如图 7-82 所示。

5．配置 Label widget 部件

添加一个 Label widget 部件，并配置各项参数，用以显示"线体信息"。

图 7-83 所示的是"数据"选项卡中需要配置的内容。

223

图 7-80　Simple gauge 的高级配置（1）

图 7-81　Simple gauge 的高级配置（2）

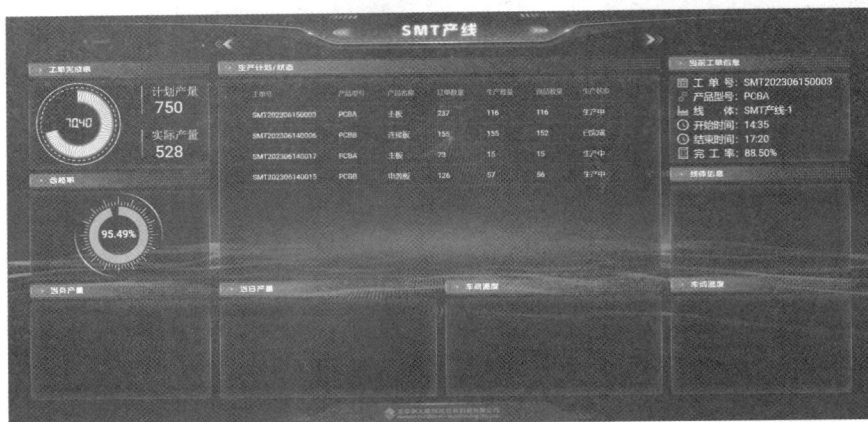

图 7-82　仪表板效果（7）

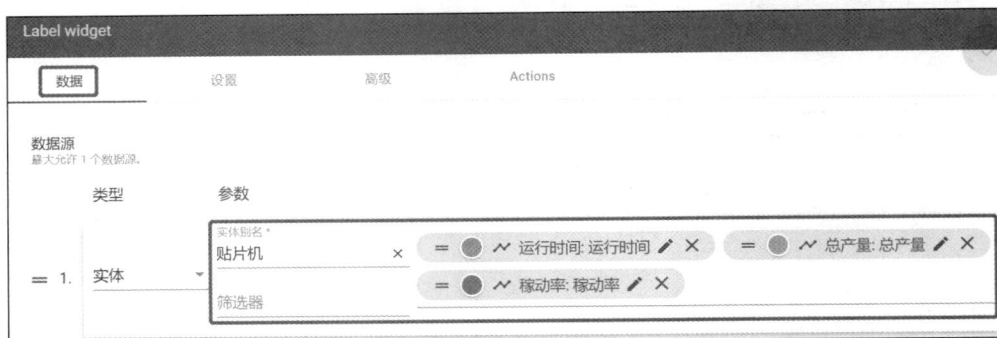

图 7-83　Label widget 的数据配置

　　图 7-84 所示的是"设置"选项卡中需要配置的内容。

　　图 7-85、图 7-86、图 7-88 和图 7-89 所示的是"高级"选项卡中需要配置的内容。首先添加背景图片，按照页面提示上传"线体信息.png"图片，如图 7-85 所示。

　　其次配置各数据项，根据配置的顺序，"1."数据项对应"运行时间"，"2."数据项对应"总产量"，以此类推。"1."数据项的配置如图 7-86 所示。

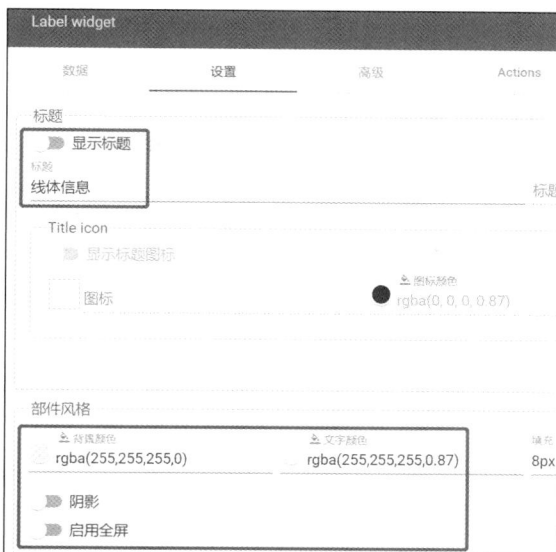

图 7-84   Label widget 的设置配置

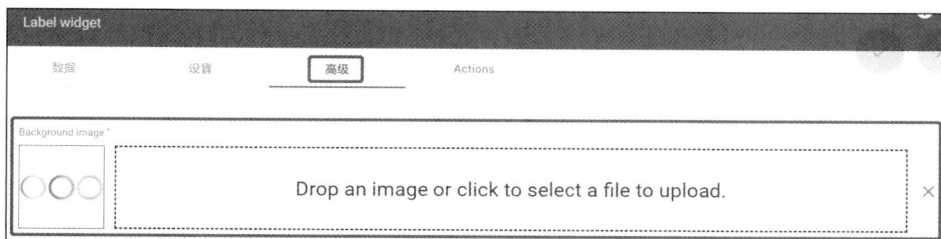

图 7-85   Label widget 的高级配置（1）

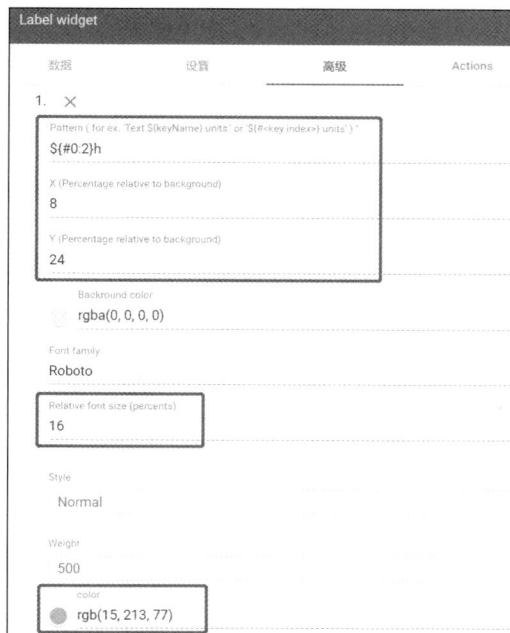

图 7-86   Label widget 的高级配置（2）

"高级"选项卡中默认只有"1."数据项，要想配置其他数据项，请先单击页面下方的"New"按钮，如图 7-87 所示，每单击一次该按钮，页面会按照顺序依次添加新的数据项。

"2."数据项的配置如图 7-88 所示。

"3."数据项的配置如图 7-89 所示。

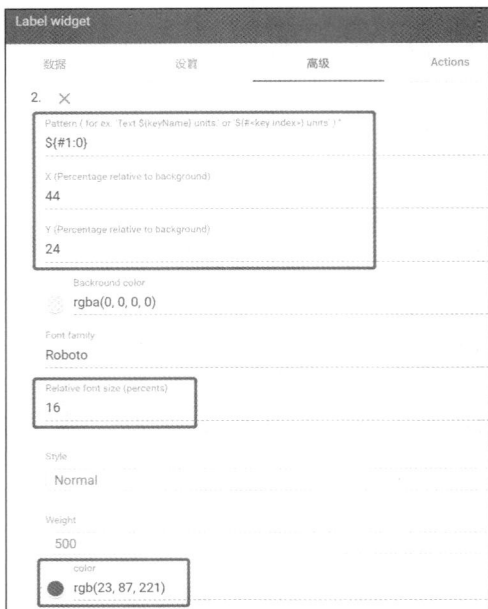

图 7-87 "New"按钮

图 7-88 Label widget 的高级配置（3）

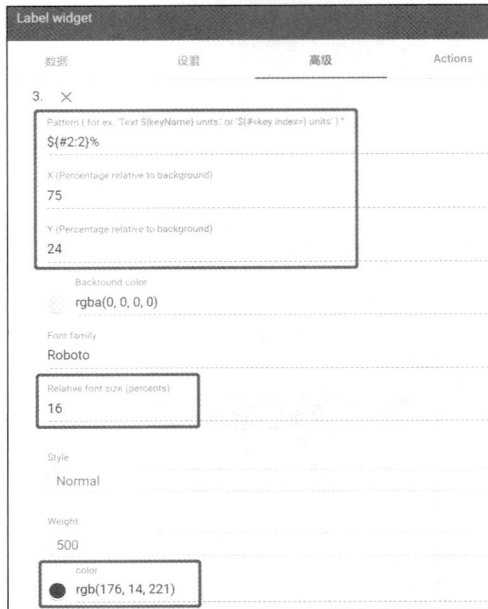

图 7-89 Label widget 的高级配置（4）

部件配置完后，通过缩放及平移操作将部件放置到合适的位置，仪表板效果如图 7-90 所示。

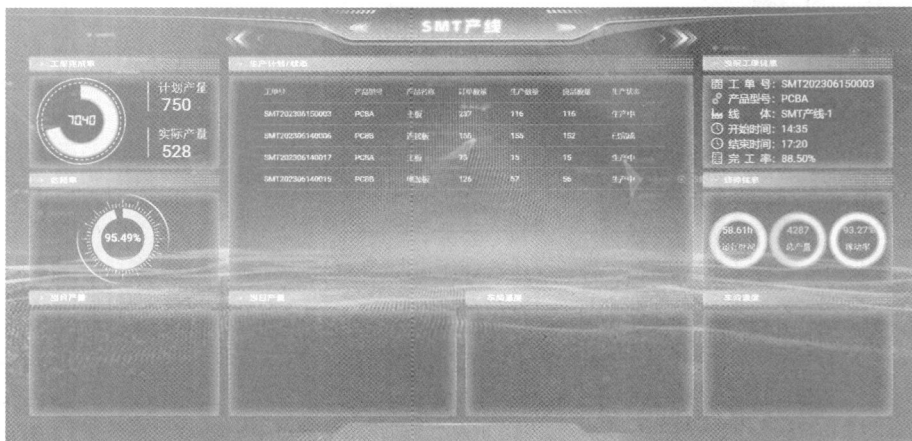

图 7-90 仪表板效果（8）

6. 配置 Bars 部件

添加一个 Bars 部件，并配置各项参数，用以显示"当月产量"。

图 7-91 所示的是"数据"选项卡中需要配置的内容。

图 7-91　Bars 的数据配置

当数据的标签名太长时，可以对其进行更改，本例中可以单击各个参数后方的 ✏ 按钮，在弹出的"数据键配置"对话框中修改标签，如图 7-92 所示。

最终效果请参考图 7-91。

图 7-93 所示的是"设置"选项卡中需要配置的内容。

图 7-92　Bars 的数据键配置

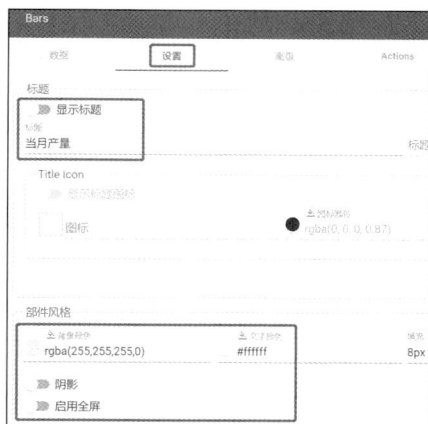

图 7-93　Bars 的设置配置

部件配置完后，通过缩放及平移操作将部件放置到合适的位置，仪表板效果如图 7-94 所示。

图 7-94　仪表板效果（9）

7. 配置 Pie-Flot 部件

添加一个 Pie-Flot 部件，并配置各项参数，用以显示"当日产量"。

图 7-95 所示的是"数据"选项卡中需要配置的内容。

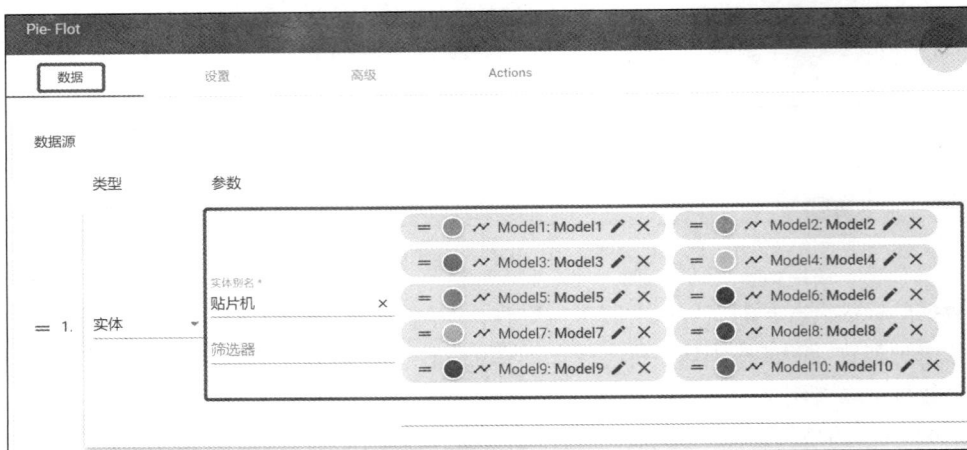

图 7-95 Pie-Flot 的数据配置

图 7-96 所示的是"设置"选项卡中需要配置的内容。

图 7-97 所示的是"高级"选项卡中需要配置的内容。

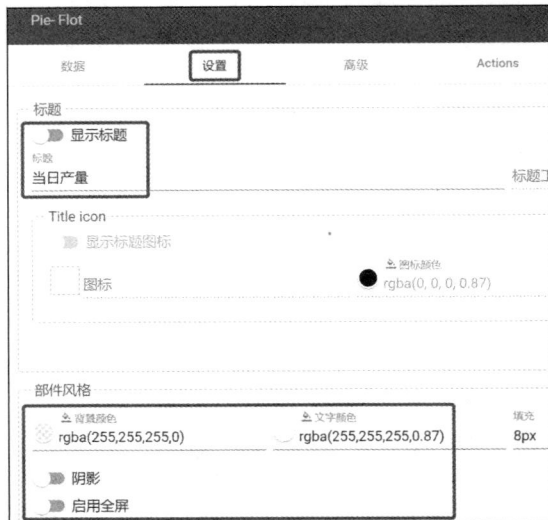

图 7-96 Pie-Flot 的设置配置

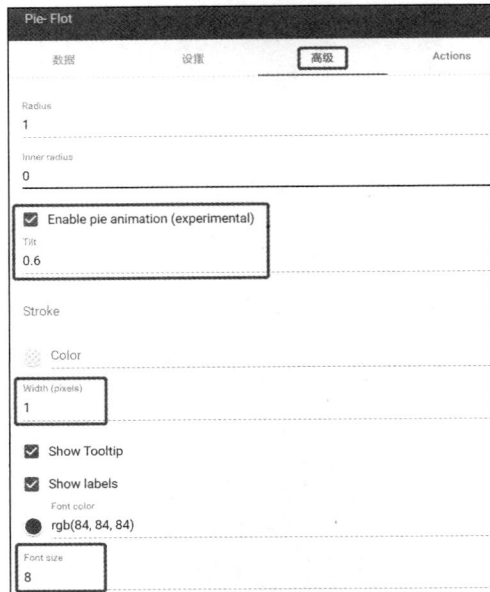

图 7-97 Pie-Flot 的高级配置

部件配置完后，通过缩放及平移操作将部件放置到合适的位置，仪表板效果如图 7-98 所示。

8. 配置 Speed gauge 部件

打开 U 盘资料"04 DEMO 程序代码/05 Speed Gauge 部件"，导入名称为"New Speed Gauge.json"的部件，并配置各项参数，用以显示"车间温度"。

图 7-99 所示的是“数据”选项卡中需要配置的内容。

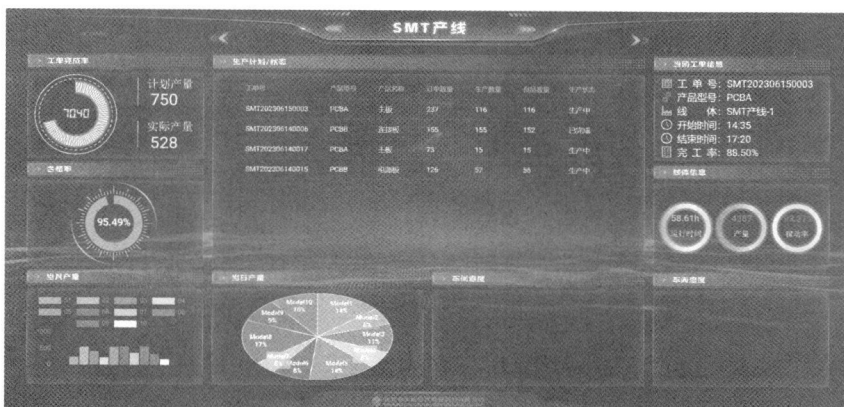

图 7-98　仪表板效果（10）

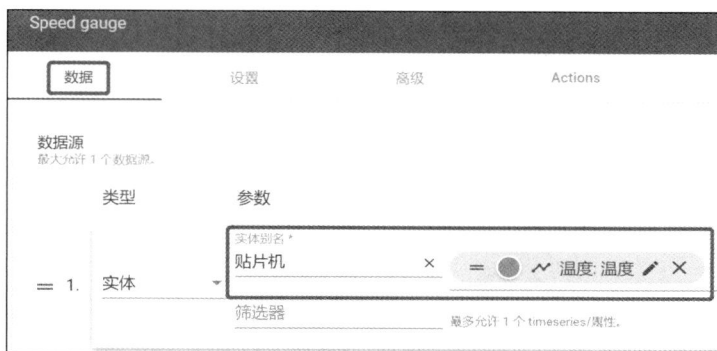

图 7-99　Speed gauge 的数据配置

图 7-100 所示的是“设置”选项卡中需要配置的内容。

图 7-101 至图 7-111 所示的是“高级”选项卡中需要配置的内容。

图 7-100　Speed gauge 的设置配置

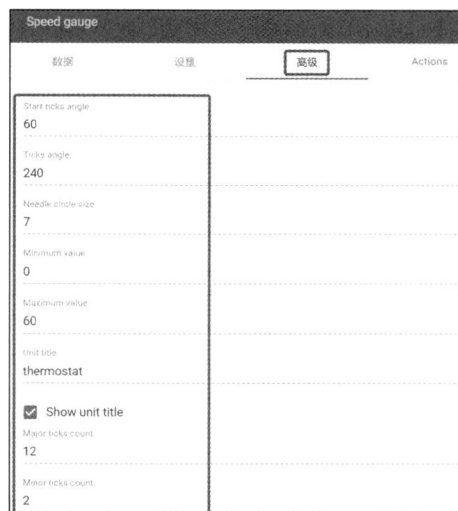

图 7-101　Speed gauge 的高级配置（1）

图 7-102　Speed gauge 的高级配置（2）

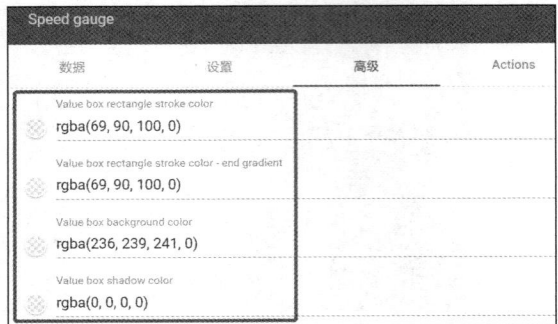
图 7-103　Speed gauge 的高级配置（3）

图 7-104　Speed gauge 的高级配置（4）

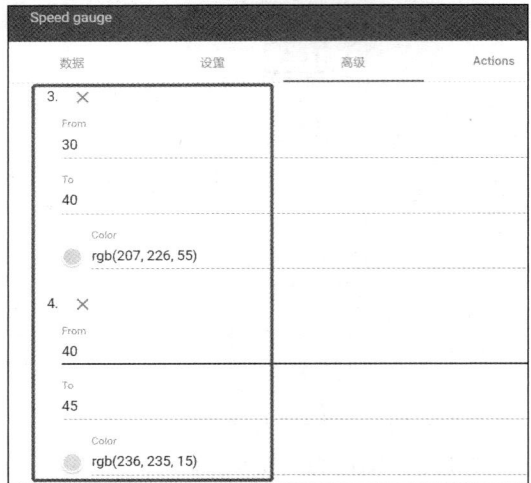
图 7-105　Speed gauge 的高级配置（5）

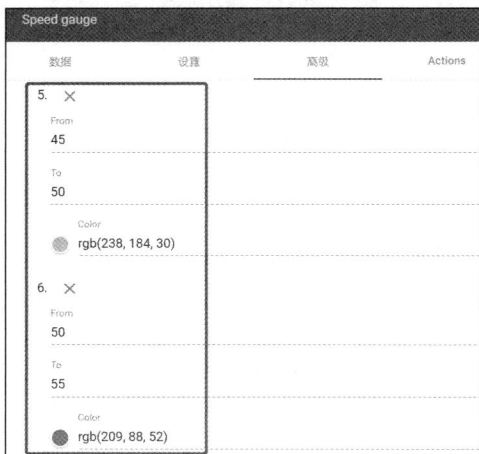
图 7-106　Speed gauge 的高级配置（6）

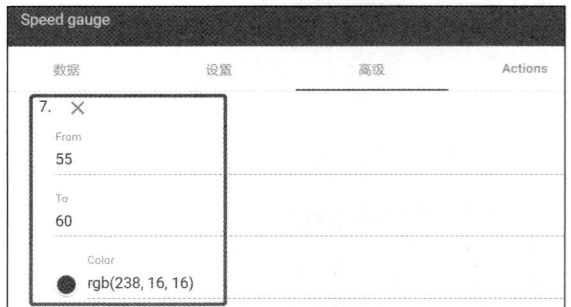
图 7-107　Speed gauge 的高级配置（7）

图 7-108　Speed gauge 的高级配置（8）

图 7-109　Speed gauge 的高级配置（9）

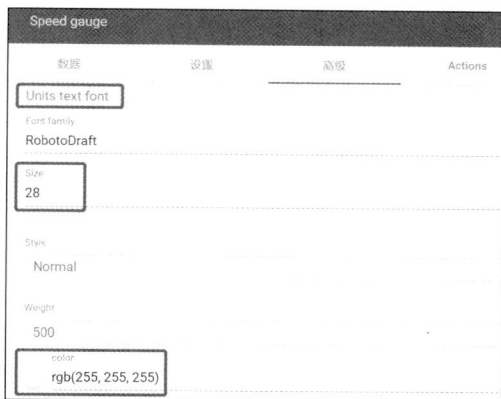

图 7-110　Speed gauge 的高级配置（10）

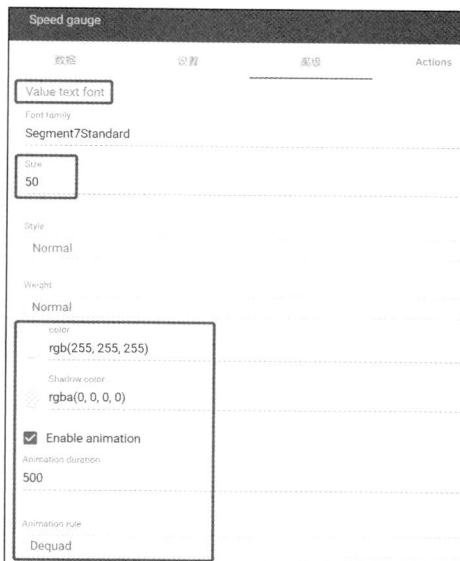

图 7-111　Speed gauge 的高级配置（11）

部件配置完后，通过缩放及平移操作将部件放置到合适的位置，仪表板效果如图 7-112 所示。

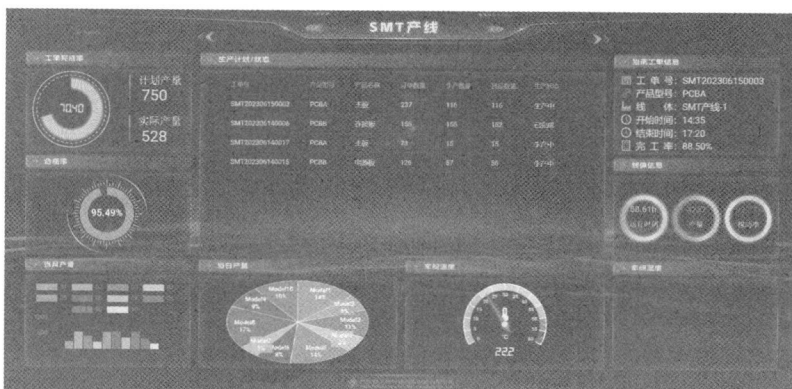

图 7-112　仪表板效果（11）

再次导入名称为"New Speed Gauge.json"的部件，并配置各项参数，用以显示"车间湿度"。

图 7-113 所示的是"数据"选项卡中需要配置的内容。

图 7-114 所示的是"设置"选项卡中需要配置的内容。

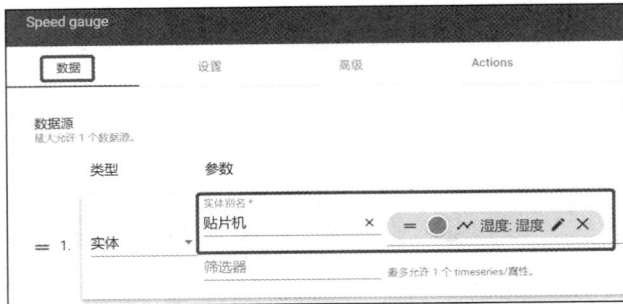

图 7-113　Speed gauge 的数据配置

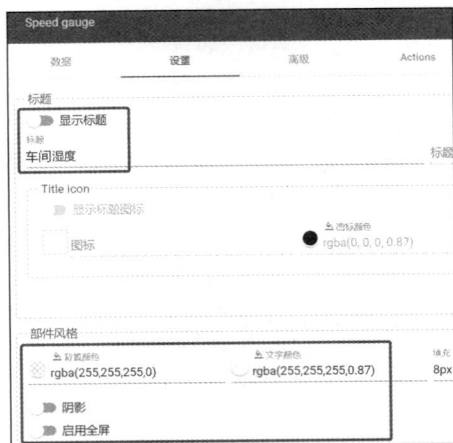

图 7-114　Speed gauge 的设置配置

图 7-115 至图 7-126 所示的是"高级"选项卡中需要配置的内容。

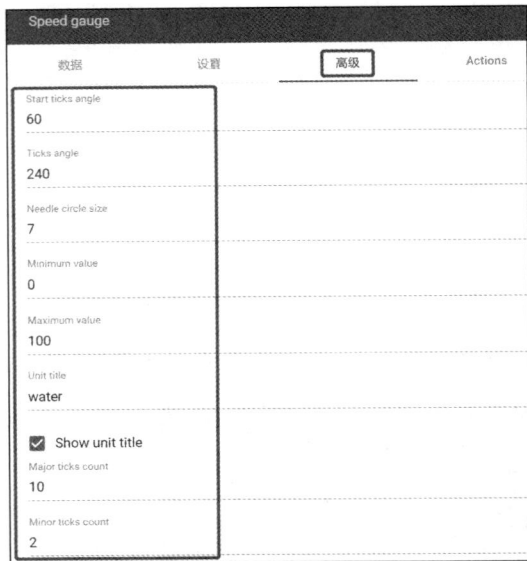

图 7-115　Speed gauge 的高级配置（1）

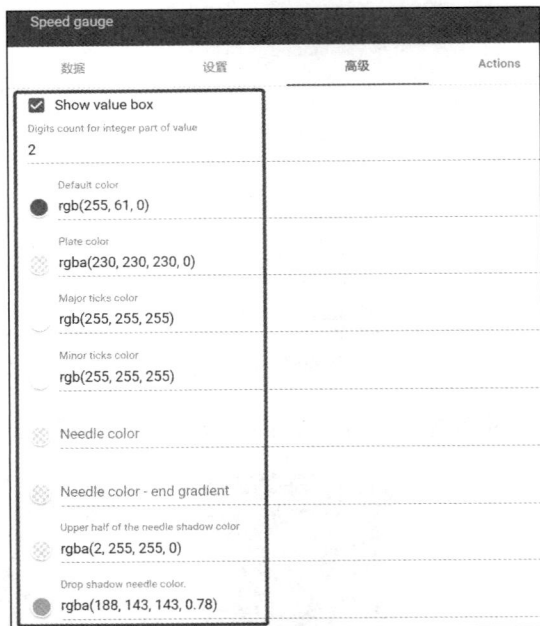

图 7-116　Speed gauge 的高级配置（2）

部件配置完后，通过缩放及平移操作将部件放置到合适的位置，仪表板最终效果如图 7-127 所示。

Speed gauge

数据　　　　设置　　　　高级　　　　Actions

Value box rectangle stroke color
rgba(69, 90, 100, 0)

Value box rectangle stroke color - end gradient
rgba(69, 90, 100, 0)

Value box background color
rgba(236, 239, 241, 0)

Value box shadow color
rgba(0, 0, 0, 0)

图 7-117　Speed gauge 的高级配置（3）

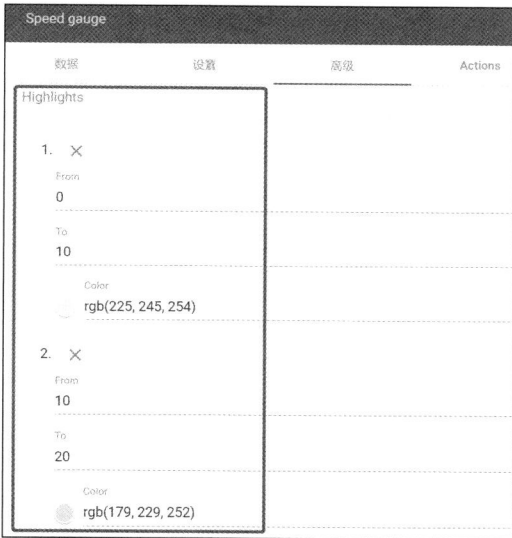

Speed gauge

数据　　　　设置　　　　高级　　　　Actions

Highlights

1.　✕
From
0
To
10
Color
rgb(225, 245, 254)

2.　✕
From
10
To
20
Color
rgb(179, 229, 252)

图 7-118　Speed gauge 的高级配置（4）

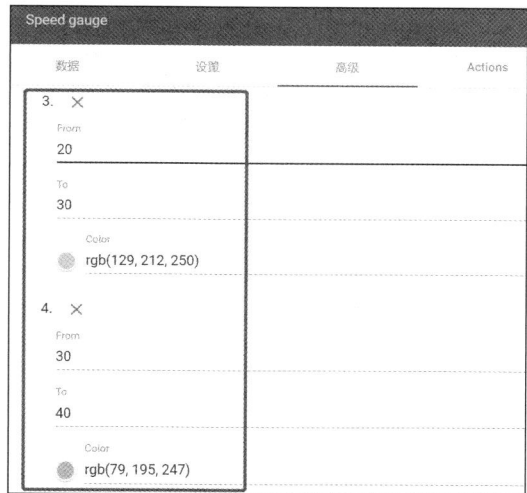

Speed gauge

数据　　　　设置　　　　高级　　　　Actions

3.　✕
From
20
To
30
Color
rgb(129, 212, 250)

4.　✕
From
30
To
40
Color
rgb(79, 195, 247)

图 7-119　Speed gauge 的高级配置（5）

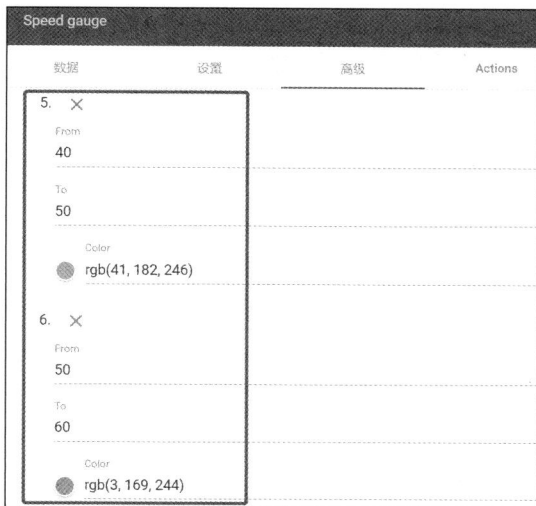

Speed gauge

数据　　　　设置　　　　高级　　　　Actions

5.　✕
From
40
To
50
Color
rgb(41, 182, 246)

6.　✕
From
50
To
60
Color
rgb(3, 169, 244)

图 7-120　Speed gauge 的高级配置（6）

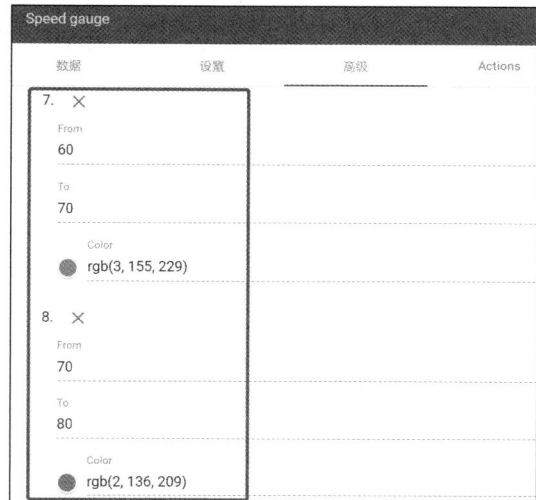

Speed gauge

数据　　　　设置　　　　高级　　　　Actions

7.　✕
From
60
To
70
Color
rgb(3, 155, 229)

8.　✕
From
70
To
80
Color
rgb(2, 136, 209)

图 7-121　Speed gauge 的高级配置（7）

233

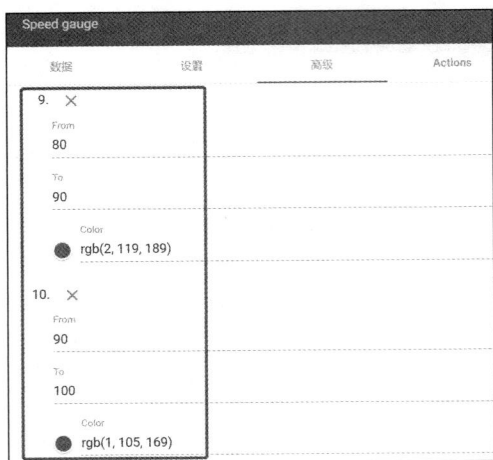

图 7-122　Speed gauge 的高级配置（8）

图 7-123　Speed gauge 的高级配置（9）

图 7-124　Speed gauge 的高级配置（10）

图 7-125　Speed gauge 的高级配置（11）

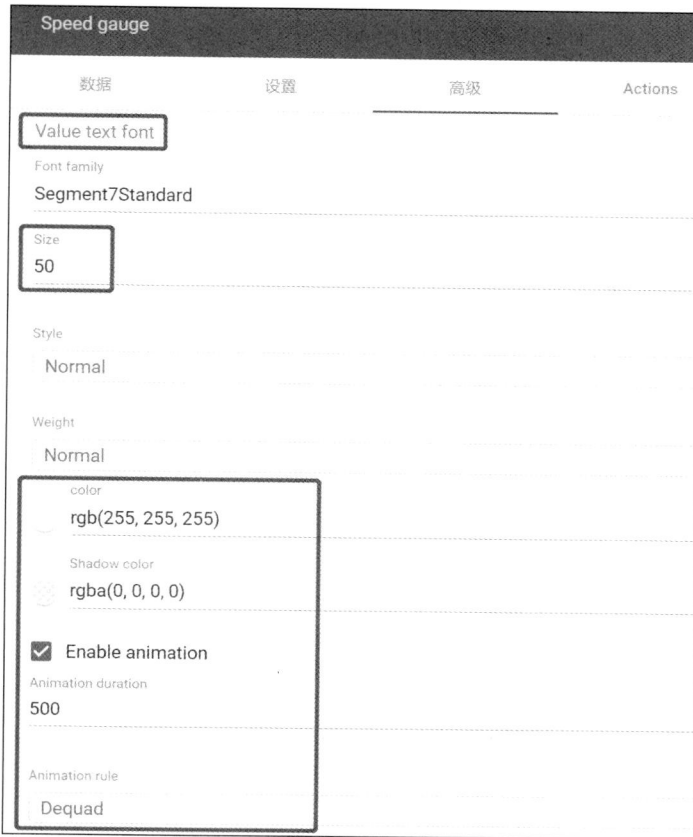

图 7-126　Speed gauge 的高级配置（12）

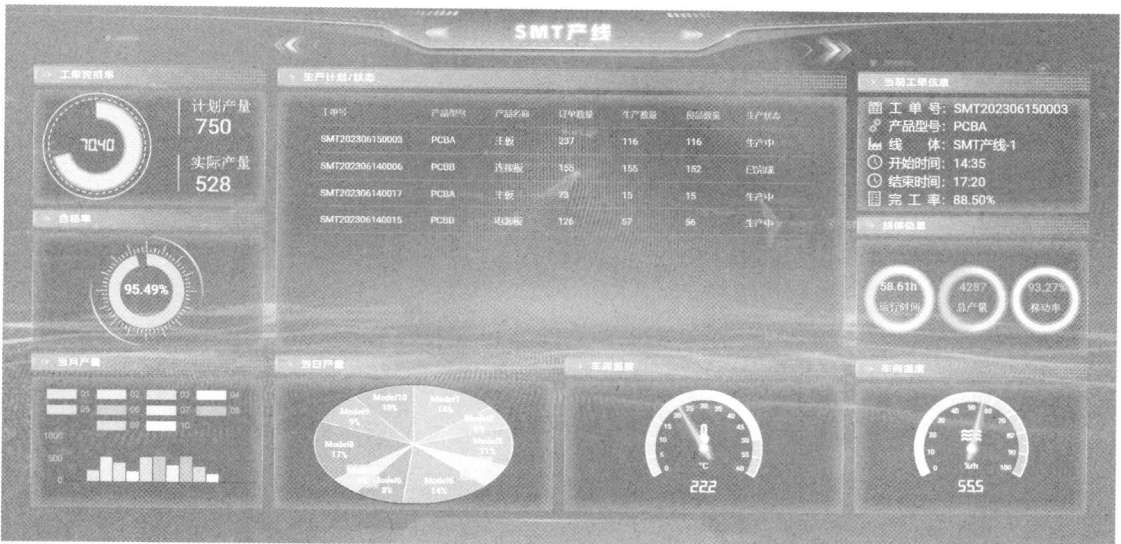

图 7-127　仪表板最终效果

【项目小结】

本项目主要围绕 ThingsBoard 平台简介、平台架构、数据上云与数据可视化等进行教学，项目小结如图 7-128 所示。

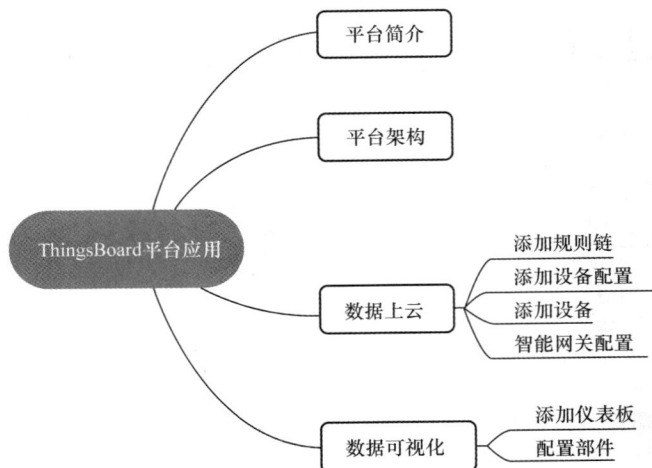

图 7-128　ThingsBoard 平台应用项目小结

【思考与练习】

1. 如何添加规则链？
2. 如何添加设备配置？
3. 如何添加设备？
4. 如何配置智能网关？
5. 如何配置部件？
6. 如何制作一个数据大屏？